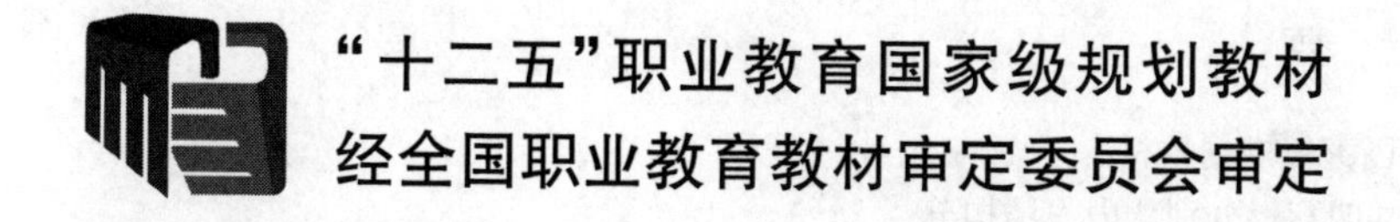

内衣制板实用技法

徐芳　编著

国家一级出版社　中国纺织出版社　全国百佳图书出版单位

内 容 提 要

本书是“十二五”职业教育国家级规划教材。

本书为内衣裁剪的基础书，共四章，分别从内衣结构分类与内衣工艺入手，系统地介绍了内衣的纸样规律，详细讲解了内衣人体测量与号型及文胸、美体内衣、内裤的制图放码方法，内衣纸样的修改与调整等。内容由浅入深，由易到难，便于读者同步学习。书中辅以大量的实例与技法的具体应用，突出实践与操作。

本书专业性强，注重实践，可作为内衣专业技术人员、职业院校学生的参考用书。

图书在版编目（CIP）数据

内衣制板实用技法/徐芳编著. --北京：中国纺织出版社，2017.11

“十二五”职业教育国家级规划教材

ISBN 978-7-5180-3895-4

Ⅰ. ①内… Ⅱ. ①徐… Ⅲ. ①内衣—服装量裁—职业教育—教材 Ⅳ. ①TS941.713

中国版本图书馆 CIP 数据核字（2017）第 188121 号

策划编辑：陈静杰 王 璐　　责任校对：寇晨晨
责任设计：何 建　　责任印制：王艳丽

中国纺织出版社出版发行
地址：北京市朝阳区百子湾东里 A407 号楼　邮政编码：100124
销售电话：010—67004422　传真：010—87155801
http：//www. c-textilep. com
E-mail：faxing @ c-textilep. com
中国纺织出版社天猫旗舰店
官方微博 http：//weibo. com/2119887771
三河市宏盛印务有限公司印刷　各地新华书店经销
2017 年 11 月第 1 版第 1 次印刷
开本：787 × 1092　1/16　印张：10. 25
字数：166 千字　定价：48. 00 元

出版者的话

百年大计，教育为本。教育是民族振兴、社会进步的基石，是提高国民素质、促进人的全面发展的根本途径，寄托着亿万家庭对美好生活的期盼。强国必先强教。优先发展教育、提高教育现代化水平，对实现全面建设小康社会奋斗目标、建设富强民主文明和谐的社会主义现代化国家具有决定性意义。教材建设作为教学的重要组成部分，如何适应新形势下我国教学改革要求，与时俱进，编写出高质量的教材，在人才培养中发挥作用，成为院校和出版人共同努力的目标。2012 年 12 月，教育部颁发了教职成司函［2012］237 号文件《关于开展“十二五”职业教育国家规划教材选题立项工作的通知》（以下简称《通知》），明确指出我国“十二五”职业教育教材立项要体现锤炼精品，突出重点，强化衔接，产教结合，体现标准和创新形式的原则。《通知》指出全国职业教育教材审定委员会负责教材审定，审定通过并经教育部审核批准的立项教材，作为“十二五”职业教育国家规划教材发布。

2014 年 6 月，根据《教育部关于“十二五”职业教育教材建设的若干意见》（教职成［2012］9 号）和《关于开展“十二五”职业教育国家规划教材选题立项工作的通知》（教职成司函［2012］237 号）要求，经出版单位申报，专家会议评审立项，组织编写（修订）和专家会议审定，全国共有 4742 种教材拟入选第一批“十二五”职业教育国家规划教材书目，我社共有 47 种教材被纳入“十二五”职业教育国家规划。为在“十二五”期间切实做好教材出版工作，我社主动进行了教材创新型模式的深入策划，力求使教材出版与教学改革和课程建设发展相适应，充分体现教材的适用性、科学性、系统性和新颖性，使教材内容具有以下几个特点：

（1）坚持一个目标——服务人才培养。“十二五”职业教育教材建设，要坚持育人为本，充分发挥教材在提高人才培养质量中的基础性作用，充分体现我国改革开放 30 多年来经济、政治、文化、社会、科技等方面取得的成就，适应不同类型高等学校需要和不同教学对象需要，编写推介一大批符合教育规律和人才成长规律的具有科学性、先进性、适用性的优秀教材，进一步完善具有中国特色的普通高等教育本科教材体系。

（2）围绕一个核心——提高教材质量。根据教育规律和课程设置特点，从提高学生分析问题、解决问题的能力入手，教材附有课程设置指导，并于章首介绍本章知识点、重点、难点及专业技能，增加相关学科的最新研究理论、研究热点或历史背景，章后附形式多样的习题等，提高教材的可读性，增加学生学习兴趣和自学能力，提升学生科技素养和人文素养。

（3）突出一个环节——内容实践环节。教材出版突出应用性学科的特点，注重理论与生产实践的结合，有针对性地设置教材内容，增加实践、实验内容。

（4）实现一个立体——多元化教材建设。鼓励编写、出版适应不同类型高等学校教学需要的不同风格和特色教材；积极推进高等学校与行业合作编写实践教材；鼓励编写、出版不同载体和不同形式的教材，包括纸质教材和数字化教材，授课型教材和辅助型教材；鼓励开发中外文双语教材、汉语与少数民族语言双语教材；探索与国外或境外合作编写或改编优秀教材。

教材出版是教育发展中的重要组成部分，为出版高质量的教材，出版社严格甄选作者，组织专家评审，并对出版全过程进行过程跟踪，及时了解教材编写进度、编写质量，力求做到作者权威，编辑专业，审读严格，精品出版。我们愿与院校一起，共同探讨、完善教材出版，不断推出精品教材，以适应我国职业教育的发展要求。

中国纺织出版社
教材出版中心

前言

国内内衣业有三十几年的历史，但内衣纸样技术却并不是很成熟，尤其在内衣相关数据及原理方面比较薄弱。

整个内衣行业起步比较晚，有关内衣制板方面的图书仍然不能满足社会需求，目前大多服装专业院校还没有开设内衣工程专业，多数内衣纸样师是在从事服装工程设计的学习和工作后，再根据工作需求转型而来的。

内衣是最贴身的产品，穿着的舒适性直接影响着女性的身体健康。目前供女性选择的内衣品牌众多，内衣的舒适性及内衣板型直接决定着内衣企业的发展。随着内衣行业竞争的日益激烈，企业对内衣制板从业人员的要求也越来越高，要求纸样师既能够分析人体体型、识别材料并熟练应用，又要具备分解制图、修正纸样、了解工艺的能力。

内衣打板是一门专业的技术，通过本书学习让读者对内衣知识有进一步的了解，并为后续内衣电脑打板提供重要数据及参考原理。本人为内衣企业在职人员，对国内内衣产品进行多年的分析和研究，从基本常识、工艺、原理、实例纸样制作分析、板型修改、放码等方面对内衣制板技能加以总结并撰写成书。本书是一部从基础出发，包含制板原理及技术提高的实用技术书，旨在让读者快速掌握内衣制板方法及原理。

本书内容图文并茂、循序渐进、通俗易懂，突出实践与操作，具有较强的社会实践性，可供内衣专业人士、职业院校师生及广大服装爱好者参考学习。

徐芳

2017年3月

教学内容及课时安排

项目/课时	课程性质/课时	任务	课程内容
第一章（2 课时）	基础知识（10 课时）		·内衣基本常识
		一	内衣的结构
		二	内衣的分类
		三	内衣裁片名称和纱向
		四	内衣使用材料及特征
第二章（4 课时）			·内衣制板基础知识
		一	人体测量与内衣规格设计
		二	内衣成品测量
		三	内衣结构制图术语
		四	钢圈造型基础
		五	骨线和下扒造型基础
		六	文胸罩杯的制图基础
第三章（4 课时）			·内衣的制作与工艺
		一	内衣缝制工艺常用词汇及说明
		二	内衣常用缝纫机种及工艺解析
		三	内衣裁片的缝份要求
		四	内衣常用捆条规格及使用部位
第四章（62 课时）	应用与实践（62 课时）		·内衣制图实例
		一	普通裤类
		二	文胸类
		三	美体束身类
		四	内衣纸样的修改与调整

注　各院校可根据本校的教学特色和教学计划对课程时数进行调整。

目录

基础知识——

课题名称： 内衣基本常识

课题内容： 内衣的结构

内衣的分类

内衣裁片名称和纱向

内衣使用材料及特征

课题时间： 2 课时

教学目的： 让学生初步了解内衣结构及使用材料的知识

教学方式： 讲授式教学

教学要求： 1. 掌握内衣的结构及分类特点

2. 了解内衣裁片名称和基本纱向

3. 认识内衣物料并了解物料特点

课前准备： 准备内裤、文胸、束裤、束身衣成品，以及内衣成品图片和面辅料小样

第一章　内衣基本常识

第一节　内衣的结构

一、文胸的结构

文胸一般由胸部，肩部和背部三部分结构组成，下面对文胸各部位作详细的介绍（图1－1）。

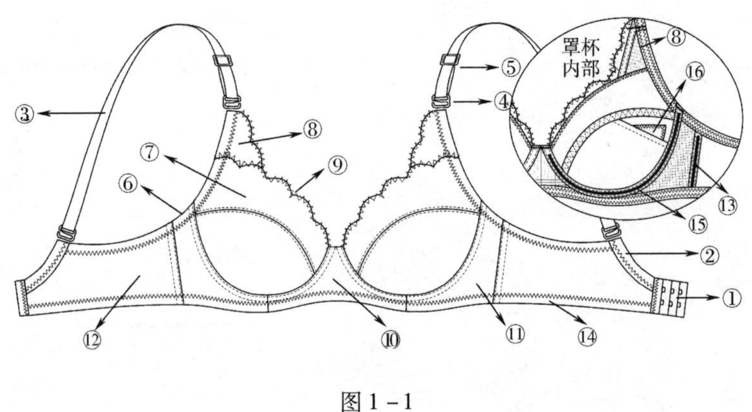

图1－1

①钩扣，用来调节下胸围的部件，根据不同的尺寸选择相应的钩扣，一般有三排扣可供选择。

②后U位，用来调节支撑后背肩带的设计。

③肩带，利用肩膀的支撑力量，对罩杯起到承托作用，可以进行长度调节。

④连接扣，连接肩带与文胸的环，根据形状不同有0字扣和9字扣两种，0字扣不可拆卸，9字扣可根据需要可从文胸上拆卸下来。

⑤调节扣，用来调节肩带长度，形状为8字，故称为8字扣，通常与连接扣配套使用。

⑥上捆，采用弹性材料将人体侧面脂肪收束于文胸中，并起到固定作用；上捆中部靠手臂的位置叫作夹弯，起固定、支撑、收集副乳的作用。

⑦罩杯，文胸最重要的组成部分，有保护双乳、改善外观的作用。

⑧耳仔，连接罩杯与肩带的部位，通常会用肩带或者与肩带同宽的织带做扣襻，搭配连接扣，使罩杯与肩带成为一体。耳仔也可设计成短小的样式。

⑨前幅，即罩杯的上边缘将上乳覆盖于罩杯中，防止因运动而使胸部起伏太大，根据设计及工艺需求，里层会加缝小丈巾（织带）或者车缝其他面料。

⑩鸡心，文胸的正中间部位，起定型作用。

⑪侧比，文胸的侧部，起定型作用。

⑫后比，辅助罩杯承托胸部并固定文胸位置，一般用弹性强度较大的材料。

⑬胶骨，连接后比与侧比的部位，一般采用塑胶材料外裹面料制成，起收缩、定型、固定的作用。

⑭下捆，位于文胸的下缘部位，长度由下胸围的尺寸确定，起到支撑乳房、固定文胸的作用。位于罩杯下方的下捆叫作下扒，起支撑罩杯的作用，防止乳房下垂，并可将多余的赘肉转移至乳房。

⑮钢圈，位于罩杯下缘，一般是金属材质，环绕罩杯半周，有支撑、改善乳房形状和固定位置的作用。

⑯杯垫，支撑和加高胸部，根据材质不同可分为棉垫、水垫、气垫。

二、三角裤的结构

三角裤的结构比较简单，通常由前幅、后幅、裆位（也叫裆）等构成（图1－2）。

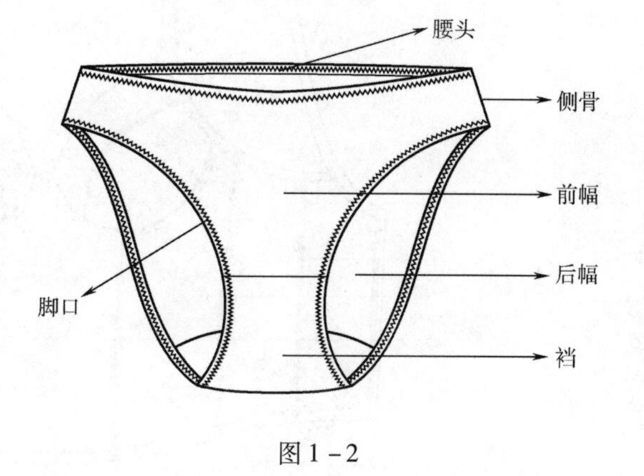

图1－2

三、束裤的结构

束裤的结构较为复杂，详细结构如图1－3所示。

①腰头，束裤的腰部，通常和丈巾车缝在一起，起收缩定型的作用。

②前腹片，前腹片通常为面布和里布两层结构，面布一般采用亲肤面料，有时会用花边作装饰设计，里布一般采用定型纱或者双面无弹性经编面料，起收腹定型的作用。

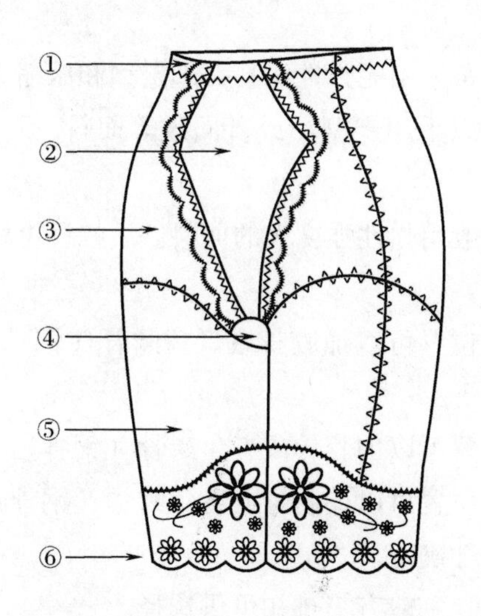

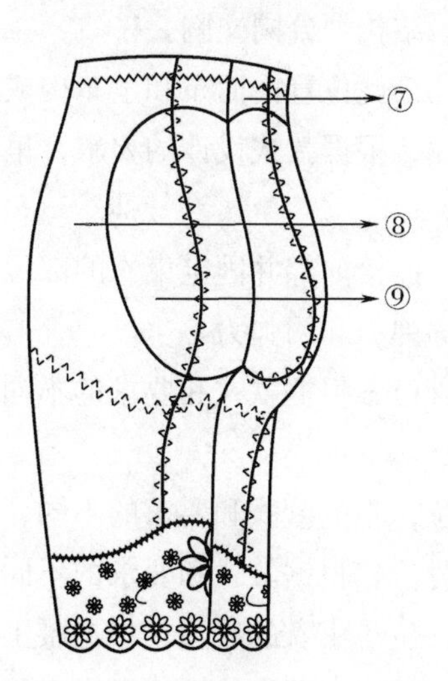

图1－3

③前侧片，束裤的侧部，起定型的作用。

④裆，束裤的裆位，由面布和里布构成，里布采用透气性较好的涤棉布或纯棉布。

⑤前片，收缩腿部赘肉，修饰形体。

⑥脚口，脚口用弹力花边，起固定和装饰作用。

⑦腰贴，腰部后侧附加的一层面料，增加腰部面料的弹力和回弹力。

⑧臀贴，起提臀作用，修饰形体。

⑨臀位，束裤的臀部，起定型作用。

四、半身束衣的结构

半身束衣通常由文胸向下延长下缘构成，上部结构和文胸类同，其他部位如图 1－4 所示。

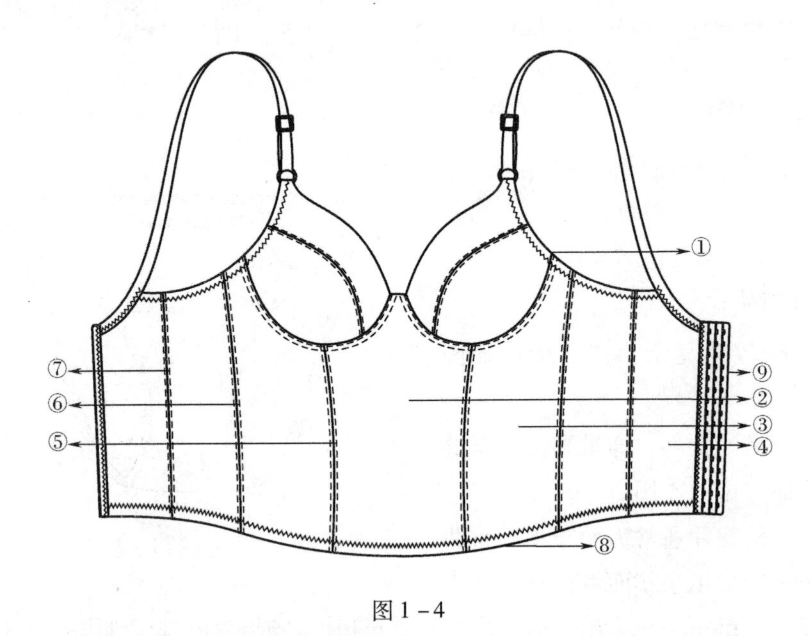

图 1－4

①文胸，结构划分同文胸。

②前中片，此位置由面布和里布构成，里布采用无弹性面料，起定型和压缩上腹的作用。

③前侧片，根据款式设计的要求，里布可以采用定型纱或者网眼等面料，起定型和压缩上腹的作用。

④后幅，连接前部并固定束衣的部位，一般用弹性强度大的面料。后幅还可以加网眼布，以增加面料的弹力和回弹力。

⑤前侧骨位，根据款式和要求的不同，此位置可以加胶骨或者鱼鳞骨（钢骨），起收缩、定型作用。

⑥侧骨位，根据款式和要求的不同，此位置可以加胶骨或者鱼鳞骨（钢骨）。

⑦后侧骨位，根据款式和要求的不同，此位置可以加胶骨或者鱼鳞骨（钢骨）。

⑧下捆，位于束衣的底边，根据腰围的尺寸确定。

⑨钩扣，可以根据身体围度尺寸进行调节，一般有三排扣可供选择。

第二节 内衣的分类

女士内衣的分类较为复杂。按整体划分大体可分为文胸、内裤和功能性内衣。

一、文胸的分类

（一）按罩杯款型分

文胸按罩杯款型可以分为1/2罩杯、3/4罩杯、全杯及三角杯文胸。

1. 1/2罩杯文胸

大约包裹乳房一半面积的文胸为“1/2罩杯”文胸，这款文胸具有均匀的承托力，由于前幅边不受力，前中心及侧比位一般比较高，提升效果较差。通常可将肩带取下，成为无肩带文胸，适合搭配露肩的衣服，此款文胸适合胸部较小的人穿着（图1-5）。

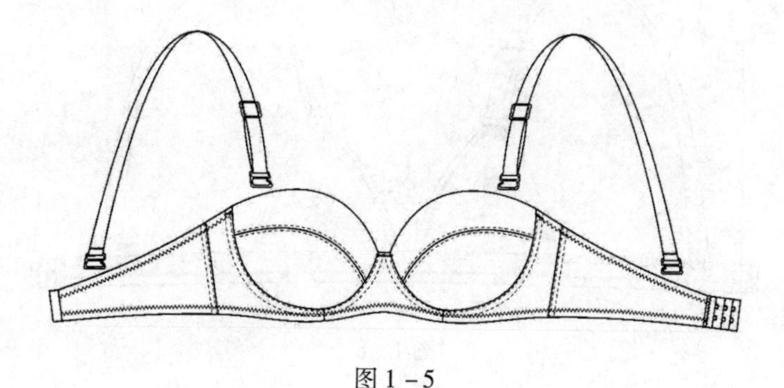

图1-5

2. 3/4罩杯文胸

上胸微露，包裹乳房约3/4面积的文胸为“3/4罩杯”文胸，这款文胸强调侧压力与集中力，是集中效果较好的款式，前中心一般为低胸设计（图1-6）。

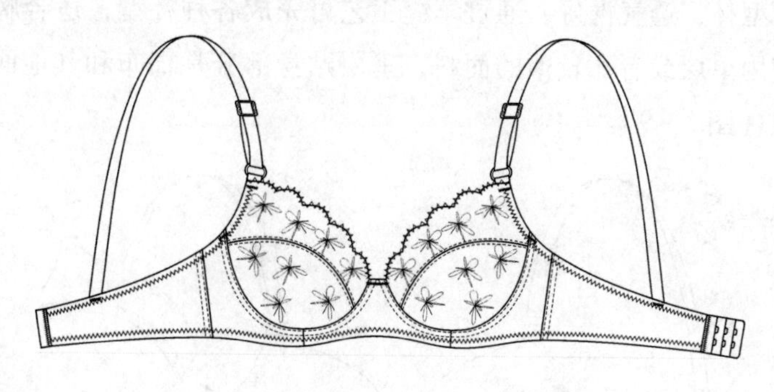

图1-6

3. 全罩杯文胸

包裹整个乳房的文胸为“全罩杯”文胸，这款文胸覆盖面积较大，包容全面，能保持乳房稳定挺实，适合胸部较丰满的人群（图1-7）。

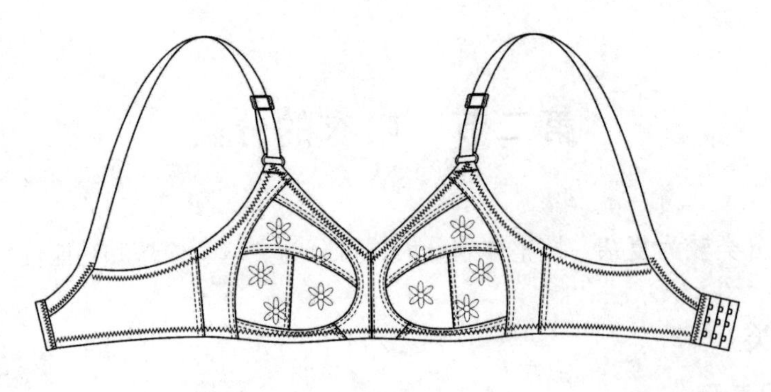

图1－7

4. 三角杯文胸

罩杯为三角形的文胸叫“三角杯”文胸，这款文胸覆盖面积较小，功能性弱，但美观性较好（图1－8）。

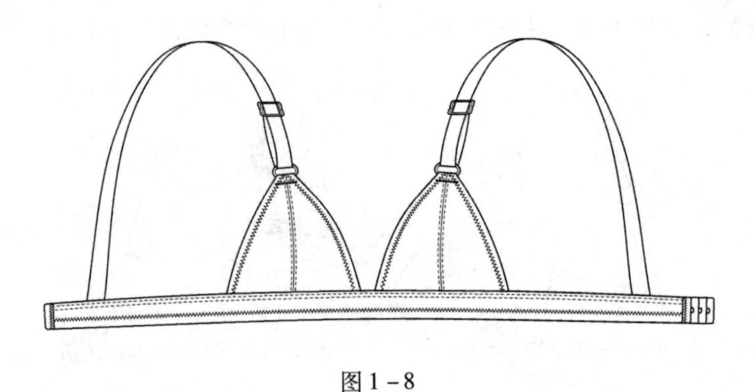

图1－8

（二）按工艺分

文胸按工艺可分为夹棉文胸、模杯文胸和立体文胸。

1. 夹棉文胸

夹棉文胸为薄型杯，透气性好，通过车缝工艺可完成各种杯型，适合胸部较丰满的女性穿着。有的罩杯使用单层或者比较薄的面料，里层贴身部分是棉布和其他面料的贴合，再加碗杯面料组合而成（图1－9）。

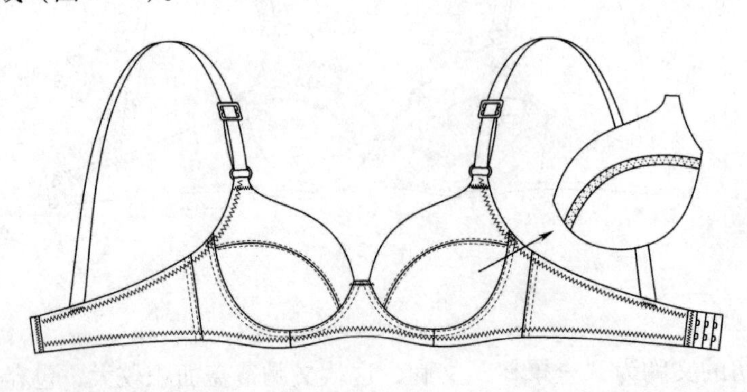

图1－9

2. 模杯文胸

罩杯通过模压工艺一次成型，杯表部无痕，材质通常为棉质，易与外衣搭配（图1－10）。

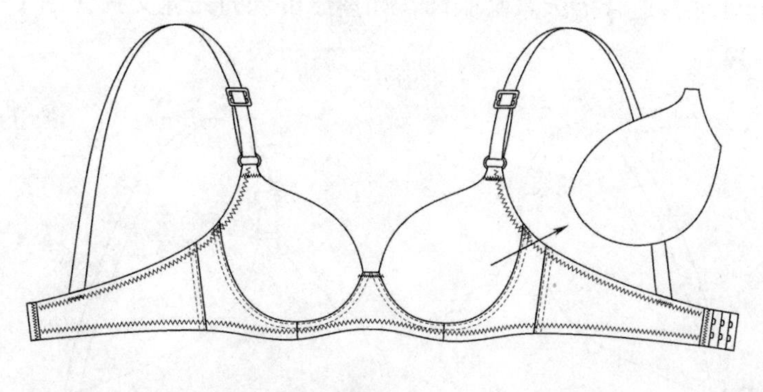

图1－10

3. 立体文胸

在罩杯内部及侧部加厚棉来调整杯型，使罩杯呈立体效果，侧推力更强，能够对不同胸型进行调整，使其胸距更近，显得更加丰满（图1－11）。

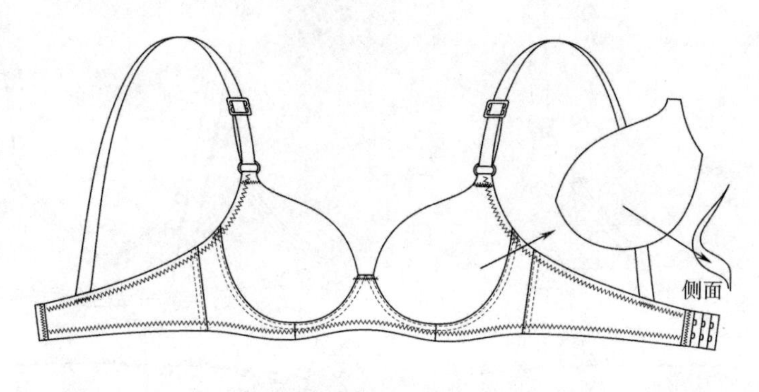

图1－11

（三）按外形设计分

文胸按外形不同可分为无肩带文胸、魔术文胸、无缝文胸、前扣文胸、长束型文胸。

1. 无肩带文胸

无肩带文胸多以钢圈支撑胸部，便于搭配露肩及无领性感的服饰（图1－12）。

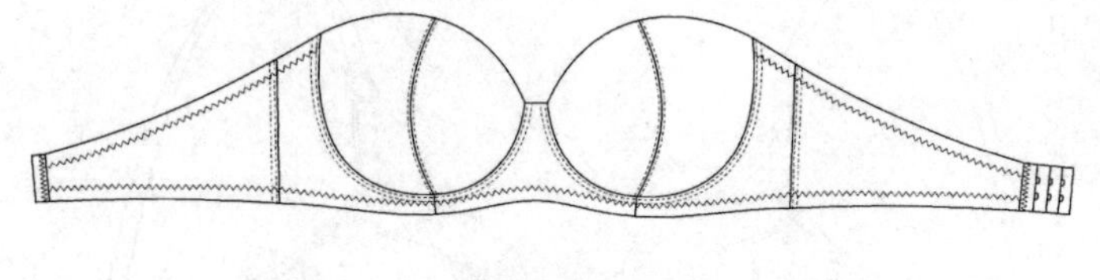

图1－12

2. 魔术文胸

魔术文胸在罩杯碗内侧装入杯垫，以提升并托高胸部，可表现完美胸型及加深乳沟。

3. 无缝文胸

无缝文胸罩杯表面需作无缝处理，或通过模压工艺使罩杯一次成型并加厚棉垫，胸下围和罩杯之间作无缝处理，适合搭配紧身服饰，如模压工艺的无缝文胸（图 1－13），还有针织无缝文胸（图 1－14）。

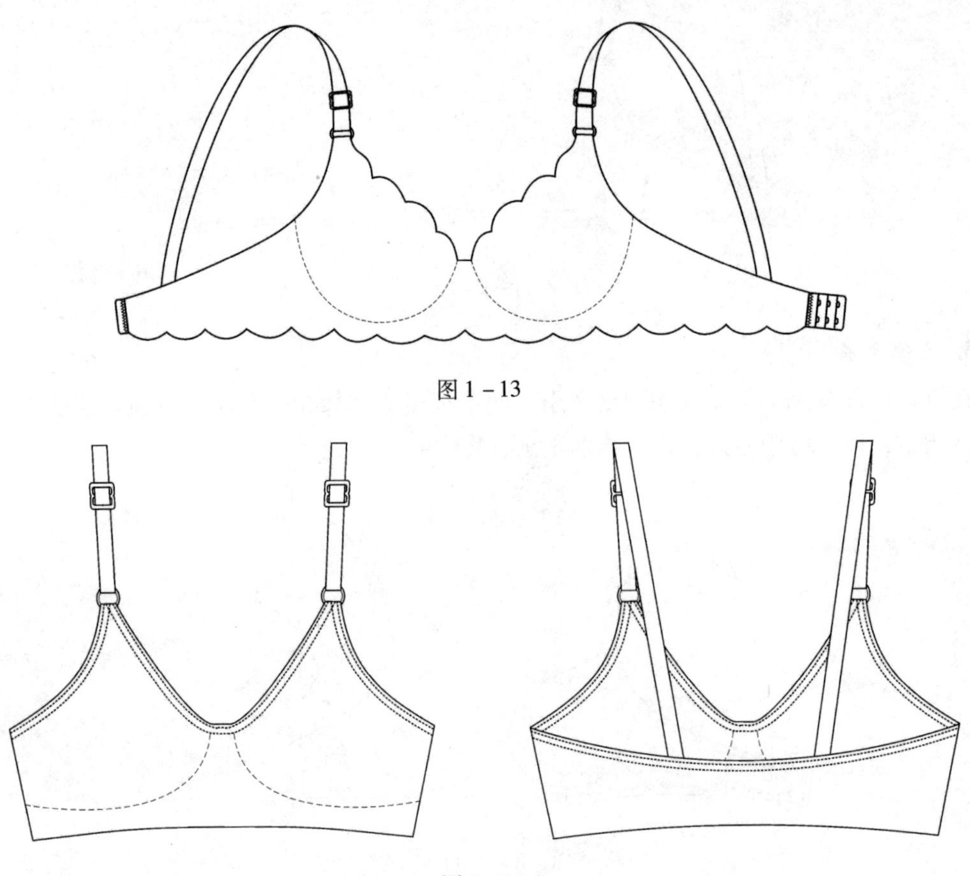

图 1－13

图 1－14

4. 前扣文胸

前扣文胸的钩扣安装于文胸前鸡心位置，便于穿着，也具有集中效果。前扣文胸大体分为两种，一种是前后都有扣（图 1－15）；另一种是只有前扣，后背无扣（图 1－16）。

图 1－15

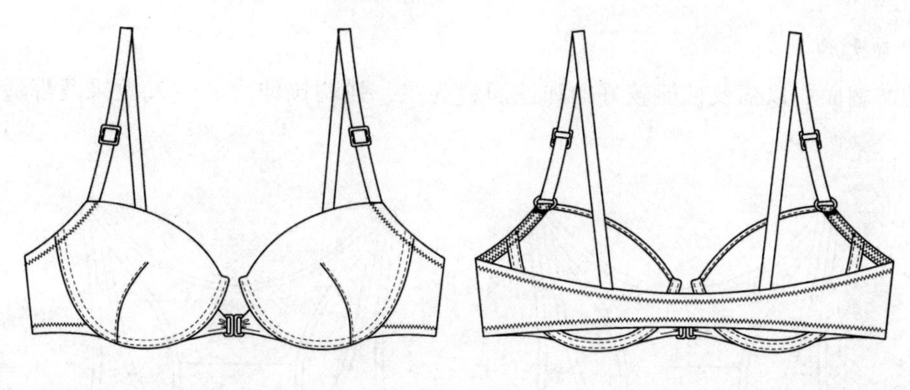

图 1－16

5. 长束型文胸

长束型文胸的下扒位比普通文胸要高，后比和钩扣位比普通文胸也要宽一些，这种款型的文胸包裹性更强，同时定型效果显著（图 1－17）。

图 1－17

（四）按功能和用途分

文胸按功能和用途可分为学生文胸、运动文胸、哺乳文胸。

1. 学生文胸

学生文胸罩杯比较小，无钢圈或者钢圈较软，适合发育阶段的少女穿着，多为背心款式（图 1－18）。

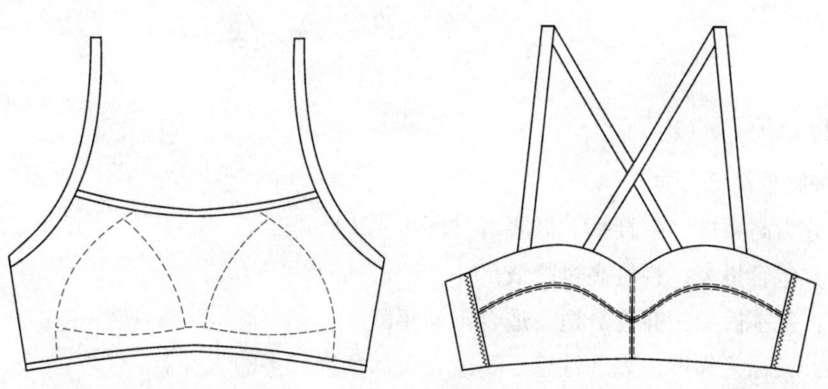

图 1－18

2. 运动文胸

运动文胸面料以棉及性能较好的弹性面料为主，强调拉伸力、透气效果及舒适性（图1－19）。

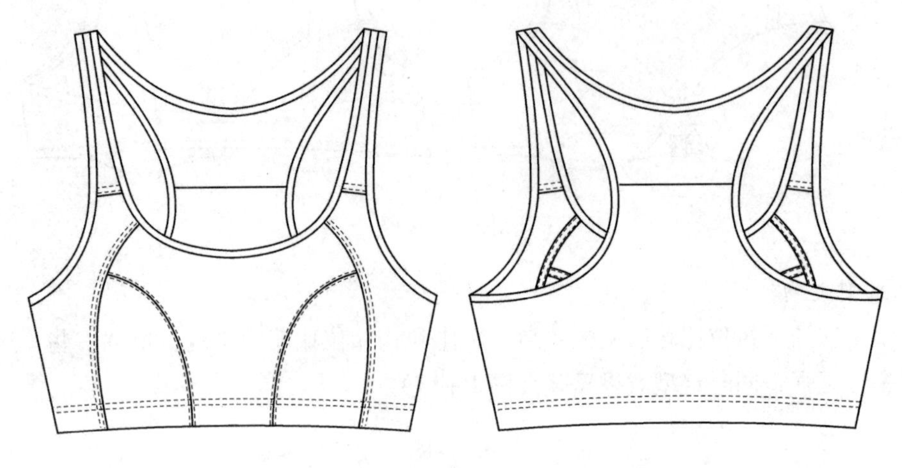

图1－19

3. 哺乳文胸

哺乳文胸是女性在给婴儿哺乳阶段穿着的文胸，一般为棉质，无钢圈，罩杯外侧面布可拆卸，便于哺乳（图1－20）。

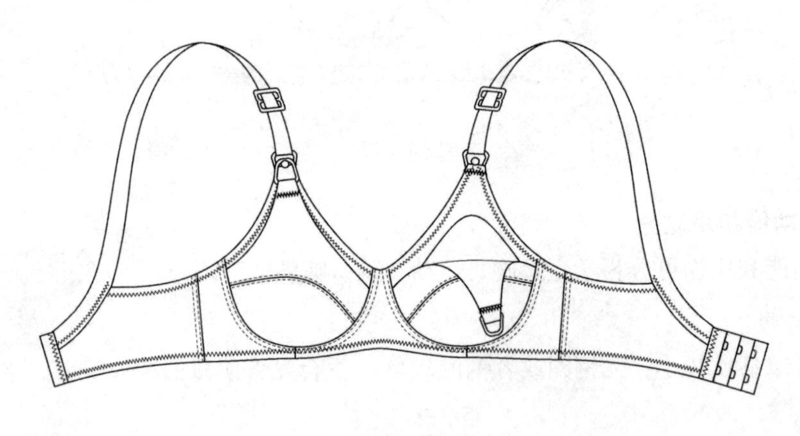

图1－20

二、内裤的分类

（一）按腰位高低分类

内裤可分为高腰裤、中腰裤、低腰裤（图1－21）。

高腰裤：包容量大，腰位高过腰线。

中腰裤：基本裤型，穿着舒适，适合不同年龄层。

低腰裤：又称迷你裤，表现性感，不适合腹部赘肉较多的人穿着。

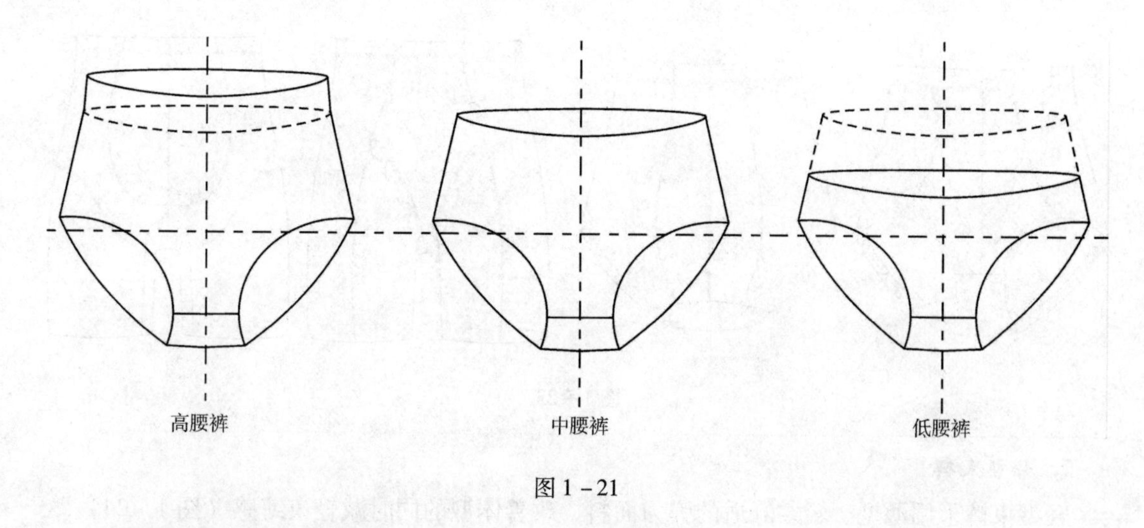

图 1－21

（二）按脚口包容性分类

内裤可分为丁字裤、平脚裤、高脚裤（图 1－22）。

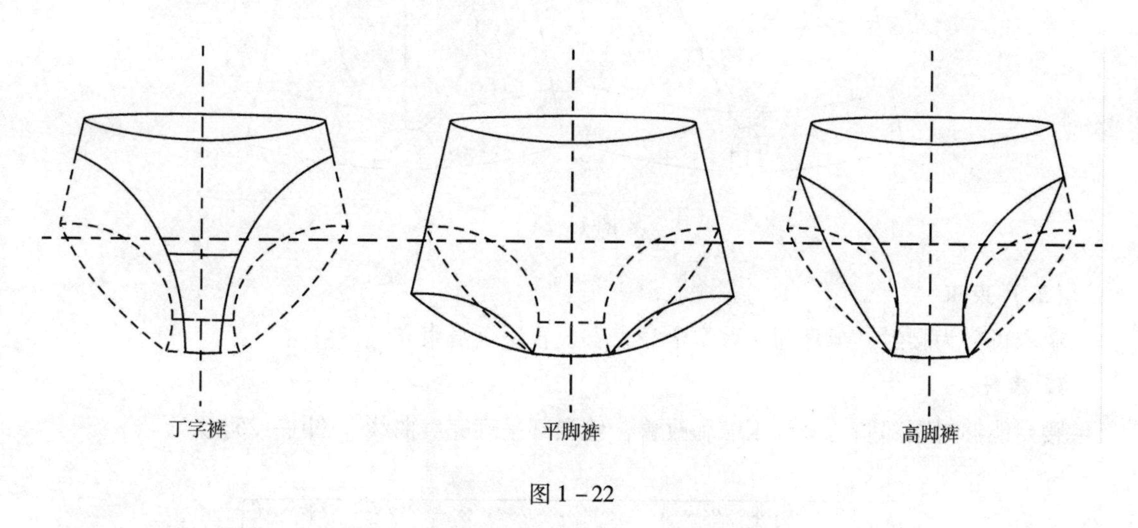

图 1－22

丁字裤：透气性好，常用于夏季，穿着外裤时臀部不露内裤痕。

平脚裤和高脚裤：都可以作为运动裤型。

三、功能性内衣的分类

功能性内衣是指束裤、束衣，通过运用剪裁工艺、利用面料的弹性特点，对人体多余脂肪加强束缚，起美化形体的作用。

（一）束裤

束裤大体可分为重型束裤和轻型束裤。

1. 重型束裤

重型束裤采用强性弹力面料，功能性较强，对特殊体型进行收腰、收腹、提臀进而改善体型（图 1－23）。

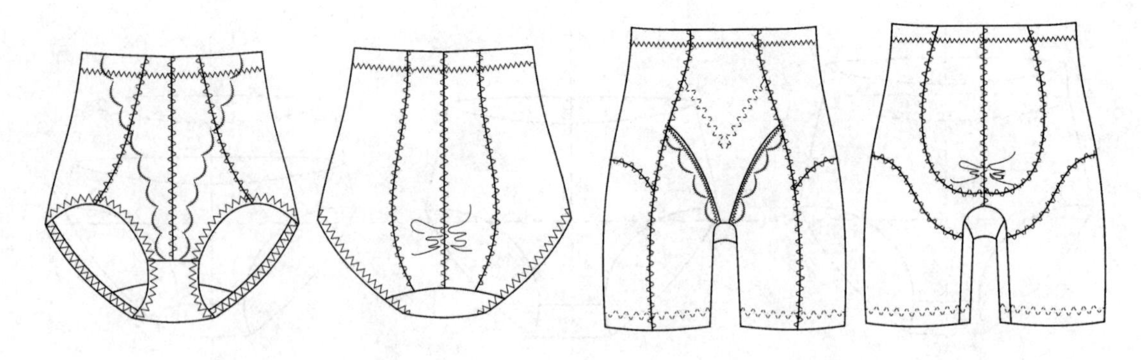

图 1－23

2. 轻型束裤

轻型束裤采用薄型、轻柔舒适的弹力面料，改善体型的同时减轻束缚感（图 1－24）。

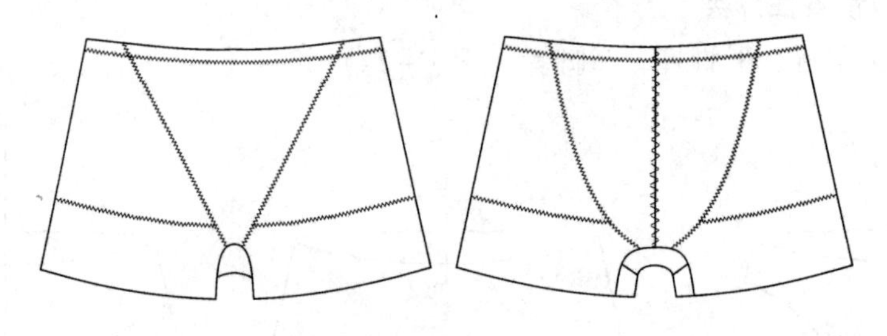

图 1－24

（二）束衣

束衣可分为腰封、半身围、重型全身束衣、轻型全身束衣。

1. 腰封

腰封能够对腰部脂肪进行压缩和改善，使腰部呈现完美曲线（图 1－25）。

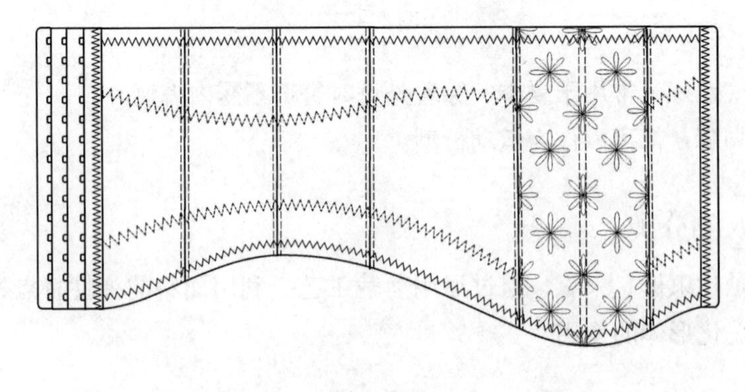

图 1－25

2. 半身围

半身围也叫半身束衣，起支托胸部及压缩上腹的作用（图 1－26）。还有一种不带罩杯的半身束衣，就是通常所说的背背佳款式（图 1－27）。

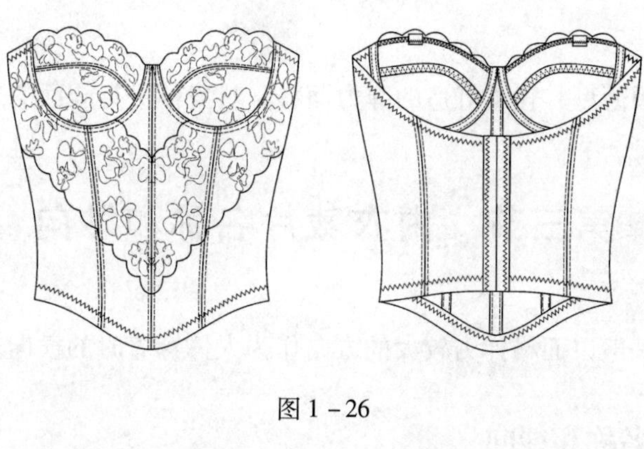

图 1－26

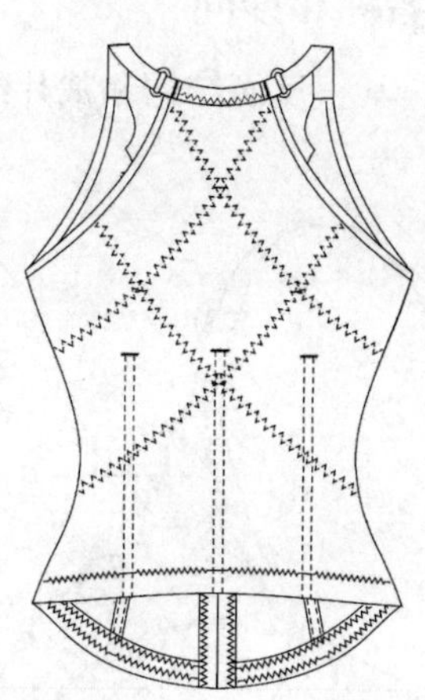

图 1－27

3. 重型全身束衣

重型全身束衣采用强力弹性面料制作，可以全面美化胸、腰、臀三个部位，集“文胸”“腰封”“束裤”于一体，达到修饰三围曲线的作用（图 1－28）。

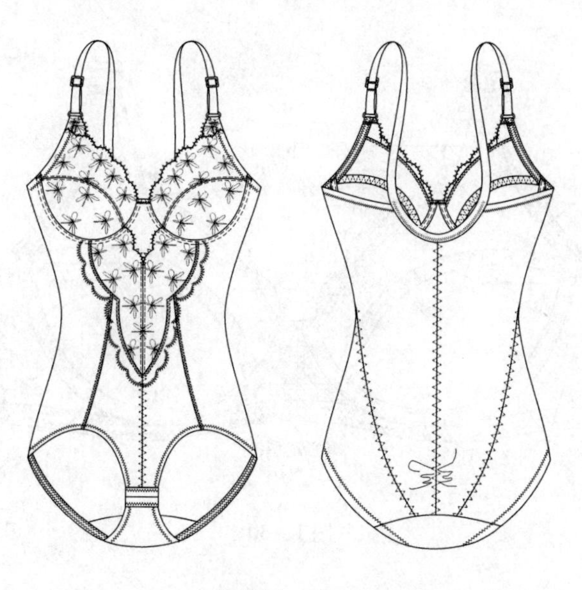

图 1－28

4. 轻型全身束衣

轻型全身束衣采用薄型、轻柔舒适的弹力面料，对身体进行全面的适度修正。

第三节 内衣裁片名称和纱向

在裁剪内衣时，一般以面料弹力较大的方向作为人体穿着时的横向。

一、文胸各裁片的名称和纱向

以夹棉文胸为例，其正反面结构和裁片纱向如图 1－29～图 1－31 所示。

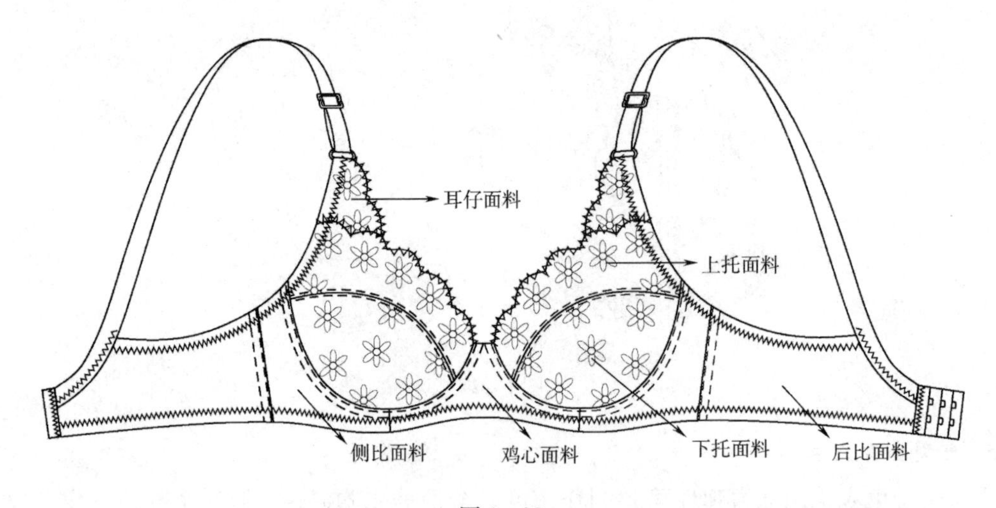

图 1－29

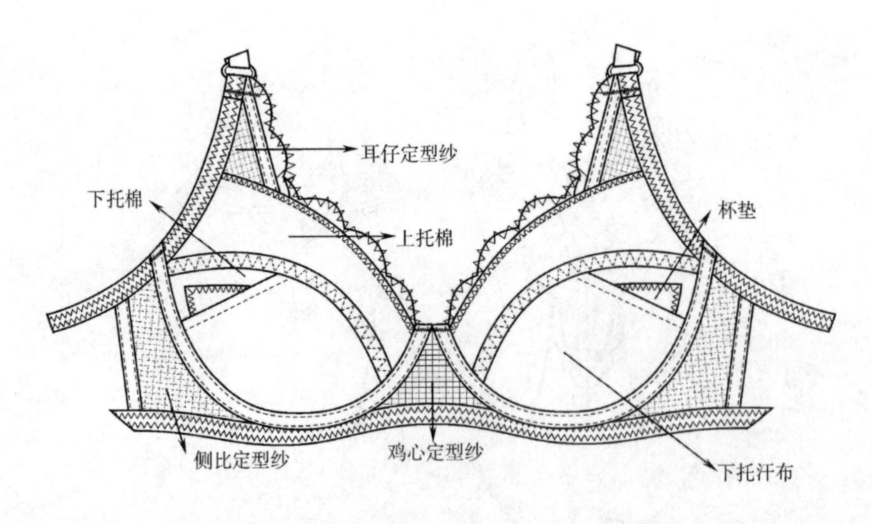

图 1－30

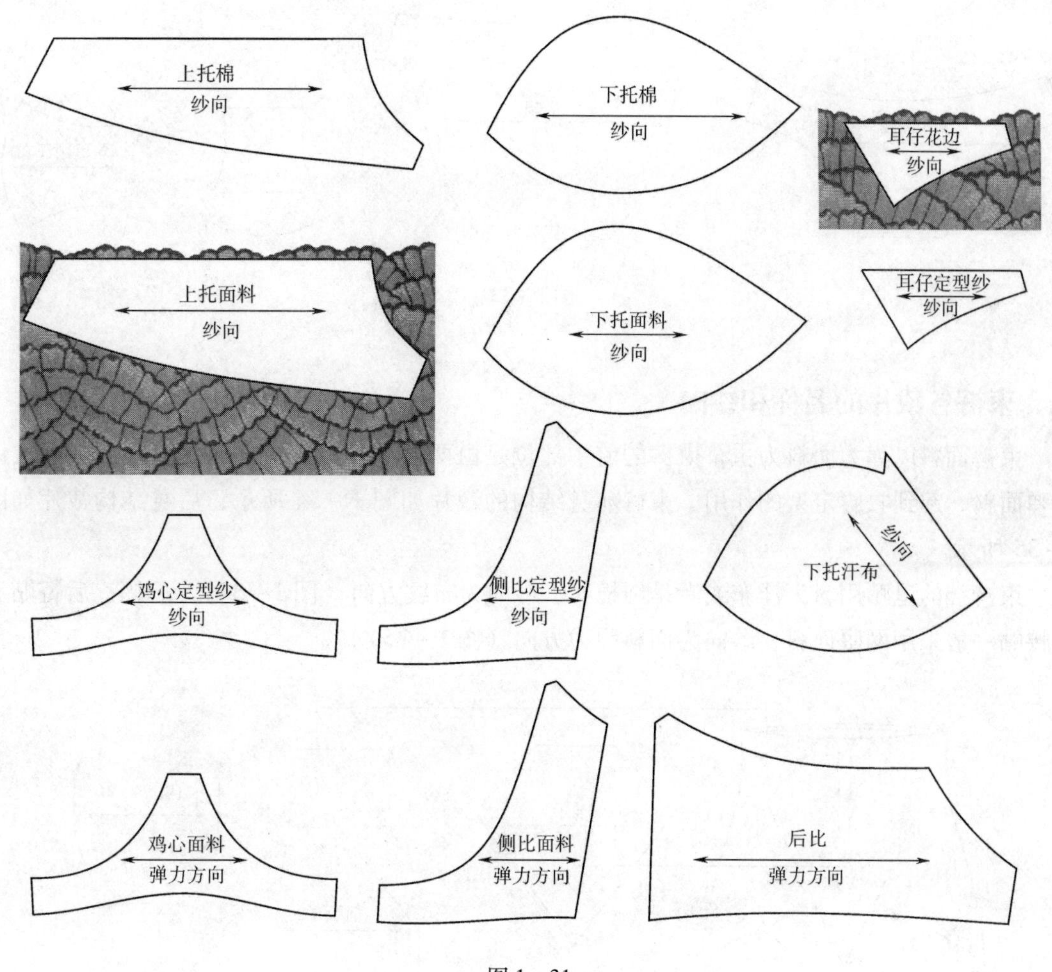

图 1－31

二、三角裤各裁片的名称和纱向

以图 1－32 中的三角裤结构为例，其裁片的纱向通常为面料的弹力方向，一般是水平拉伸的方向。裆的里贴汗布纱向方向为布纹方向，如图 1－33 所示，分别为三角裤前幅、后幅、裆的纱向方向。

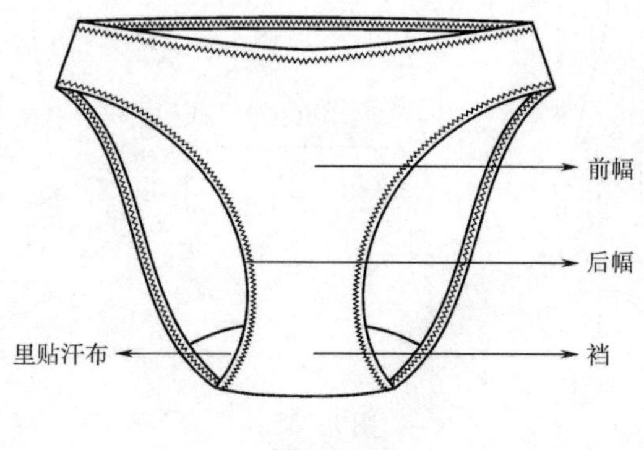

图 1－32

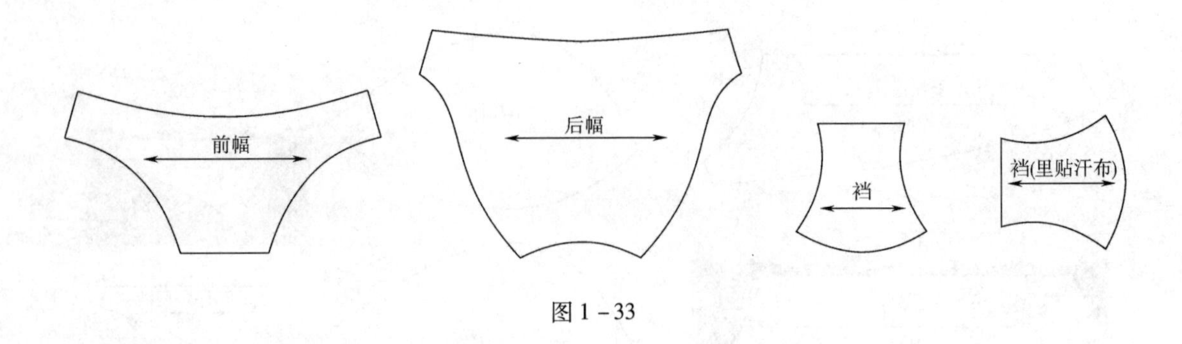

图 1－33

三、束裤各裁片的名称和纱向

束裤面料以弹力面料为主，束裤的前中部位是由两层构成，表层面料和里层面料通常用无弹面料，起到收腹定型的作用。束裤前身结构的裁片如图 1－34 所示，后身结构裁片如图 1－35 所示。

束裤裆的里贴用料为汗布或者是纯棉布，纱向为布纹方向（图 1－34）。后幅、后臀贴和后腰贴一般采用网眼面料，纱向为面料弹力方向（图 1－35）。

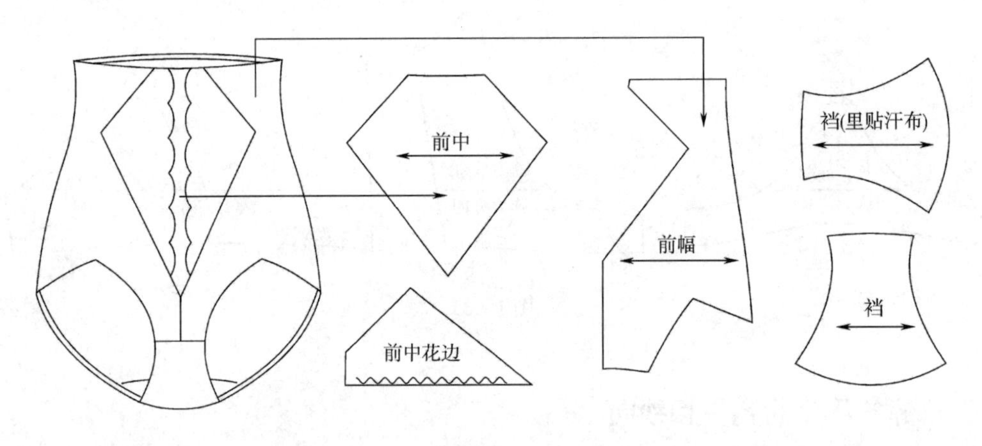

图 1－34

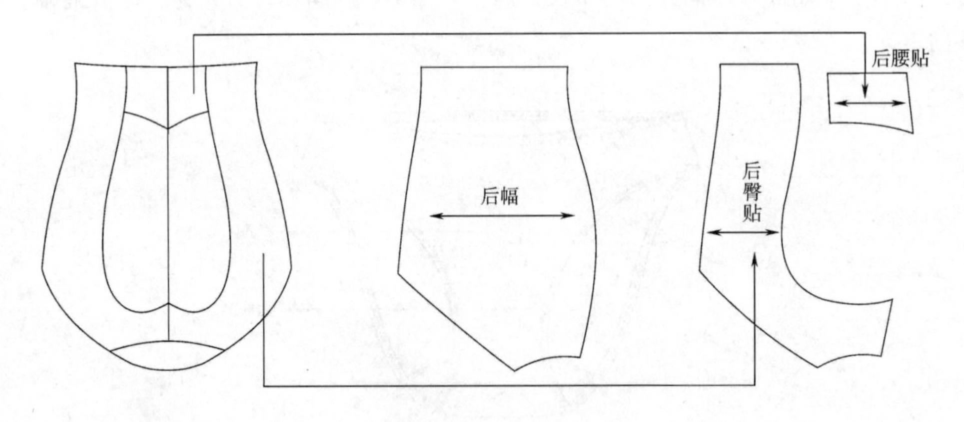

图 1－35

束身衣、连体衣使用的面料纱向选择是弹力较大的方向，该方向是人体着装后的横向。前腹片收腰收腹部位用无弹性面料，如用单弹面料，纱向可选择面料的无弹方向。

第四节　内衣使用材料及特征

一、主要面料及特征

1. 莱卡（lycra）

莱卡成分为氨纶，美国杜邦公司（弹性纤维面料品牌）于20世纪60年代开发，以细密薄滑的质感和极好的弹性风靡内衣业界，伸展性好，能伸长5~7倍，回弹性极好。

2. 锦纶

面料柔软舒适，色彩鲜艳，但日光曝晒后易退色。

3. 涤纶

面料的定型性及悬垂性都比较好，坚固耐磨，易洗快干，但透气性较差。

4. 棉

棉本身透气性和天然性佳，吸湿性佳，肤感好，其穿着感受显著优于其他面料。从美感上来说，平织棉布的印花效果和针织棉布的染色效果都比较好。缺点是易老化、发黄起毛，耐磨性、染色度、定型性差，面料弹性差。

5. 棉拉架

棉拉架是棉与弹性纤维混纺而成的一种面料，弹性大，透气吸湿性佳，柔软舒适，常用于文胸及内裤。

6. 汗布

棉或涤棉针织汗布，弹性小。常用于文胸里布及内裤裆位等贴体敏感部位，能够保证穿着的舒适性，透气吸湿，肤感较好。

7. 闪光拉架

弹性面料，富有缎面光泽，有较华丽的外观效果，主要用于文胸及内裤。

8. 滑面拉架

双向弹性面料，不同纱向弹性区别较大，其特点是回弹性好，主要用做文胸的比位、束裤、腰封及重型全身束衣。

9. 网眼布

双向弹性面料，不同纱向弹性区别较大，主要用于文胸、内裤及泳衣的外观设计用料，透气性好，穿着性感。厚的网眼布可用于束裤、腰封及重型全身束衣的里衬。

10. 双弹布

双向弹性面料，其特点是伸展性好，主要分为普能型、超细型和加防氯成分等品种。前两种主要用于文胸、内裤和轻型束衣，后一种用于泳装。

11. 定型纱

无弹性，主要用做文胸的鸡心位和下扒位的定型及束裤、腰封的腹位内衬。

12. 花边

又称蕾丝（lace），装饰性织物，有弹性和无弹性之分，可作面料使用在产品中或者作为装饰性点缀。

13. 单面无弹经编面料

无弹性面料，轻薄柔软，具有悬垂性，主要用于内裤和夏季睡衣。

14. 双面无弹经编面料

无弹性面料，可用于文胸的模杯面布，也可用于重型束裤和腰封的腹位，作为内衬使用。

15. 贴棉

一般由涤丝棉或者薄海绵（3mm 厚度）两边贴汗布或定型纱等制成，用作夹棉文胸的里贴，通过车缝等工艺制作成贴身的罩杯。

内衣使用的面料混纺较多，例如常见的棉与氨纶的混纺，锦纶与氨纶的混纺（就是通常所说的拉架及高弹布），以及经过特殊工艺处理的新型面料，例如莫代尔、大豆纤维、棉加丝、超细纤维等。

二、常用辅料的名称及作用

1. 丈根

丈根用于文胸的上、下捆，内裤的腰头、脚口等部位。文胸常用的规格是 1～2cm，内裤常用 0.8cm，束衣、束裤多用 1.2cm。文胸上捆位用的丈根宽度一般不会超过 1.3cm，下捆位根据设计款式需求可以相应地加宽边缘处，需双面包裹可用包边条（常用规格为 1.4cm）。

2. 肩带

肩带宽度随设计要求而定，常见规格为 1～2cm。款式有普通型、花边型、细带组合型等（图 1－36）。

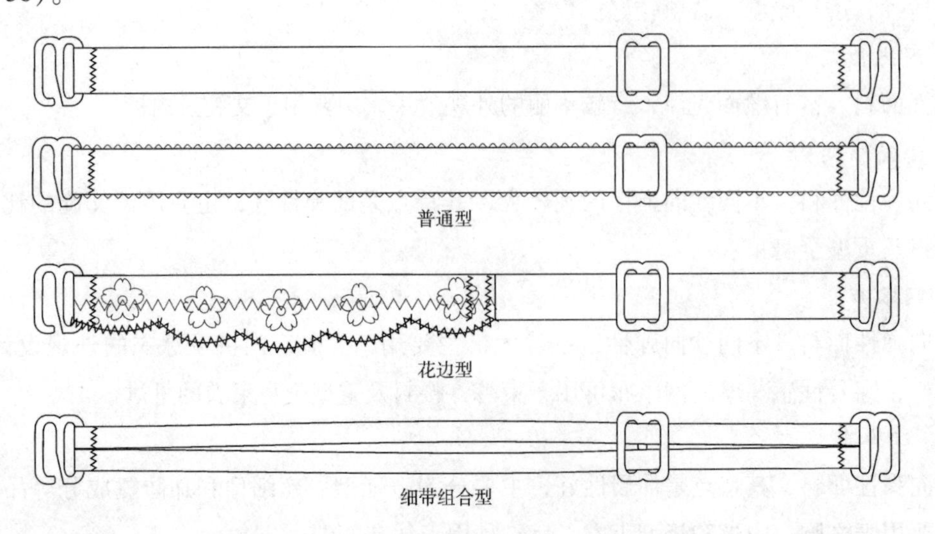

图 1－36

3. 模杯

海绵通过模压工艺一次成型的罩杯（图 1－37）。

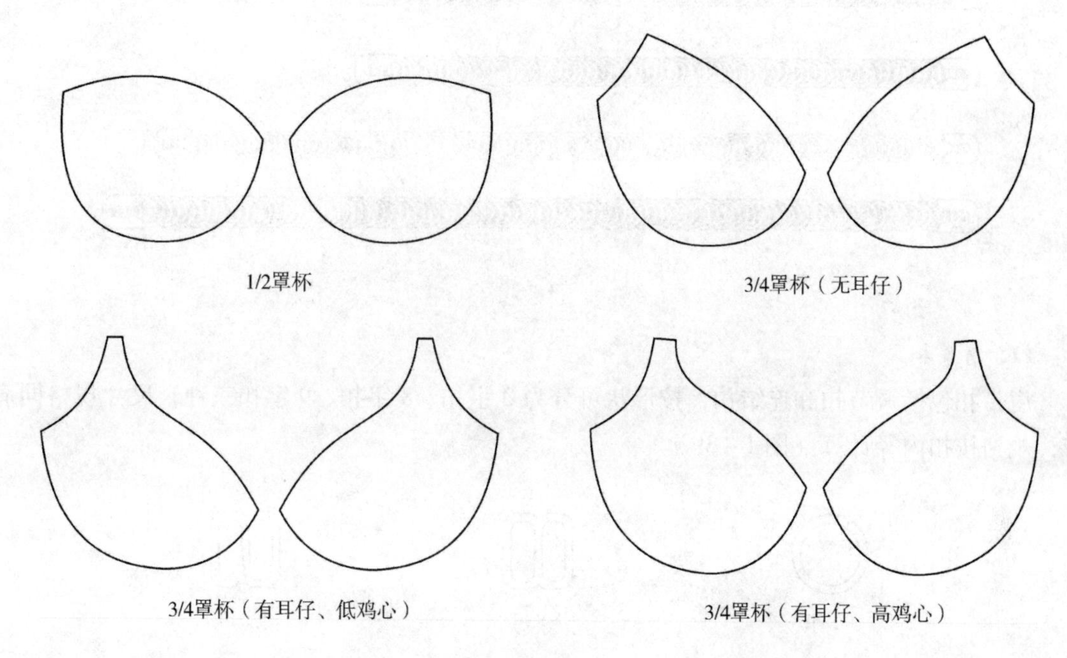

图 1－37

4. 臀垫

臀垫是把海绵敷布通过模压工艺制作成的垫子，边缘较薄，中间较厚，一般用于三角裤和功能性内衣中，以弥补臀部不够丰满者的体型。

5. 花边、芽边

这里所说的花边、芽边指装饰性的辅料，不用作面料。一般的宽度规格不会超过 2cm。

6. 捆条

通常用于捆碗、捆侧比的成品条，切成一定的宽度，质地随工艺而定。例如捆碗的捆条常用毛布，宽度为 3. 8cm；夹棉的捆条常用汗布，宽度为 2cm。

7. 纶骨带

捆碗（也叫钢圈套）、捆比的成品条，作用与捆条相同，可以替代使用。

8. 包边条

用于包边的成品带。

9. 胶骨

塑胶材质，常用于文胸的比位（侧面）及束身衣的骨位。外部用捆条包裹，也有用纶骨带代替捆条。

10. 鱼鳞骨

鱼鳞骨为钢质，常用于重型束身衣（腰封、半身围）的骨位，宽度通常为 4 ~ 5mm，可根据设计工艺要求制订不同的长度规格（图 1－38）。

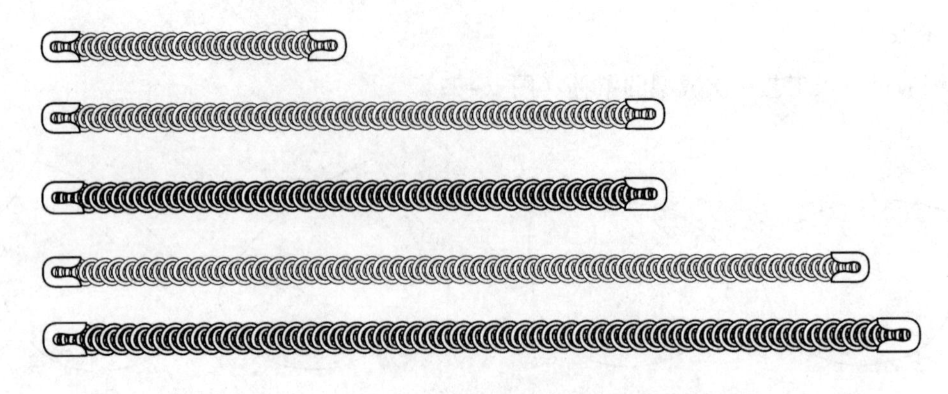

图1－38

11. 肩带扣

肩带扣包括调节扣和连结扣，按形状可分为0字扣、8字扣、9字扣三种，尺寸规格同肩带，规格按扣内径计算（图1－39）。

图1－39

12. 钢圈

钢圈用于文胸罩杯的捆碗位，规格根据工艺需求而定（图1－40）。外部用捆条包裹，也可用纶骨带代替捆条。

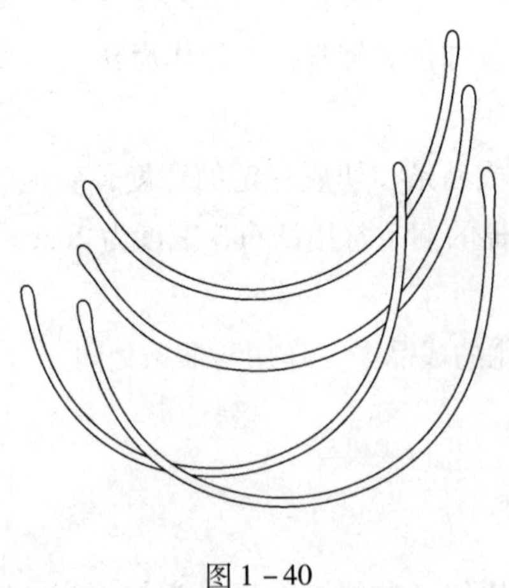

图1－40

13. 钩扣

钩扣为文胸的后背扣，用于调节胸下围（图1－41）。每排钩扣数超过两个即叫多倍扣，三倍扣的钩扣宽约5.5cm；双倍扣常用的宽度规格为3.8cm、3.2cm、2.8cm；单倍扣的宽度规格是1.9cm。

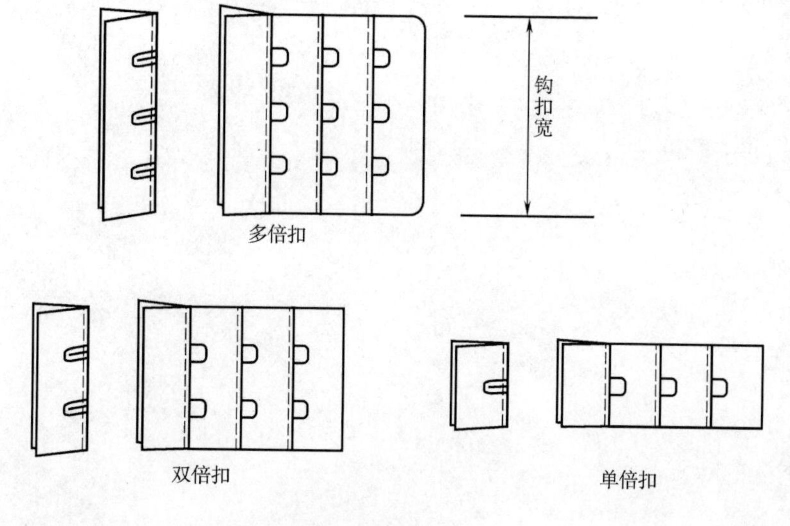

图 1－41

此外，文胸的辅料还有鸡心位花饰、前扣等。

小结

内衣是一门实践性比较强的学科，将文胸、内裤及功能内衣按不同特征分类尤为重要，是学好内衣制板的基础。

学好内衣制板必须掌握内衣的结构与分类，并熟知内衣各结构功能及在穿着中起到的具体作用，认识内衣的面辅料，掌握内衣的基本特性。

思考题

1. 文胸按工艺可以分为哪几类？
2. 内裤按腰头的高低可分为哪几种裤型？
3. 内裤按脚口的包容性可分为哪几种裤型？
4. 文胸的主要结构及特点有哪些？
5. 内衣面料的纱向具有哪些特征？

基础知识——

课题名称：内衣制板基础知识

课题内容：人体测量与内衣规格设计

内衣成品测量

内衣结构制图术语

钢圈造型基础

骨线和下扒造型基础

文胸罩杯的制图基础

课题时间：4 课时

教学目的：让学生了解内衣规格设计，学会人体及内衣测量，学会计算穿着内衣尺码

教学方式：讲授式教学、实践性操作

教学要求：1. 让学生了解内衣的规格设计，学会人体及成品内衣测量

2. 让学生掌握内衣尺码的计算，以及文胸 A、B 杯型之间转换关系

课前准备：准备内衣标准人台、内裤、文胸、束裤及束身衣成品、软尺

第二章　内衣制板基础知识

内衣制板是根据内衣的设计图或实物样品按照品种、款式和规格尺寸要求，进行平面展开的结构设计，使用轮廓线绘制成部件图，然后进行制板、放码，为缝制及排料提供技术依据。

第一节　人体测量与内衣规格设计

一、人体测量

在商场里，文胸有 A 杯、B 杯、C 杯、D 杯之分，还有 70、75、80 及 34B、36B 等尺码划分；其他内衣产品如裤子会有 S、M、L 之分和 64、70、76 之分，这究竟是怎么划分的呢？在了解内衣尺码的分类之前首先学习一下内衣相关部位尺寸的测量与人体的关系（图 2－1）。

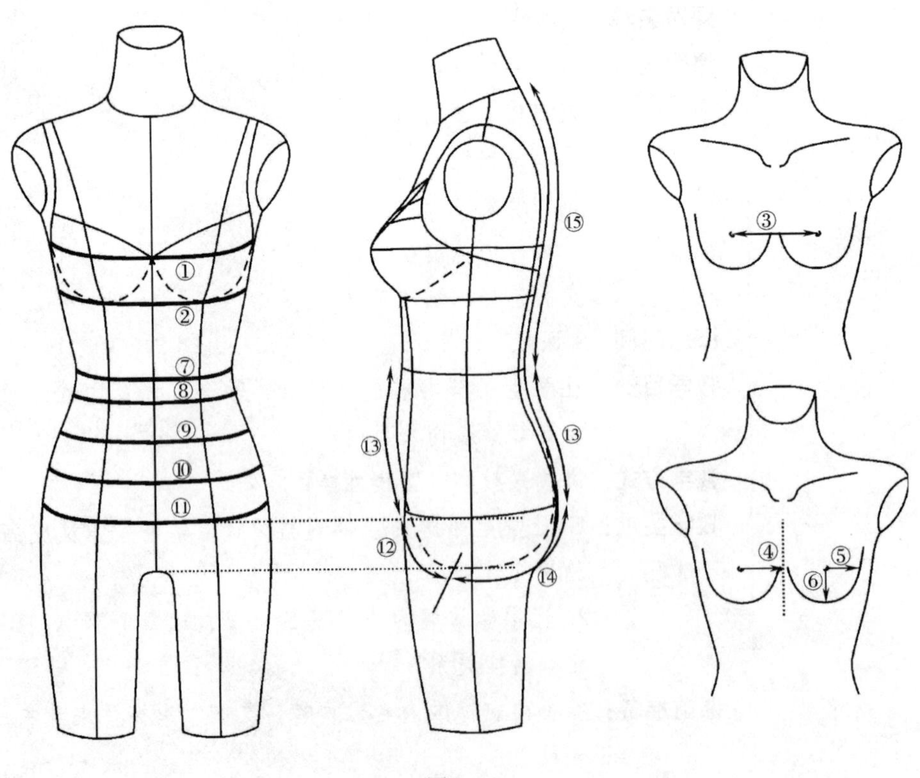

图 2－1

①上胸围，人体胸部的最大周长，沿胸部最丰满处水平测量一周的尺寸。
②下胸围，人体胸部基底围部的周长，沿胸基底处水平测量一周的尺寸。
③胸点距，人体胸部两个胸高点之间的水平距离。
④胸点至心位，人体胸高点至前中线（胸沟中心位）弧线距离。
⑤胸点至比位，人体胸高点至侧乳的弧线距离。
⑥胸高点至胸基底位，胸高点至胸基底位的弧线距离。
⑦腰围，人体腰部最细处水平测量一周的尺寸。
⑧肚脐围，肚脐处水平测量一周的尺寸。
⑨上腹围，肚脐向下 5cm 处水平测量一周的尺寸。
⑩下腹围，臀围向上 5cm 处水平测量一周的尺寸。
⑪臀围，人体臀部最丰满处水平测量一周的尺寸。
⑫前裆长，臀围线至裆底部的弧线距离。
⑬腰围线至臀围线距离，人体腰部最细处至臀部最丰满处的弧线距离。
⑭后裆长，裆底部到后部臀围线的弧线距离。
⑮背长，后颈点至腰部最细处的弧线距离。

二、内衣规格设计

（一）文胸

文胸的规格是由下胸围和杯型类型决定的。

1. 罩杯类型的选择

进行内衣设计首先要选择罩杯的类型。罩杯类型的划分是按照上胸围和下胸围尺寸的差值来划分的。相差 10cm 为 A 杯，相差 12.5cm 为 B 杯，相差 15cm 的为 C 杯，相差 17.5cm 为 D 杯，依次类推，每增加 2.5cm，则增大一个杯型。

2. 罩杯的测量

上胸围是胸部最丰满处的水平围度，下胸围为胸围底部身体的水平围度。用软尺在胸部最丰满处水平测量一周即上胸围的尺寸。例如，上胸围为 85cm，下胸围 75cm，上下胸围差值是 10cm，即为 A 杯，下围为 75cm，那么测量尺码就是 75A 了。

3. 文胸尺码对照

文胸尺码对照如图 2－2、表 2－1 所示。

表 2－1　　单位：cm

尺码分类 / 对应测量部位	70A	75A	80A	85A
下胸围	70.0	75.0	80.0	85.0
上胸围	80.0	85.0	90.0	95.0

续表

尺码分类 / 对应测量部位	70B	75B	80B	85B
下胸围	70.0	75.0	80.0	85.0
上胸围	82.5	87.5	92.5	97.5

尺码分类 / 对应测量部位	70C	75C	80C	85C
下胸围	70.0	75.0	80.0	85.0
上胸围	85.0	90.0	95.0	100.0

尺码分类 / 对应测量部位	70D	75D	80D	85D
下胸围	70.0	75.0	80.0	85.0
上胸围	87.5	92.5	97.5	102.5

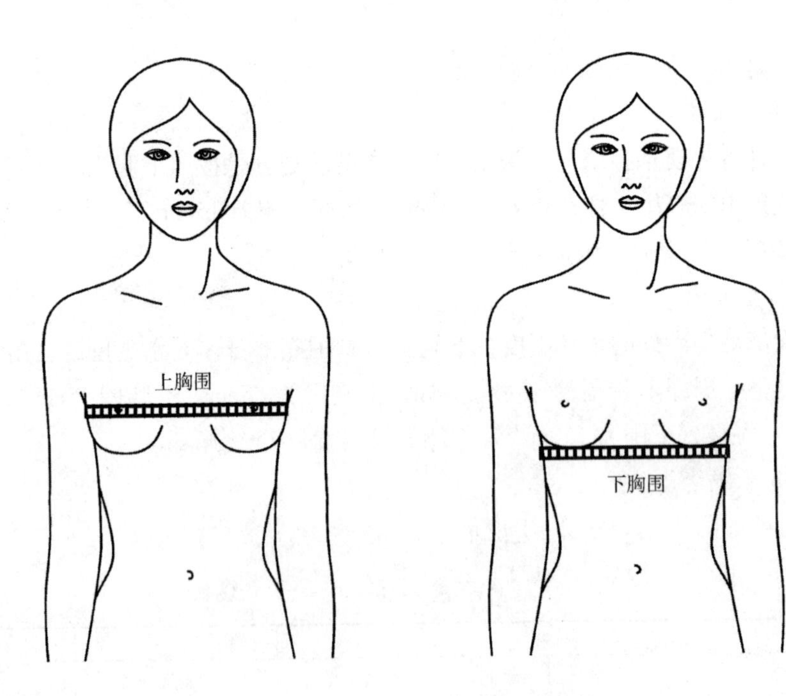

图 2－2

4. 人体胸部尺寸对照表

工业制板时会以文胸标准号型做参照，得到人体胸部细部尺寸，如表 2－2 所示。

表 2－2　　单位：cm

对应部位	尺寸					
胸点距（以弯腰量为准直线）	下胸围 杯型	70	75	80	85	档差
	A	15.5	16.0	16.5	17.0	0.5
	B	16.0	16.5	17.0	17.5	
	C	16.5	17.0	17.5	18.0	
	D	17.0	17.5	18.0	18.5	
胸点至心位（弧线）	下胸围 杯型	70	75	80	85	档差
	A	8.0	8.5	9.0	9.5	0.5
	B	8.5	9.0	9.5	10.0	
	C	9.0	9.5	10.0	10.5	
	D	9.5	10.0	10.5	11.0	
胸点至比位（弧线）	下胸围 杯型	70	75	80	85	档差
	A	8.0	8.5	9.0	9.5	0.5
	B	8.5	9.0	9.5	10.0	
	C	9.0	9.5	10.0	10.5	
	D	9.5	10.0	10.5	11.0	
胸点至比位（弧线）	下胸围 杯型	70	75	80	85	档差
	A	6.5	7.0	7.5	8.0	0.5
	B	7.0	7.5	8.0	8.5	
	C	7.5	8.0	8.5	9.0	
	D	8.0	8.5	9.0	9.5	

（二）裤类

1. 裤子类型选择

裤子通常分为 S、M、L 码，以腰围来划分尺码。以标准人体为例，腰围 64cm 为 M 码，每增加 6cm 来区分一个尺码，即 70cm 为 L 码，以此类推。

2. 裤子腰围尺寸的测量

人体腰部最细处水平测量一周的尺寸即为腰围。腰围尺寸 64cm 为 M 码、70cm 为 L 码、76cm 为 XL 码。

3. 裤子尺码对照

裤子尺码对照如图 2－3、表 2－3 所示。

表 2－3　　　单位：cm

尺码分类 \ 测量部位		腰围	臀围
64	M	60～70	85～93
70	L	66～76	90～98
76	XL	72～82	95～103
82	2XL	78～88	100～108

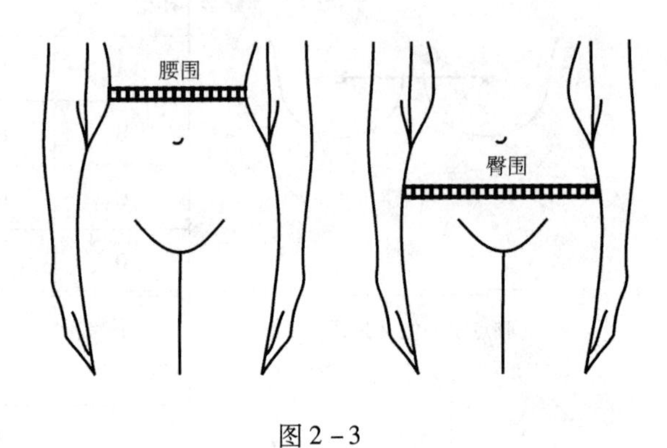

图 2－3

4. 裤子规格分类

内裤按腰线的位置可分为高腰裤、中腰裤和低腰裤。

①高腰裤：制板腰位高于或者等于腰围线。高腰型的全长（前中长＋裆长＋后中长）在 56cm 以上，腰围线在肚脐围向上 2cm 以上的都是高腰裤。如图 2－4 所示，腰围线在腰线以上的位置都是高腰裤。

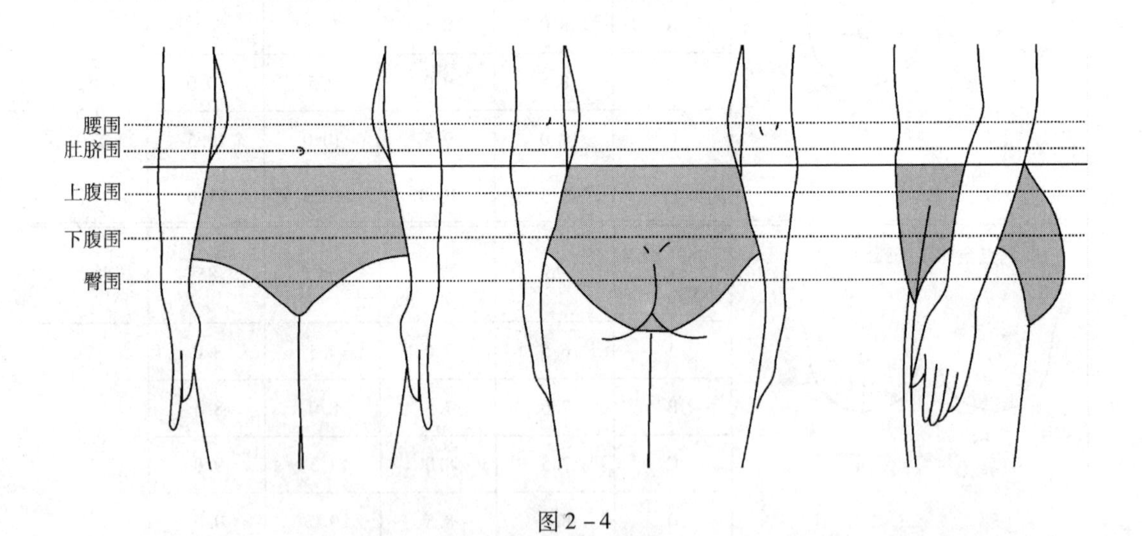

图 2－4

②中腰裤：腰位位于腰围与上腹围之间。中腰型全长为 46～55cm。即腰围线在肚脐围向下 2.5cm 至臀围线向上 8cm 之间的距离，图 2－5 中颜色较深位置。

③低腰裤：腰位在上腹围和下腹围之间。低腰型全长为 36～45cm。即腰围线在臀围线向上 7.5cm 至臀围线向上 3cm 之间的距离是低腰裤，如图 2－6 所示。

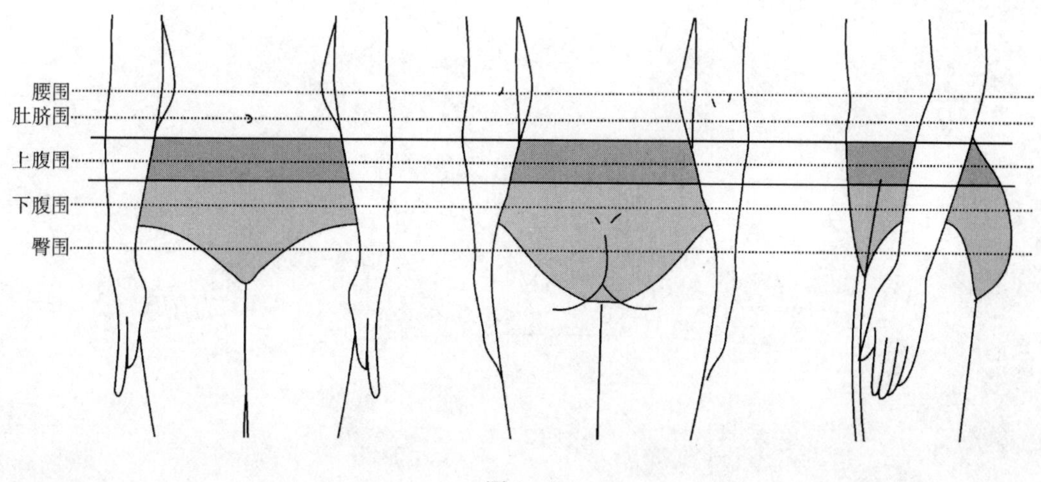

图2－5

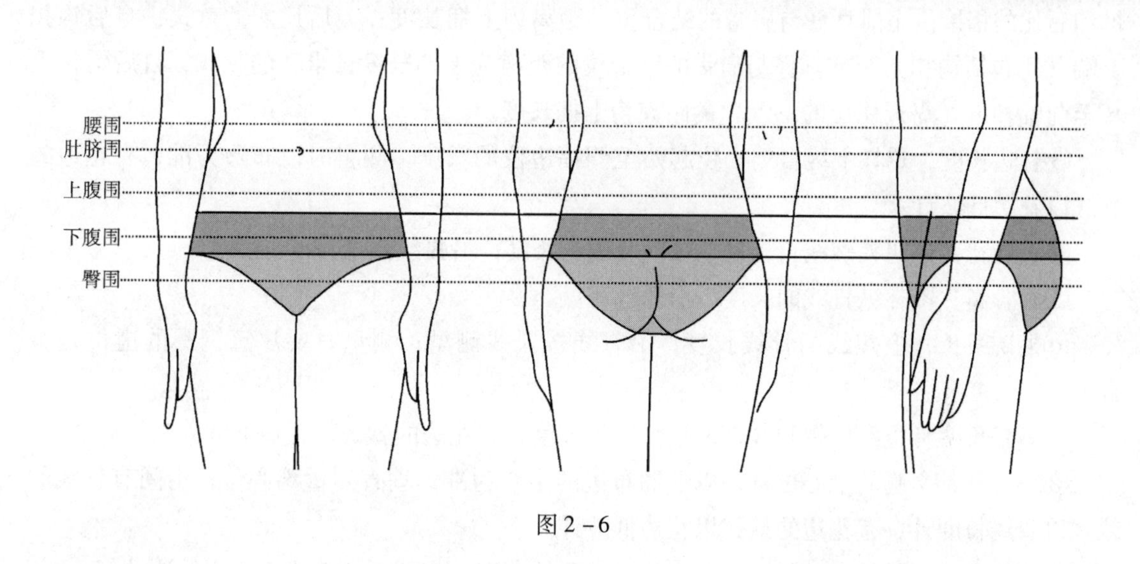

图2－6

第二节　内衣成品测量

内衣成品的测量是对一件内衣成品外观尺寸标准的评估。在内衣工业生产中内衣成品测量属于内衣的质检部分，不同的内衣种类成品测量的部位是不一样的。

一、文胸成品测量

文胸成品测量部位如图2－7所示。

①下捆长度，自钩位边缘至第一个扣位的距离，如果是下捆弧度比较大的款式，则沿下捆布边测量。

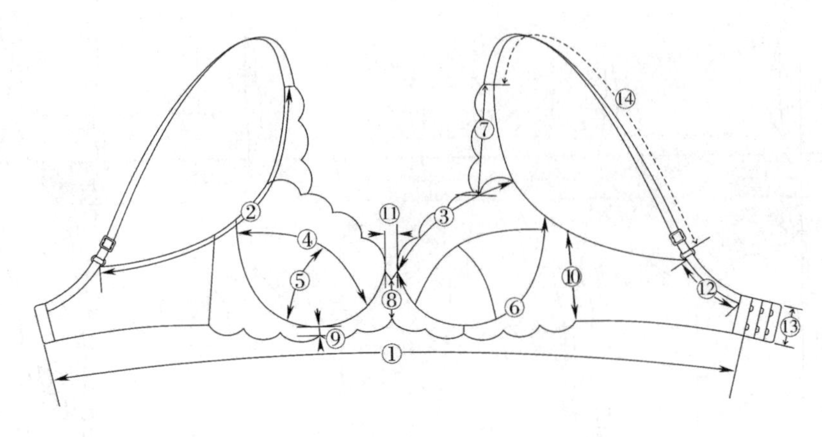

图 2－7

②上捆长度，针对不同的款式，测量上捆长度的位置有所不同：有后比圈的款式，自肩带和后比的相接位至前耳仔与肩带的结合位的距离为上捆长度；无后比圈的款式，自后钩扣上端（不包括钩扣）至前耳仔与肩带的结合位的距离为上捆长度；半杯的款式，自后钩扣上端至前幅杯边（靠近比位的位置）的距离为上捆长度。

③杯边长度，罩杯上缘自鸡心位起始至侧幅边位的长度，测量时以布边为准，有花边的款式以花边低波计。

④杯骨宽，也叫夹碗线长，是罩杯横骨线的长度，沿弧线测量。

⑤杯骨高，罩杯纵骨线的长度，沿弧线测量。

⑥捆碗线长，上碗线的骨线长度，沿骨线按弧线测量；测量时要注意钢圈的虚位是否合适。

⑦耳仔长，杯边距肩带和耳仔的接位处的长度，有花边的款式以花边低波为测量标准。

⑧鸡心高，文胸的中心位置，以下捆布边的中心为准，垂直测量鸡心位；中间有骨线的款式以骨线长度计，有花边的款式以花边低波计。

⑨下扒高，下扒最窄的位置，垂直测量得到的高度，有花边的款式以花边低波计。

⑩侧骨高，以布边为准，沿骨线测量。

⑪鸡心宽，鸡心位最上端的宽度，水平测量。

⑫后比圈长度，钩扣上端距后比布和肩带接位布边的长度，沿弧线测量。

⑬钩扣宽，正常情况下同样款式的钩扣的宽度是相同的，如果罩杯和码数较多会随罩杯和码数的加大而加宽（例如 A 杯、B 杯、C 杯的钩扣宽为 3.8cm，D 杯、E 杯、F 杯钩扣宽为 5.5cm）。

⑭肩带长，成品文胸的肩带长度测量，需把 8 字扣位置调至肩带最长后进行测量。

二、三角裤成品测量

三角裤成品测量部位如图 2－8 所示。

①1/2 腰头长，以腰头布边计，放平，沿弧线测量。

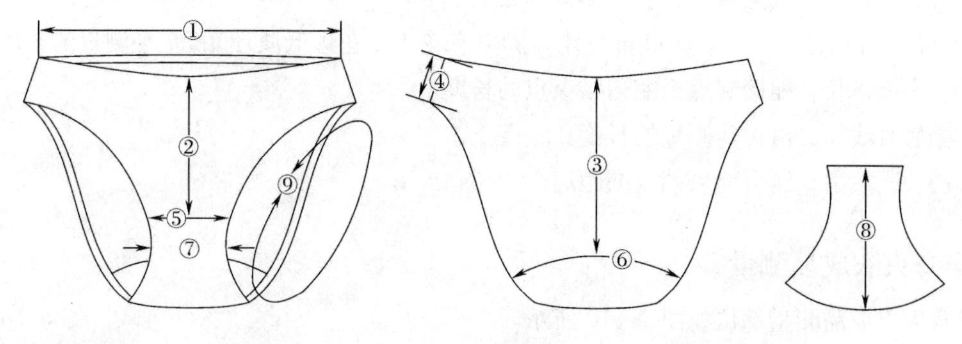

图 2－8

②前中长，以腰头中线为准至前裆线，垂直测量的长度。

③后中长，以腰头中线为准至后裆线的长度，垂直测量的长度。

④侧骨长，侧骨线的长度。

⑤前裆宽，沿前裆位骨线测量的长度。

⑥后裆宽，沿后裆位骨线的弧线测量得到的长度。

⑦裆最窄处，裆底最窄位置水平测量的长度。

⑧裆长，裆线的长度，放平测量的长度。

⑨脚口长，沿弧线边线测量一周的长度。

三、束裤成品测量

束裤成品测量部位如图 2－9 所示。

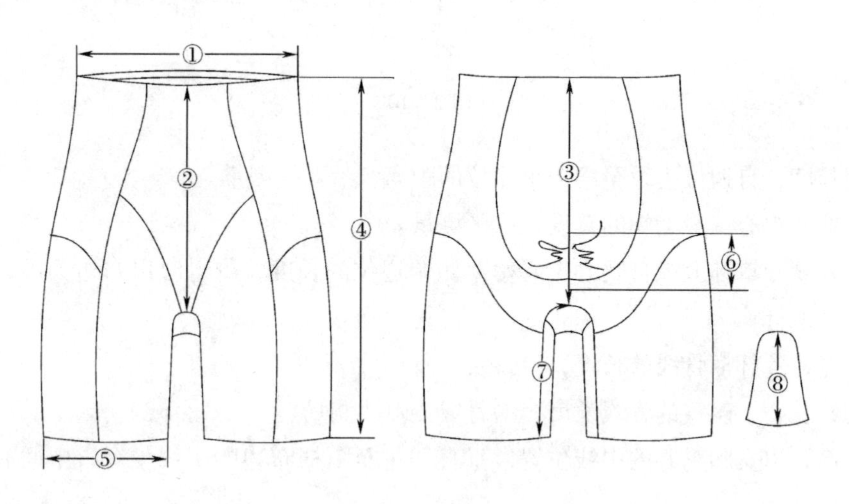

图 2－9

①1/2 腰头长，将腰头放平，以腰头布边计，沿弧线测量。

②前中长，自腰头中线至前裆线，垂直测量的长度。

③后中长，自腰头中线至后裆线，垂直测量的长度。

④裤长，自腰头线至脚口，垂直测量的长度。

⑤1/2 脚口长，放平，以脚口布边计（脚口有花边以花边低波计），水平测量的长度。

⑥后中缩褶长，缩褶起点至缩褶结束点的长度。

⑦裆底骨线长，沿弧线测量的长度。

⑧裆长，放平，测量前后裆线的距离。

四、半身束衣成品测量

半身束衣成品测量部位如图 2－10 所示。

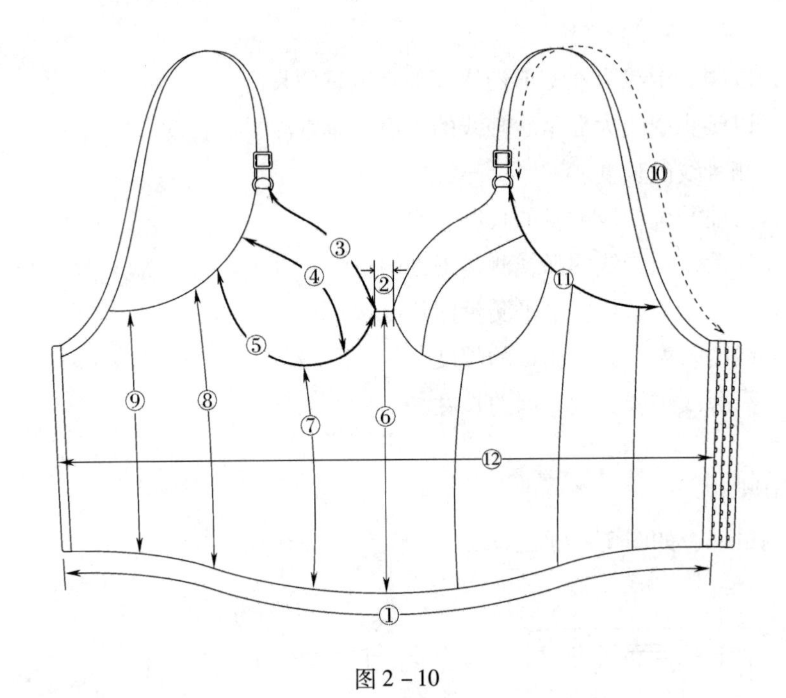

图 2－10

①下捆长度，自钩位边缘至第一个扣位的距离，沿弧线测量。

②鸡心宽，鸡心位最上端的宽度，水平测量。

③杯边长度，罩杯上缘自鸡心位起始至侧幅边位的长度，测量时以布边为准，有花边的款式以花边低波计。

④杯骨宽，罩杯横骨线的长度，沿弧线测量。

⑤捆碗线长，上碗线的骨线长度，沿骨线按弧线测量。

⑥鸡心高，以文胸鸡心的中线位置，垂直测量至下捆布边的中线位置，中间有骨线的款式以骨线长度计。

⑦下扒骨线长，沿前侧骨线测量的长度。

⑧侧骨长，以上下捆布边计，沿侧骨线测量的长度。

⑨后侧骨线长，以上下捆布边计，沿后侧骨线测量的长度。

⑩肩带长，把 8 字扣位置调至肩带最长后，测量肩带的长度。

⑪上捆长，肩带和后比的相接位至前耳仔与肩带的结合位的长度，沿弧线测量。

⑫束衣宽，放平，自腰部最细的位置水平测量，从钩位至扣位第一个扣的长度。

第三节　内衣结构制图术语

一、文胸

（一）结构线名称

文胸制图中共有十四条结构线，分别为：耳仔边线、前幅边线、夹弯线、夹碗线、下托骨线、上碗线、鸡心上线、鸡心中线、下扒线、上捆线、下捆线、侧骨线、后比夹弯线、钩扣线，文胸裁片图如图 2－11 所示。

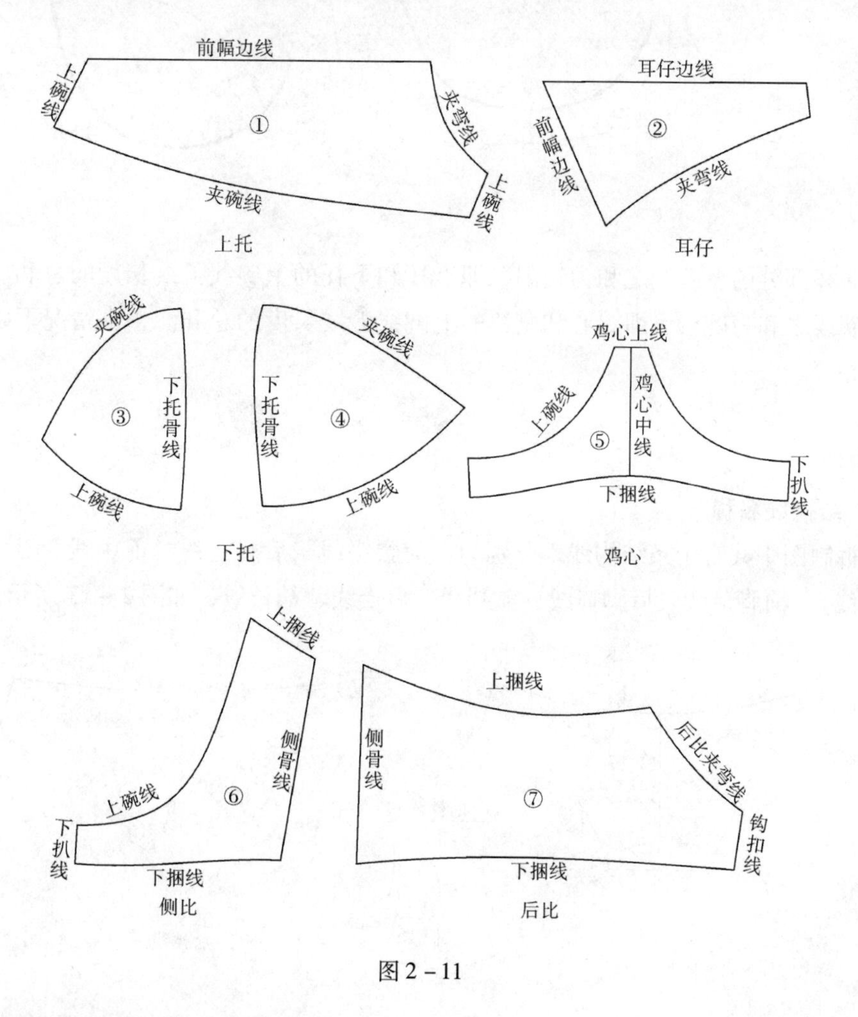

图 2－11

（二）款式图中结构线对应的位置

将文胸裁片的结构线（图 2－11）连结起来，与图 2－12 中文胸的款式图一一对应。

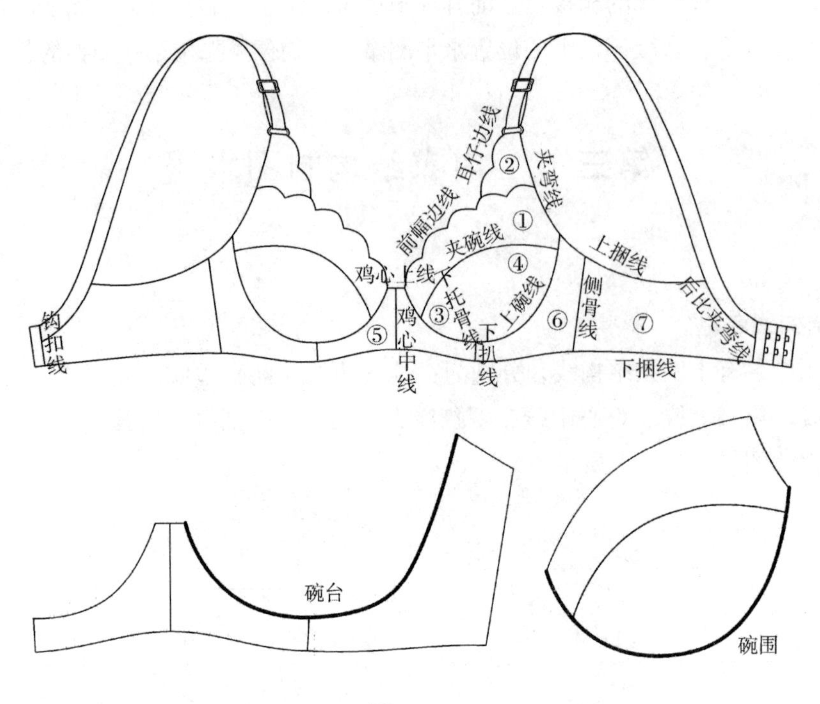

图 2-12

构成碗杯部分的上碗线之和为碗围，即上托和下托的上碗线弧线长度的总和。构成下扒部分的上碗线之和为碗台，即鸡心和侧比的上碗线弧线长度的总和。正常情况下碗围和碗台的尺寸要相等。

二、三角裤

（一）结构线名称

三角裤制图中共有十条结构线，分别为：前腰头线、后腰头线、前中线、后中线、侧缝线（侧骨线）、前脚口线、后脚口线、前裆线、后裆线、裆长线，如图 2-13 所示。

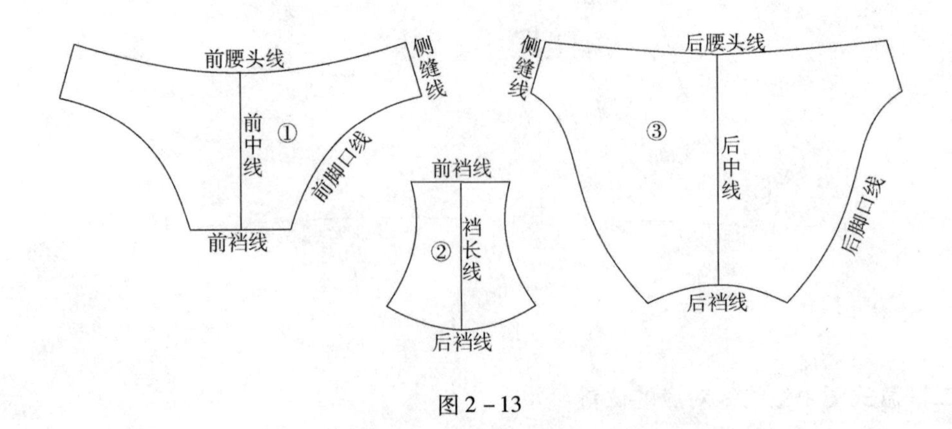

图 2-13

（二）款式图中结构线对应的位置（图 2－14）

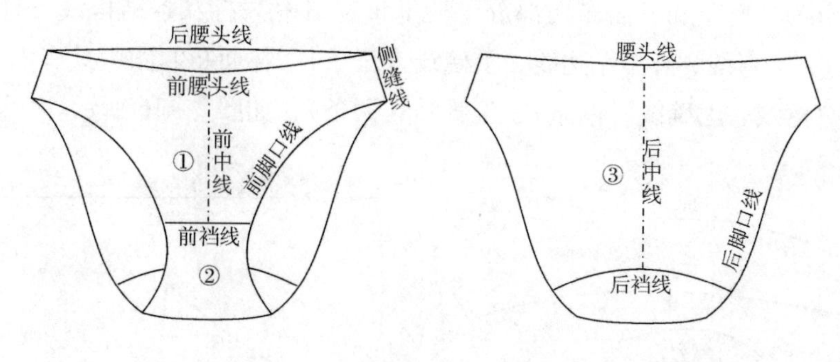

图 2－14

三、半身束衣

（一）结构线名称

有罩杯的半身束衣分为下捆部位和罩杯部位，罩杯部位的结构线与文胸相同。

1. 下捆部位

下捆位包括下扒位和后比位，制图中共有十二条结构线，分别为上碗线、上捆线、后比夹弯线、下胸围线、腰节线、前中线、前中骨线、侧骨线、后侧骨线、后中线、底摆线、下捆线，如图 2－15 所示。

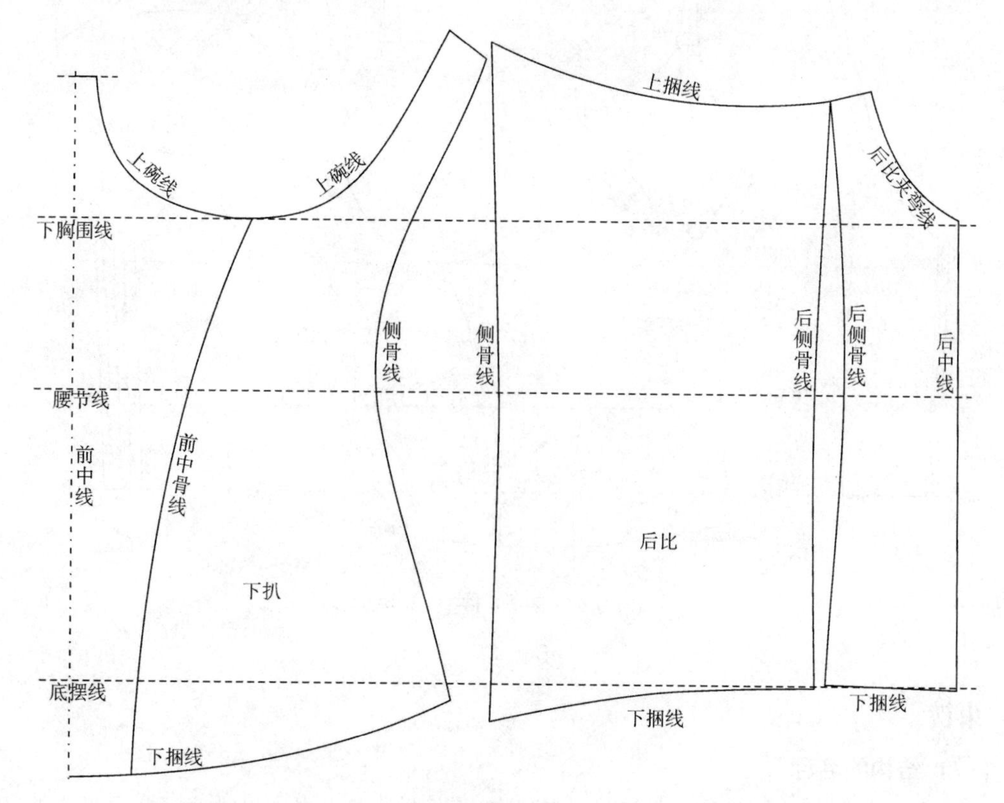

图 2－15

2. 罩杯部位

罩杯部位分为杯里布和杯面布两部分。杯里布制图中共有八条结构线，分别为杯边线、夹碗线（两条）、夹弯线、杯里贴边线、上碗线（三条）。杯面布制图中共有六条结构线，分别为杯边线、夹弯线、上碗线（两条）、碗骨线（两条），如图 2－16 所示。

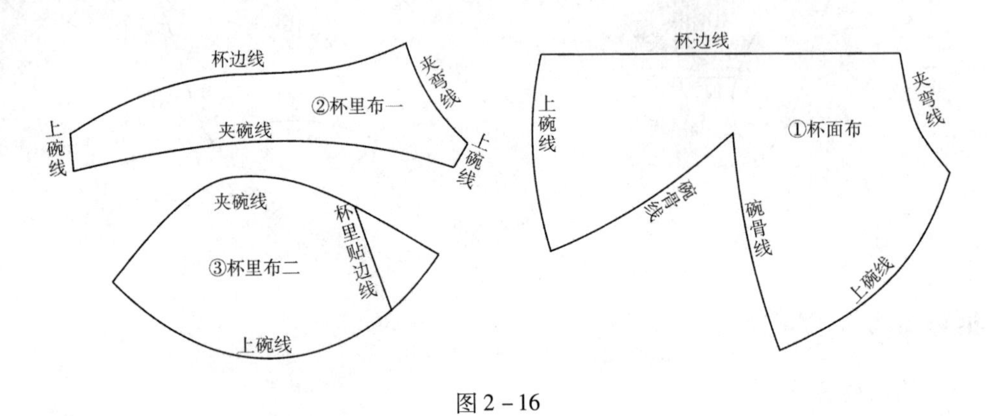

图 2－16

（二）款式图中结构线对应的位置（图 2－17）

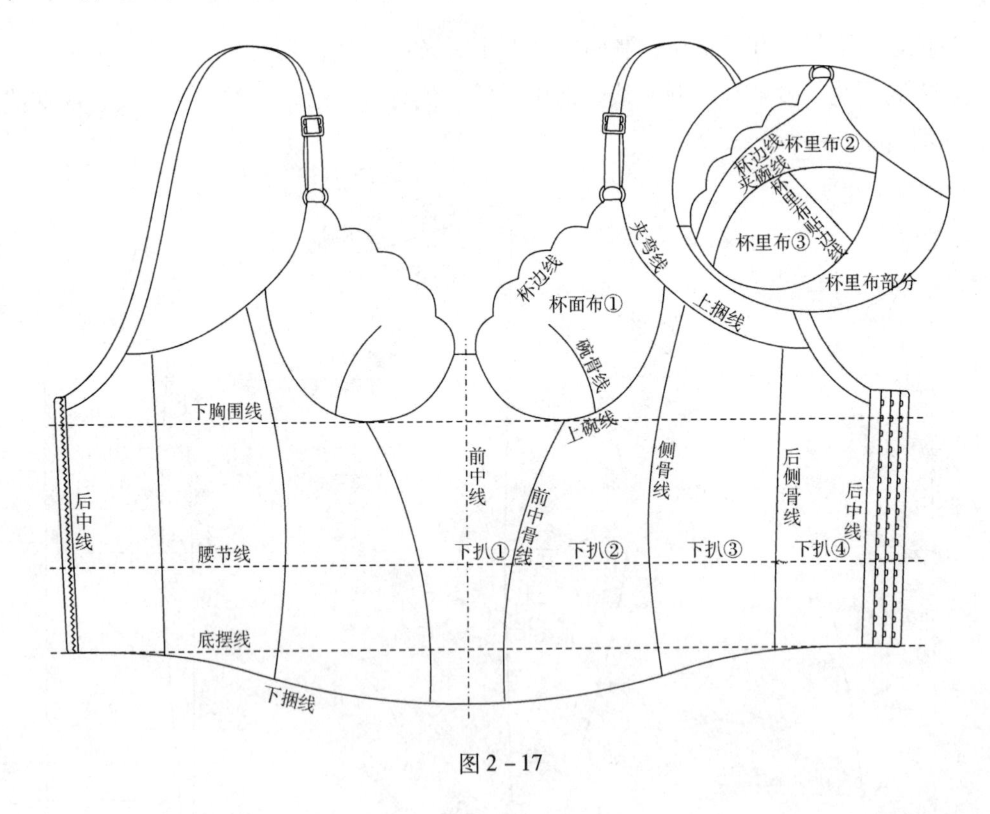

图 2－17

四、束裤

（一）结构线名称

功能性较强的束裤通常由面布部分和里贴部分构成，虚线表示里贴线，灰色部分是里贴。

制图中共有十七条结构线，分别为前（后）腰头线、前中线、前侧贴边线、侧骨线、前幅骨线、内侧缝线、前脚口线、后侧骨线、后幅贴边线、后脚口线、后中线、后臀贴边线、前裆线、裆线、裆中线、后裆线，如图 2－18 所示。

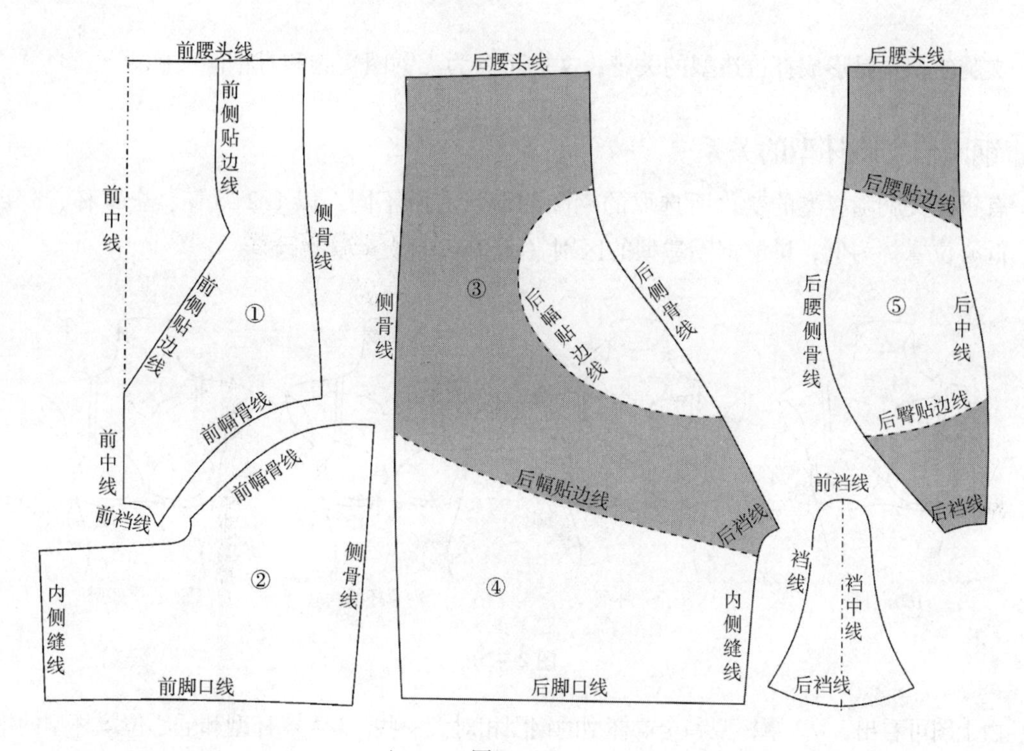

图 2－18

（二）款式图中结构线对应的位置（图 2－19）

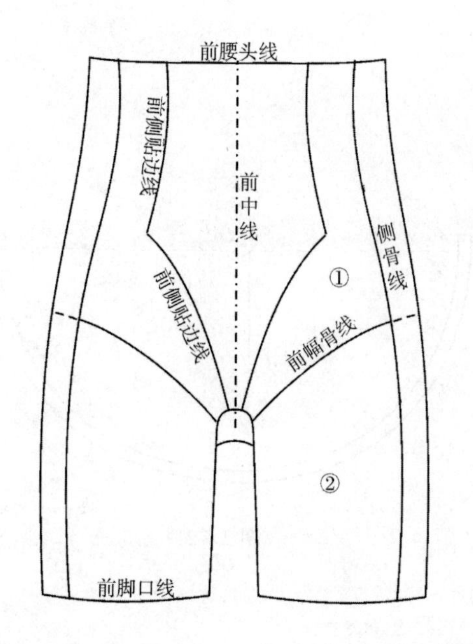

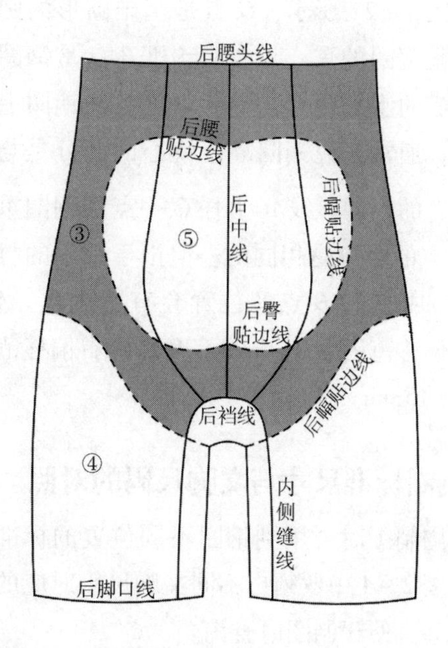

图 2－19

第四节 钢圈造型基础

文胸的款式是形成杯位造型的关键，文胸可分为无钢圈文胸和有钢圈文胸。

一、钢圈与文胸杯型的关系

有钢圈文胸随杯型的变化所选取的钢圈的形状有所不同。以 1/2 罩杯、全罩杯、3/4 罩杯、低心位罩杯为例，讲解钢圈造型的区别（图 2－20）。

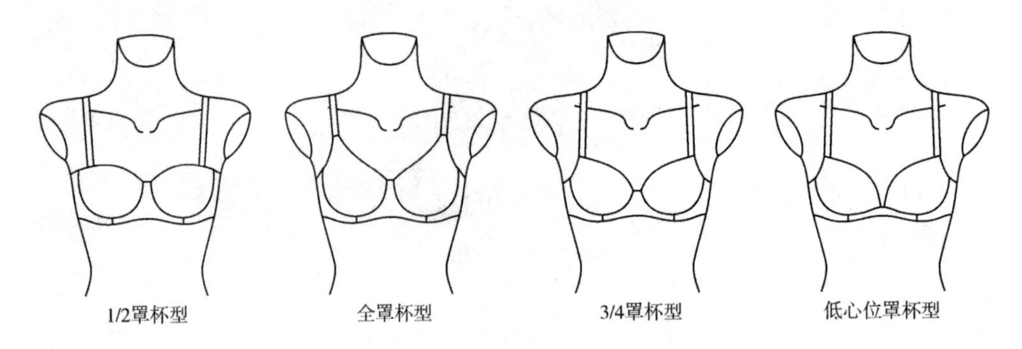

图 2－20

由上图可看出，1/2 罩杯型和全罩杯型的钢圈相对大一些，3/4 罩杯型和低心位罩杯型的钢圈形状小些。人体的胸部可以认为是类圆形，钢圈的形状是根据人体胸部的形状由正圆形转化而来的。以规格为 75B 的文胸为例，75B 文胸的钢圈是以半径为 5.0cm 的圆转化而来的（表 2－7）。

如图 2－21 所示，O 点是基础圆形的圆心，也是钢圈的重心点。A 点和 B 点是钢圈上过圆心的水平两点，C 点为 O 点在钢圈上的垂点，通常来说钢圈靠近鸡心的部分是与圆形重合的，即弧线$\widehat{AC}$上任意一点到钢圈重点心 O 点的距离是相同的。但由于钢圈的材质不同，A 点和 B 点的位置会有所变化，A 点向左偏移范围为 0～3mm，B 点向右偏移范围为 8～15mm。

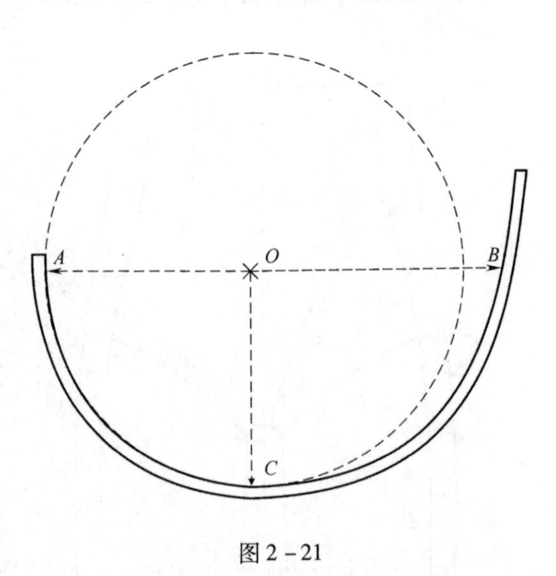

图 2－21

二、钢圈标准尺寸与文胸尺码的对照

文胸制图时会用到钢圈不同位置的标准尺寸，表 2－4 中罗列出不同文胸尺码对应的标准尺寸，便于制图时查询。

表 2－4　　　　单位：mm

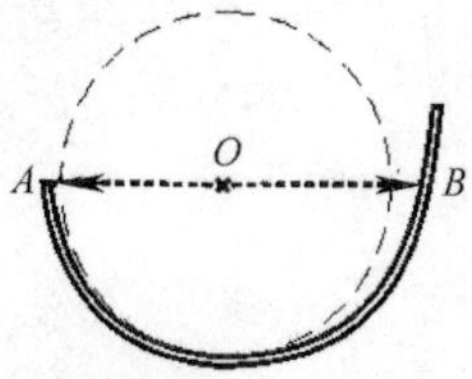

总宽度 *AB*（重心水平测量）		70	75	80	85	档差
	A	100	105	110	115	5
	B	105	110	115	120	
	C	110	115	120	125	
	D	115	120	125	130	
重心至鸡心位 *OA*（水平测量）		**70**	**75**	**80**	**85**	**档差**
	A	45.0	47.5	50.0	52.5	2.5
	B	47.5	50.0	52.5	55.0	
	C	50.0	52.5	55.0	57.5	
	D	52.5	55.0	57.5	60.0	
重心至比位 *OB*（水平测量）		**70**	**75**	**80**	**85**	**档差**
	A	55.0	57.5	60.0	62.5	2.5
	B	57.5	60.0	62.5	65.0	
	C	60.0	62.5	65.0	67.5	
	D	62.5	65.0	67.5	70.0	
重心至下扒位 *OC*（垂直测量）		**70**	**75**	**80**	**85**	**档差**
	A	45.0	47.5	50.0	52.5	2.5
	B	47.5	50.0	52.5	55.0	
	C	50.0	52.5	55.0	57.5	
	D	52.5	55.0	57.5	60.0	

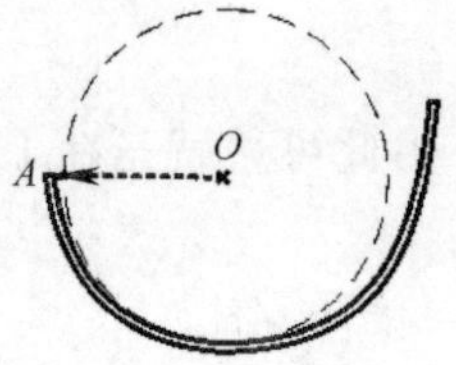

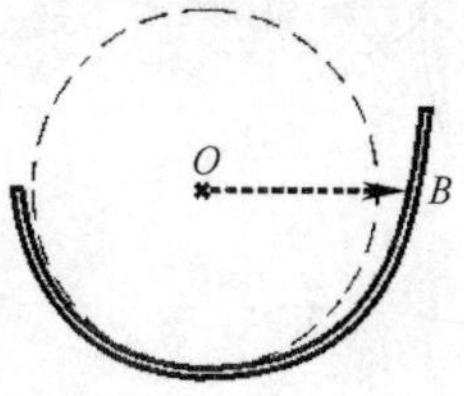

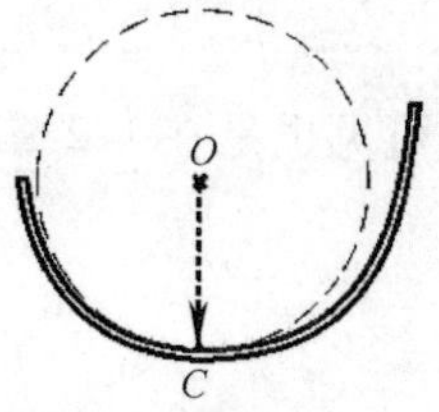

三、不同杯型钢圈的造型

每一款文胸钢圈线和碗杯线之间，都有它自己相应的容位，根据面料的质地、弹性及文胸的工艺不同，容位大小也随之变化，在这里钢圈容位为“钢圈虚位”，通常文胸的钢圈虚位在1.0～1.5cm左右（心位和比位虚位的总和）。

（一）1/2罩杯钢圈造型（图2－22）

以1/2罩杯为例，下图为钢圈与文胸罩杯的关系。

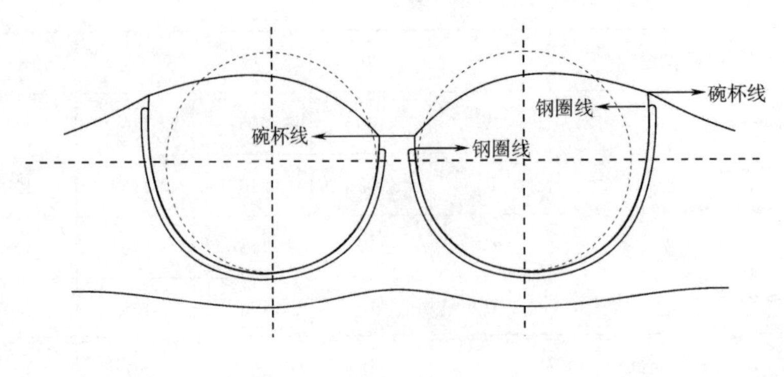

图 2－22

（二）3/4 罩杯钢圈造型（图 2－23）

以 1/2 罩杯造型为基础，图中实线为 3/4 杯罩杯与钢圈关系。由此可见就是在 1/2 罩杯的基础上把钢圈的侧比位和鸡心位截短了。

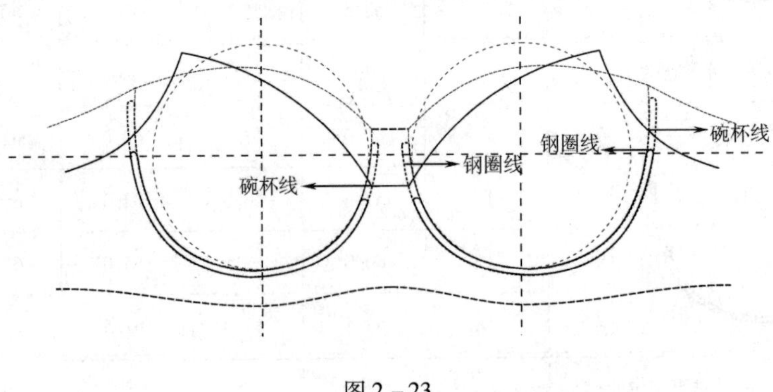

图 2－23

（三）全罩杯钢圈造型（图 2－24）

以 1/2 罩杯造型为基础，图中实线为全罩杯与钢圈关系。由此可见也是在 1/2 罩杯的基础上把钢圈鸡心和侧比位截短了。

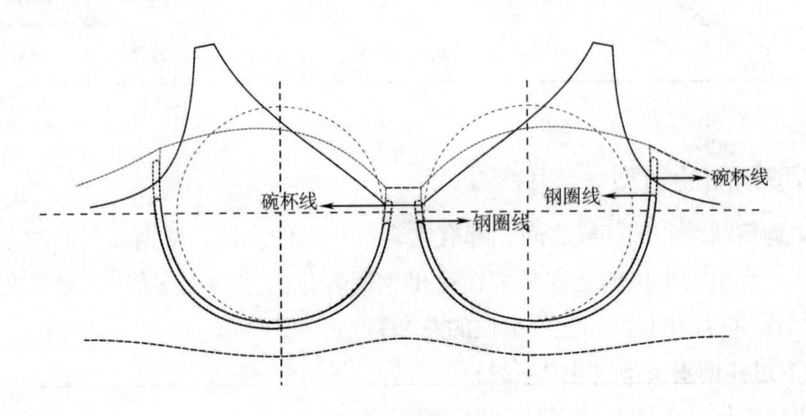

图 2－24

（四）低心位罩杯钢圈造型（图 2－25）

同样以 1/2 罩杯造型为基础，图中实线为低心位罩杯与钢圈关系。由此可见在 1/2 罩杯的基础上降低鸡心位高度，并调整钢圈前面部分形状。

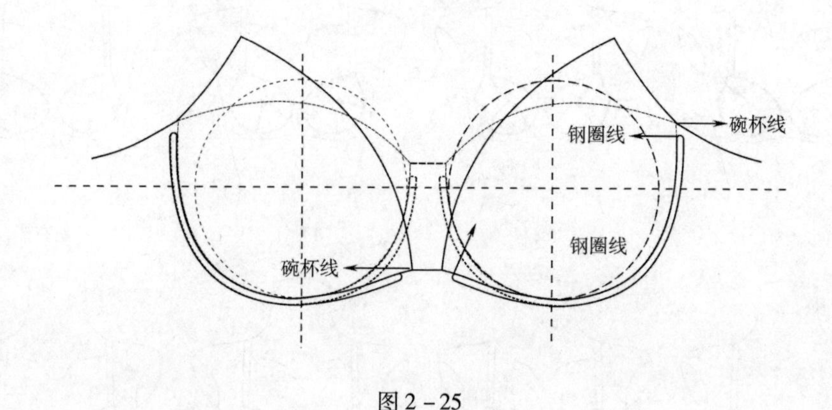

图 2－25

总之，可以在杯位包容度比较大的钢圈上根据杯型对钢圈进行不同规格的截取，但是有一点必须注意，不论怎样对钢圈截取，碗杯的前幅边必须要高于钢圈的重心点 1cm 以上，才能保证成品文胸穿着后不露胸点。

第五节　骨线和下扒造型基础

在文胸罩杯造型中，钢圈的尺寸和造型设计至关重要，除此之外，对于 1/2 罩杯、3/4 罩杯、全罩杯和低心位罩杯的骨线和下扒的造型设计，也是不可或缺的内容。

一、同一杯型不同骨线的造型

按罩杯中骨线的不同，大体可分为上下开骨杯、T 骨杯、左右杯、斜开骨杯等。

1. 1/2 罩杯的骨线造型（图 2－26）

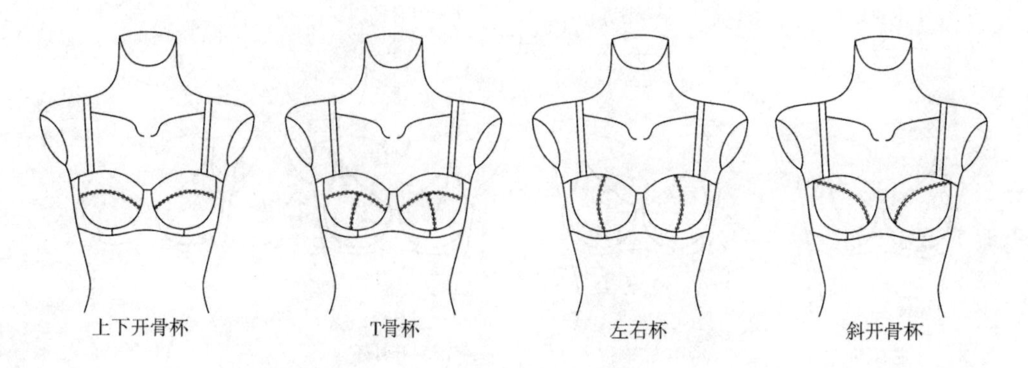

图 2－26

2. 3/4 罩杯的骨线造型（图 2－27）

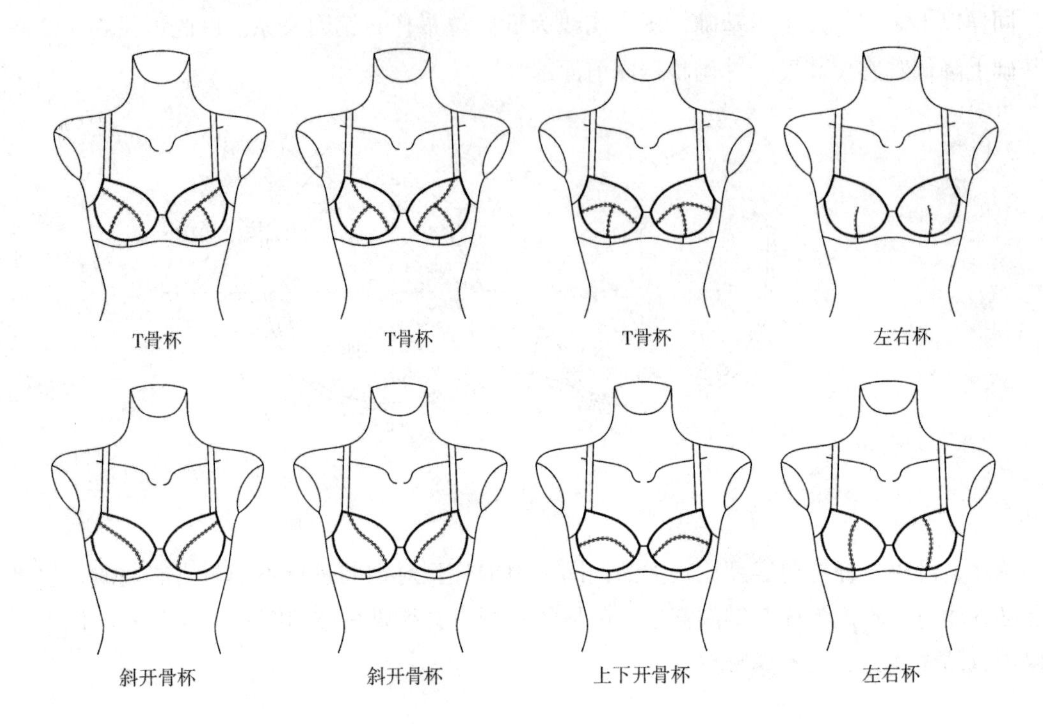

图 2－27

3. 全罩杯的骨线造型（图 2－28）

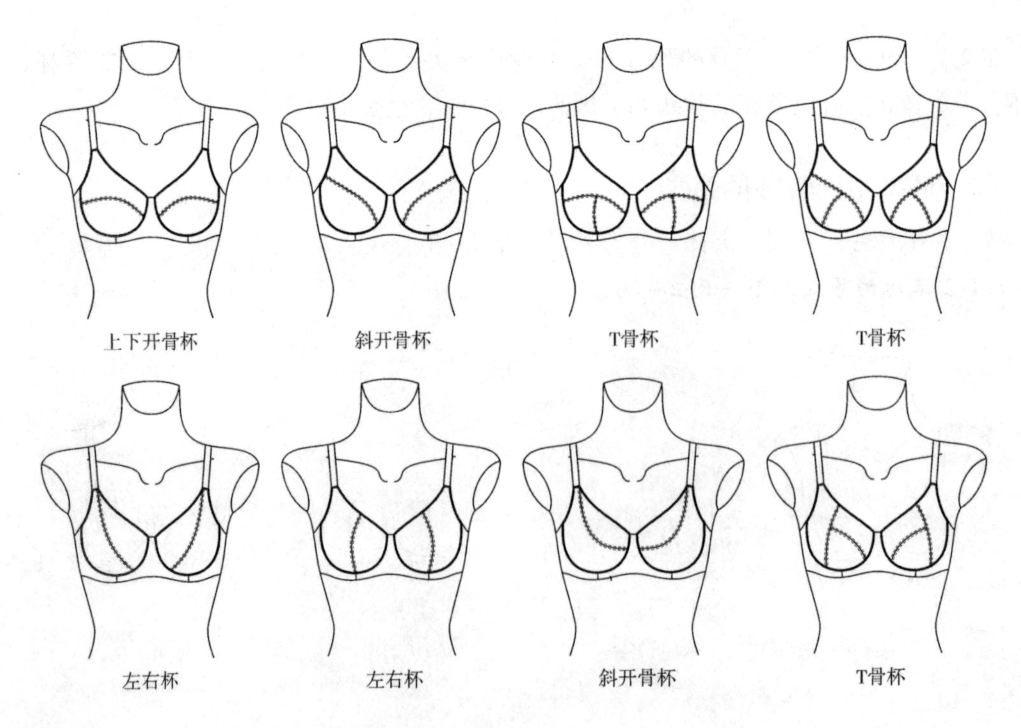

图 2－28

二、同一杯型不同下扒的造型

1. 1/2 罩杯不同的下扒造型（图 2-29）

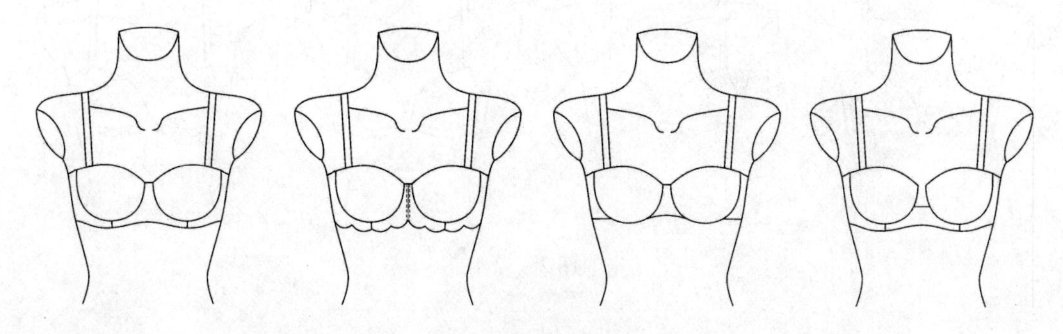

图 2-29

2. 3/4 罩杯不同的下扒造型（图 2-30）

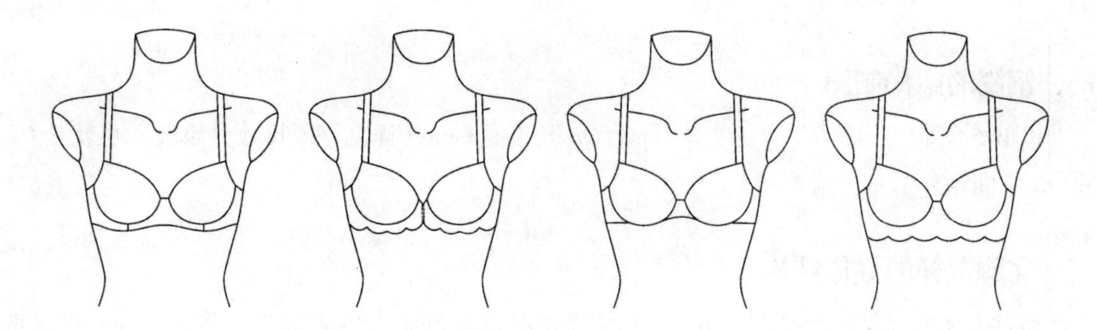

图 2-30

3. 全罩杯不同的下扒造型（图 2-31）

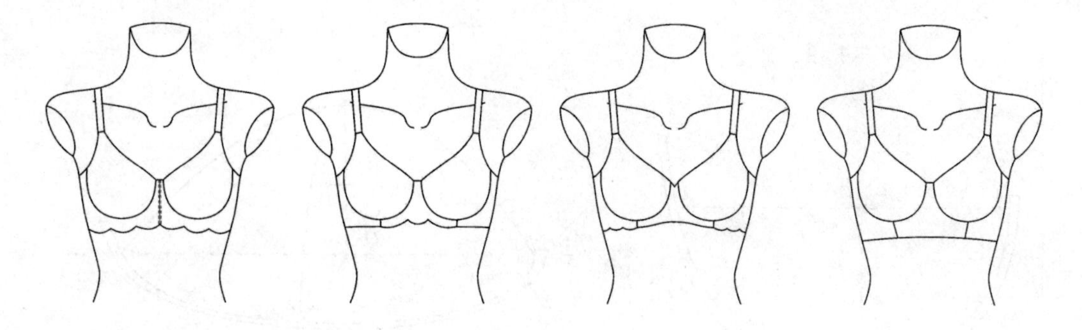

图 2-31

4. 低心位罩杯不同的下扒造型（图 2－32）

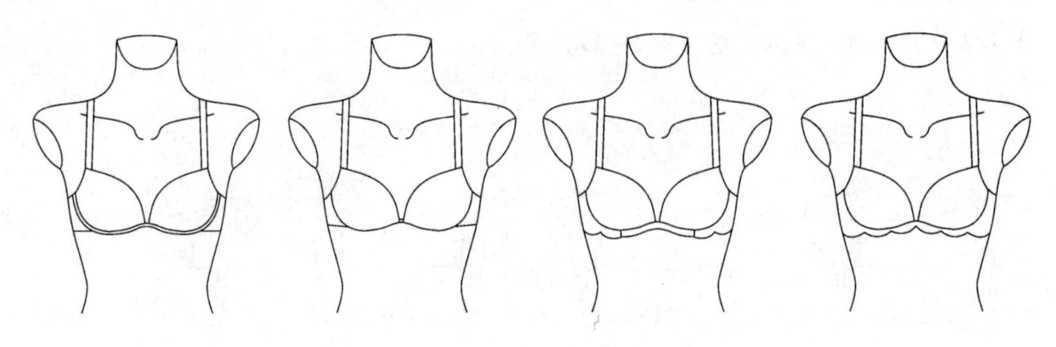

图 2－32

第六节　文胸罩杯的制图基础

一、钢圈的结构制图

以 B75 文胸为例，*OC* 的长度是 5cm，*OB* 长度是 6cm（详见钢圈尺寸参照表）也就是 *OC* 和 *OB* 之间相差 1cm（图 2－33）。

二、文胸罩杯的立体结构

通过人体胸部尺寸参照表得出 *PC* 的弧线长度是 7.5cm，*PB* 的弧线长度是 9cm，也就是 *PC* 和 *PB* 的距离相差 1.5cm。由此可以总结出在碗杯上弧线上的差值大于在钢圈上直线的差值。而且这个差值是随钢圈的形状呈螺旋递增的。按照这个比例计算，也就是水平尺寸相差量最大为 1cm，碗杯上相差量最大为 1.5cm（图 2－34）。

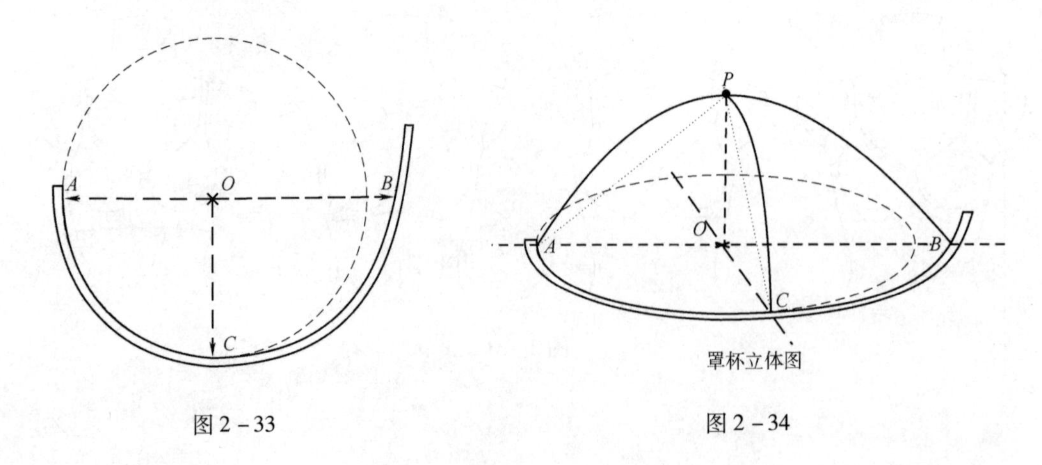

图 2－33　　图 2－34

三、胸点到钢圈距离的计算

把钢圈弧线 BC 平均分成三份，中间点名分别为 N_1，N_2。在已知$\overset{\frown}{PC}$长度是 7.5cm，$\overset{\frown}{PB}$长度是 9cm 的情况下，那么$\overset{\frown}{PN_1}$ 和$\overset{\frown}{PN_2}$ 的长度应该分别为 8cm 和 8.5cm。由此可以总结出公式进行计算，假设这一点为 N，那么可从 N 占$\overset{\frown}{CB}$长度的比例计算出$\overset{\frown}{PN}$的长度。

假设 N 点在 CB 长度的 1/2 处，$\overset{\frown}{PC}$长度为 8cm，$\overset{\frown}{PB}$长度为 9.5cm；$\overset{\frown}{PN}$长度按比例应当为 8.75cm（图 2－35）。

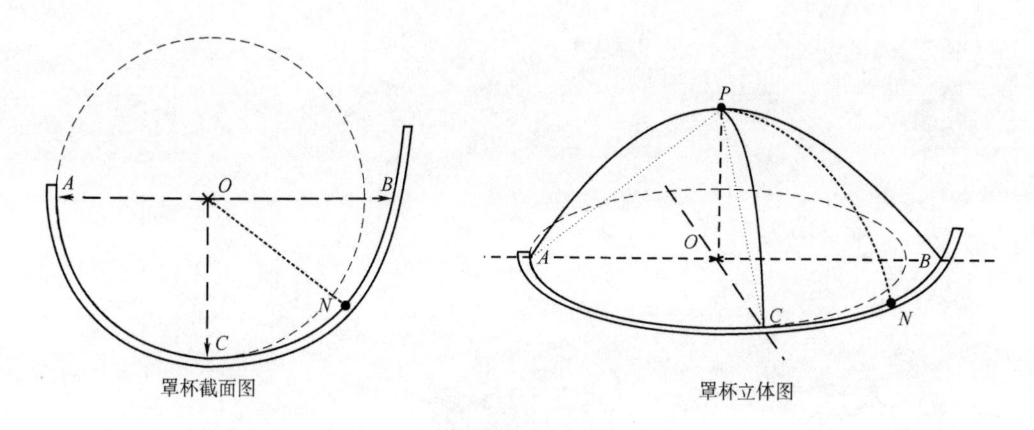

图 2－35

小结

在这一章中主要应掌握内衣号型的计算、人体测量及内衣成品测量知识，学会计算文胸的尺码，掌握人体胸部几何比例计算，了解人体工学。

掌握人体基础码各部位的数据，是内衣制板的基础。

思考题

1. 如何划分内裤的尺码？
2. 文胸的 A、B、C 杯的分类标准是什么？
3. 如何计算文胸同一杯型的不同尺码？
4. 文胸的杯型按胸点的转移可分为哪几个类型？

基础知识——

课题名称：内衣的制作与工艺

课题内容：内衣缝制工艺常用词汇及说明

内衣常用缝纫机种及工艺解析

内衣裁片的缝份要求

内衣常用捆条规格及使用部位

课题时间：4 课时

教学目的：让学生了解内衣工艺与内衣常用针车，并掌握内衣辅料性能

教学方式：讲授式教学

教学要求：1. 让学生了解内衣裁片间的关系及缝份处理

2. 让学生掌握内衣车缝针车及工艺特点

3. 让学生了解各类内衣常用捆条的用途

课前准备：准备内裤、文胸成品、软尺及内衣常用捆条实物样

第三章　内衣的制作与工艺

第一节　内衣缝制工艺常用词汇及说明

1. 夹缝（平缝）

夹缝是指两层或者多层裁片一起车缝。常用在文胸制作工序夹碗、夹下托、夹下扒、绱碗、缝花边、丈根等；裤类制作工序的夹侧骨、夹裆位、夹花边。一般的夹缝要求始口缝头对齐，止口线迹均匀。止口容易断线的位置需要回针。

2. 走线

走线也叫假缝，一般针距较大，作为两片裁片的连接固定，常用工序有文胸的鸡心和侧比位面布和定型纱的缝制、罩杯面布和里布的假缝及裤裆位里贴的定位。这种初步的定位线迹比较稀，针距较大，在面布的正面沿裁片边缘平缝。

3. 襟骨

襟骨是在夹缝或走线的基础上车缝第二次线迹。常用工序有文胸的襟碗骨、襟下扒、襟碗边、襟丈根。常用的缝纫机有单针、双针、三针，用三针人字线迹缝纫机车缝丈根时要求丈根部分拉开后车缝线迹不能拉断。

4. 捆

捆是指在裁片缝合的位置缉缝捆条，裁片的缝头通常倒向一边。根据工艺要求有时缝捆条，常用双针线缝纫机。

5. 劈开缝

开是指将车缝后的裁片缝头向两边拨开，然后将两边缝头固定在裁片上。常用工序中双针居多，束身类产品开骨通常用三针。文胸最常见的就是双针开骨，对于要缝捆条的款式，要求捆条中间位对准骨线，常用缝纫机双针居多。

6. 踏

踏是指两块裁片一层放到另一层上面，重合后用人字缝和月牙缝进行缝制。常用于文胸的踏花边、踏耳仔、踏碗等工序；裤类的踏花边、踏底裆等工序。踏多用于束身产品。相踏位要求始点和终点对齐、相踏均匀，用人字车、坎车居多。对于坎车相踏的款式，要先用单针定位。

7. 落

落是指车缝固定丈根、车缝固定花边等工艺。常用人字车、三针车、坎车。

8. 包

包指包边，包贴止口。常用于文胸的包碗边、包上捆、包夹弯等工序；裤类的包腰头、包脚口等工序。常用人字车、坎车、单针车。

9. 轧

用轧骨机（码边机）缝制的工艺称为轧骨，例如文胸的轧棉边、裤子的轧侧骨、轧裆位等。

第二节 内衣常用缝纫机种及工艺解析

一、缝纫机种介绍

内衣缝制过程中常用的缝纫机及对应线迹见表3－1。

表3－1

缝纫机种（后简称车）		缝纫线迹图示	
单针车			
双针车			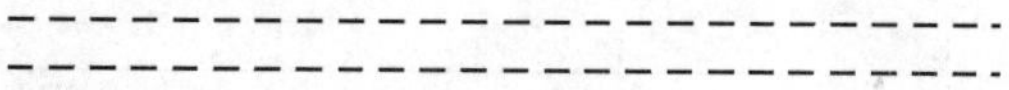
人字车			
三针车			
轧骨车	三线轧骨车		
	四线轧骨车		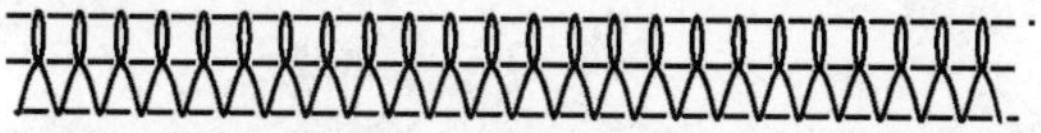
坎车	三线坎车		
	四线坎车	正面	
		反面	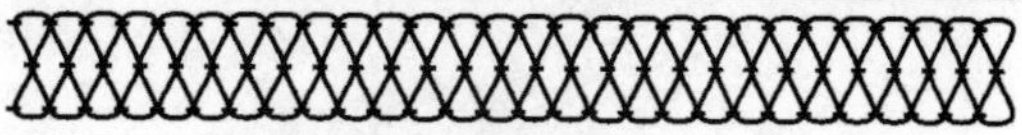
打枣车			
月牙车			

二、内衣常用缝纫机种介绍及工艺图解

（一）单针车

1. 用途

一般用于走线、夹缝、走纱、定位、绱碗、笠碗、压线等缝制工艺。

2. 常用缝制工艺实例图解

①平缝（夹缝），是将两片或者两片以上的裁片车缝在一起（图3-1）。

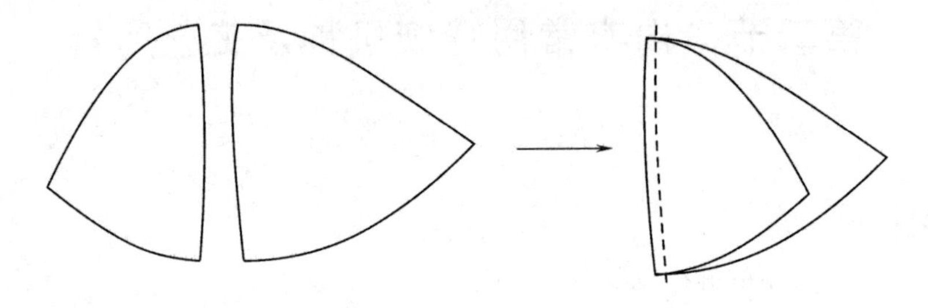

图3-1

②压线，一般是将裁片平缝后缝头倒向一侧，沿裁片正面距缝边（骨位边）1mm车缝（图3-2）。

③笠碗，沿罩杯棉边落线（图3-3）。

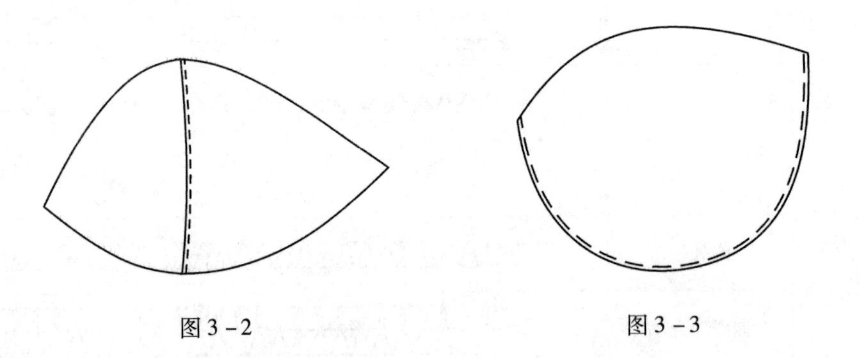

图3-2　　　　图3-3

④走纱，一般为沿面布、里布的边缘进行缝制（图3-4）。

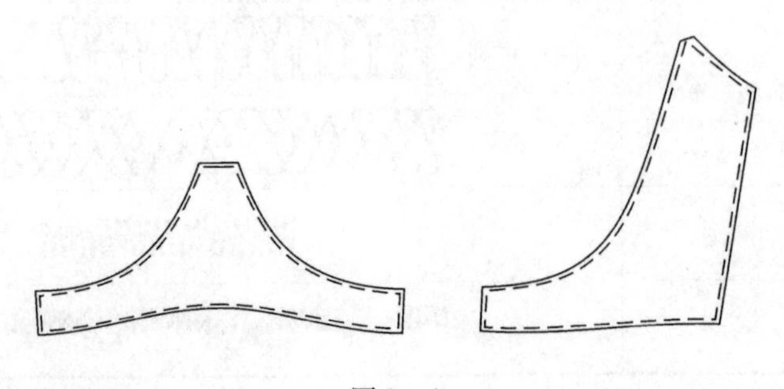

图3-4

3. 工艺说明

正常平缝、绱碗、压面线的针数是10针/21mm，走线、走纱、笠碗的针数较稀，一般为10针/42mm。

（二）双针车

1. 用途

一般用于开骨、捆骨等，如开碗骨、捆碗骨、捆比、捆碗、捆碗前幅、捆鸡心上端等工序。

2. 常用缝制工艺实例图解

①捆比和捆碗。捆比，需要将捆条缝在侧比上，然后装胶骨（图3－5）；捆碗，碗底需要将捆条缝在罩杯底部，然后穿钢圈（图3－6）。

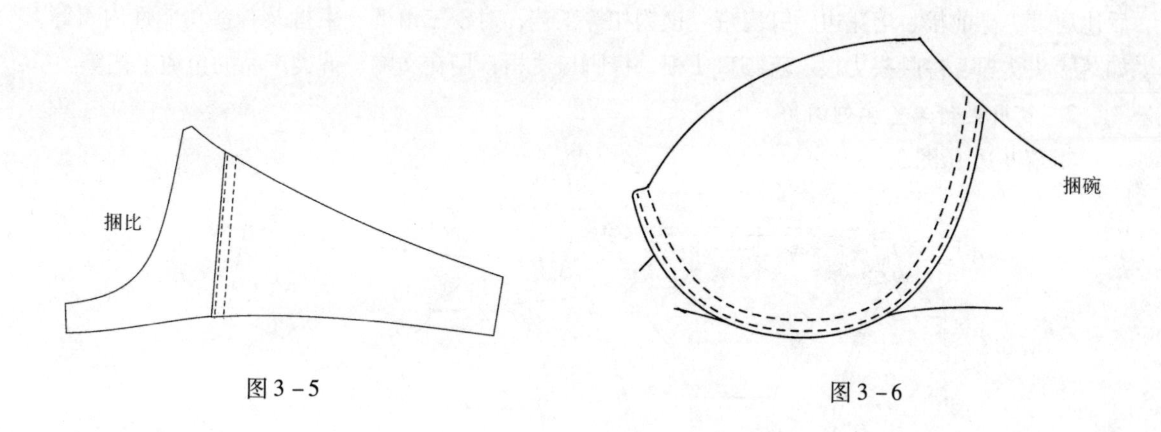

图3－5　　图3－6

对于不落胶骨和不入钢圈的款式，可以选用比较小的针距和比较薄的捆条，具体应用根据设计和工艺要求确定。

②开骨、捆骨。开骨是将罩杯的上托和下托平缝后，劈开缝份，分别将其平缝在上托和下托上。捆骨是将罩杯的上托和下托平缝后，使缝份倒向一侧，然后将捆条附在缝份上平缝（图3－7、图3－8）。

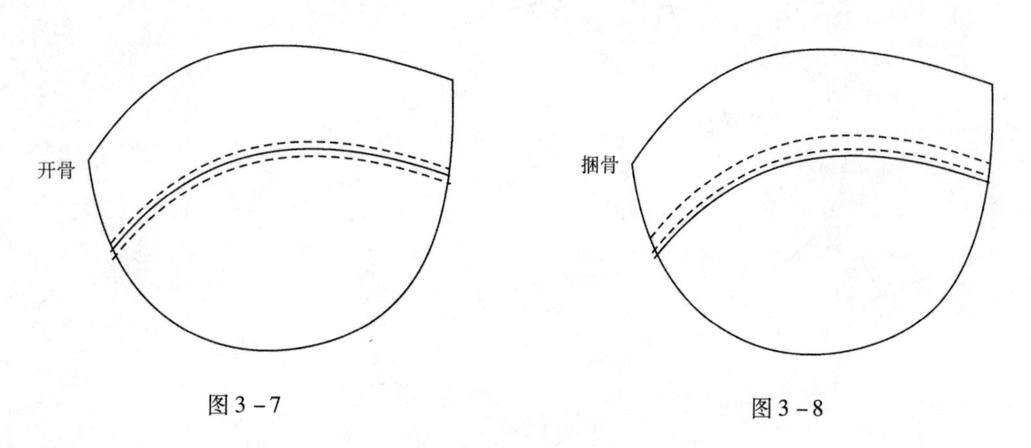

图3－7　　图3－8

3. 工艺说明

正常情况下双针平缝的针数是10针/21mm，两条线迹之间的宽度根据不同的工艺要求而定，一般常用双针宽度有3.2mm、4.8mm、6.4mm、7.2mm。双针宽度为3.2mm的针距一般用于捆罩杯前幅边、捆碗边、捆鸡心顶、捆鸡心下（倒捆碗的款式），以及开文胸的碗骨（不入钢圈的款）。4.8mm的针距用的比较多，最常应用于捆文胸的碗（用于穿钢圈）、开碗骨，以及驳比（对于不入胶骨，或者是胶骨比较细的款式）。6.4mm的针距一般用于捆比，用于入胶骨，或者入较细的鱼鳞骨。7.2mm最常用于功能性内衣，如调整型腰封、束衣、束裤等的捆骨位，用于入鱼鳞骨或胶骨。

（三）人字车

1. 用途

用于落、襟丈根。对于文胸，如落下捆丈根、襟下捆丈根、落上捆丈根、襟上捆丈根、落后比肩带、襟前幅、落花边、钉肩带、锁钩扣等工艺；对于三角裤、束裤及一些功能性内衣等，如落腰头丈根、襟腰头丈根、落脚口丈根、襟脚口丈根；用在文胸、裤类产品的包边工艺等。

2. 常用缝制工艺实例图解

①落花边（图3-9）。

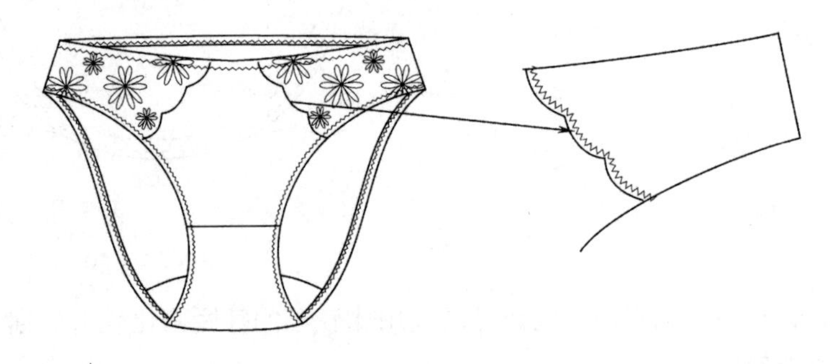

图3-9

②落丈根、襟丈根（图3-10）。

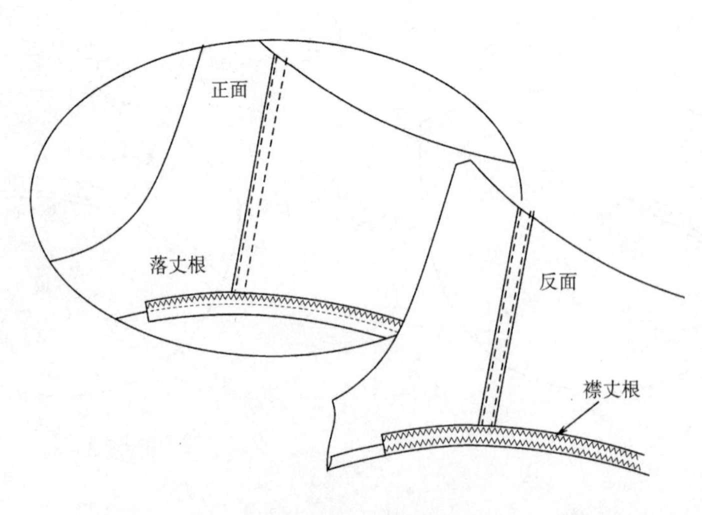

图3-10

③落后比肩带、锁钩扣、包边（图 3－11）。

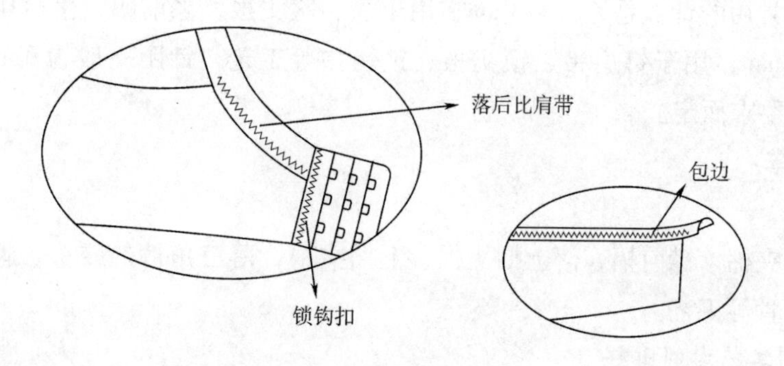

图 3－11

④人字踏落花边（图 3－12），多用于文胸杯边、束裤的脚口等位置。

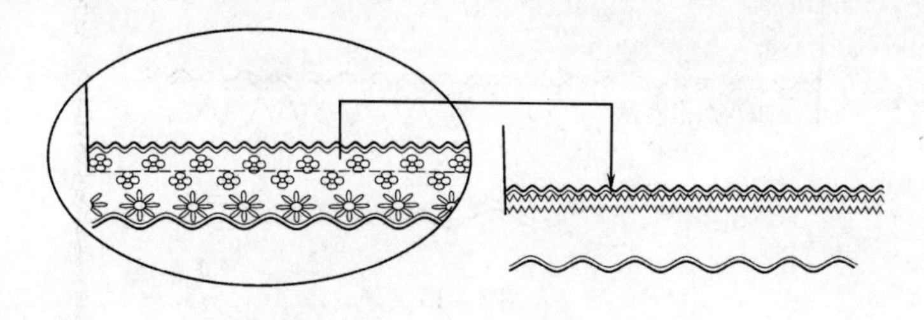

图 3－12

⑤钉肩带（图 3－13），此缝制工艺也可以用打枣代替。

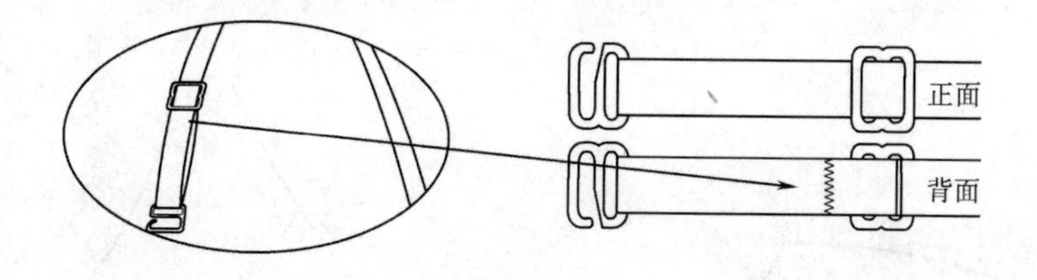

图 3－13

⑥人字驳线，对于装鱼鳞骨或者较硬的胶骨的内衣产品，人字线需要避开骨位，称驳线，或者驳骨位（图 3－14）。

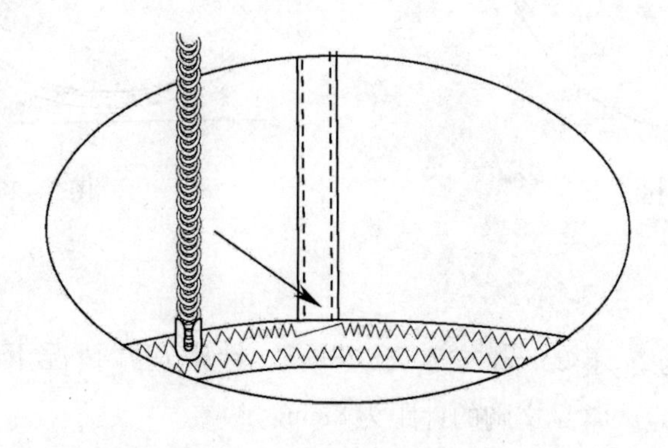

图 3－14

3. 工艺说明

人字缝迹最常用的针数是5牙/13mm，用于襟、落丈根，襟前幅，落后比带等工艺；缝迹针数在5牙/8mm，用于钉肩带、锁丈根、锁钩扣等工艺。针距一般为3mm，也有2mm、4mm，根据设计要求而定。

（四）三针车

1. 用途

用于文胸的夹棉、襟前幅，落上捆丈根、下捆丈根，落三角裤的腰头、脚口丈根，踏落花边及束身衣开骨等工艺。

2. 常用缝制工艺实例图解

①三针踏落花边，一般多用于束裤的脚口（图3－15）。

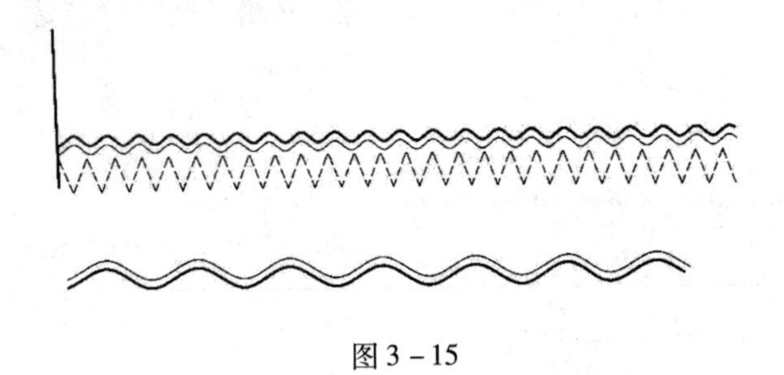

图3－15

②夹棉，用于罩杯棉位的拼合（图3－16）。

③用于落裤腰头及脚口丈根，襟前幅边、罩杯位边的工艺（图3－17）。

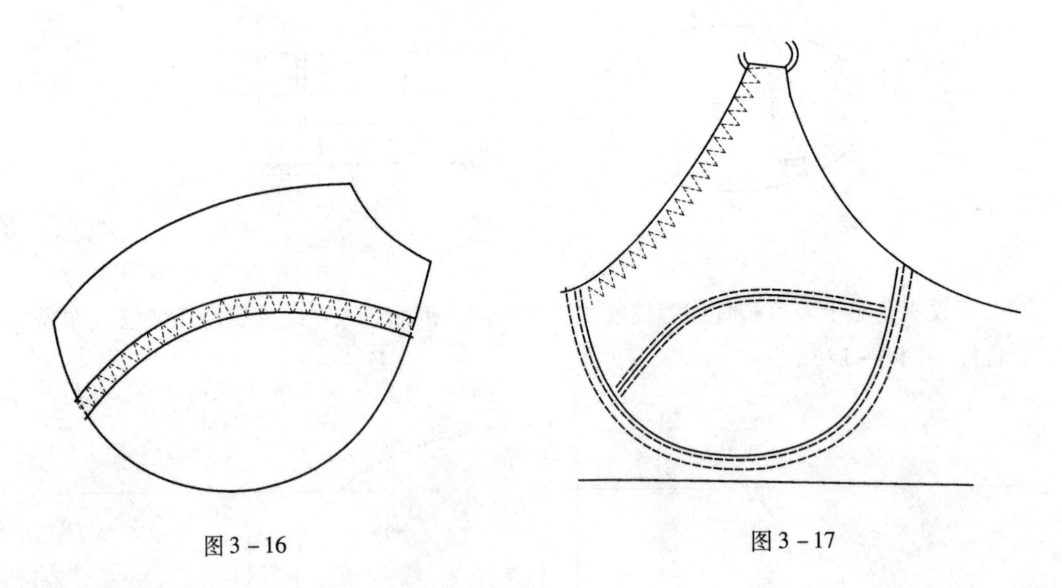

图3－16　　图3－17

3. 工艺说明

三针车常用针数为5牙/25mm或5牙/28mm。针距正常情况下为5mm、8mm，也有4mm，根据设计要求而定，常见文胸的针距为8mm。

（五）三线轧骨车

1. 用途

用于文胸轧棉边，包轧上捆、下捆，裤类轧侧骨，包轧腰头、脚口丈根。

2. 常用缝制工艺实例图解

①轧棉边，用于文胸罩杯杯口的棉边（图3－18）。

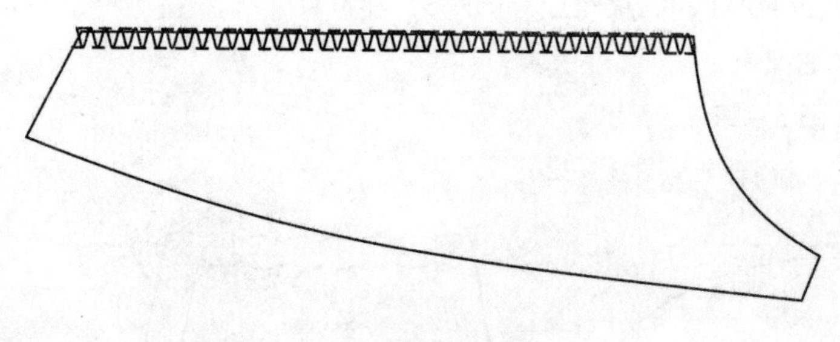

图3－18

②包轧丈根，多用于此款式泳衣，通常第一道工序为包轧丈根，第二道工序为坎车或人字压面线（图3－19）。

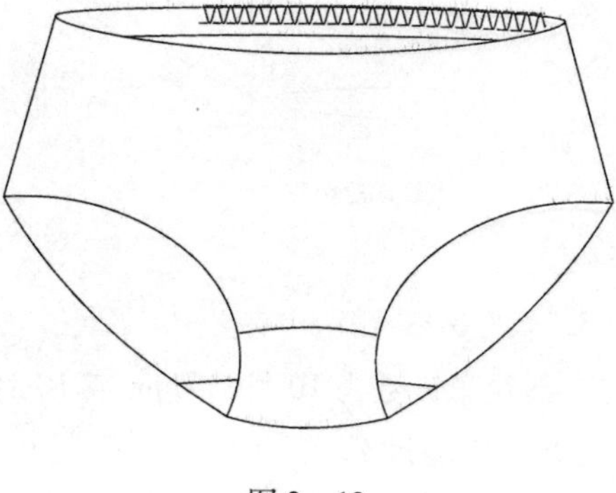

图3－19

3. 工艺说明

三线轧骨针数为10针/17mm或10针/20mm，针距为3mm。

（六）四线轧骨车

1. 用途

四线轧骨多用于裤类轧侧骨、轧裆位等工艺。

2. 常用缝制工艺实例图解

常用工序为轧底裆和轧侧骨（图3－20）。

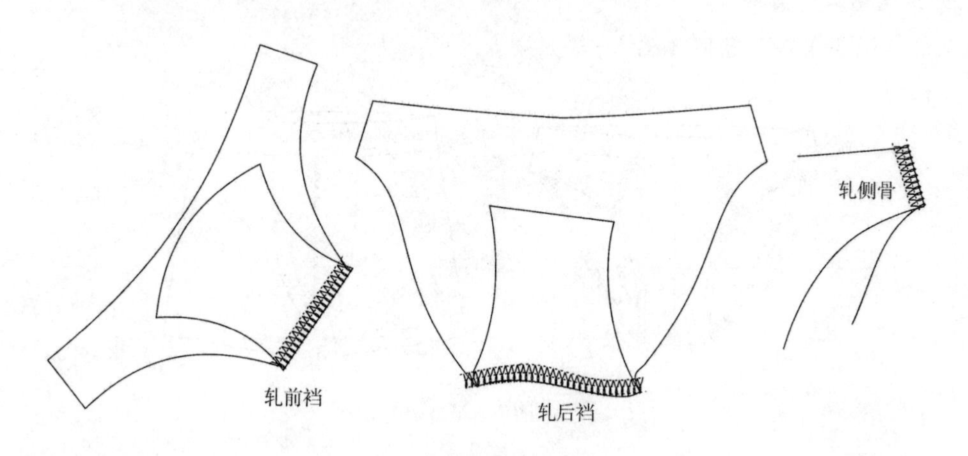

图3－20

3. 工艺说明

四线轧骨针数为10针/17mm或10针/20mm，针距为5mm。

（七）三线坎车

1. 用途

用于束裤、束衣相踏位的压线；文胸及裤类产品的包边工艺，去掉正面中线用于男装、泳衣的包轧位的第二道压线，以及花边裤的腰头、脚口。

2. 常用缝制工艺图解

①坎车包边（图3－21）。

②坎车拉腰头、拉脚口（图3－22）。

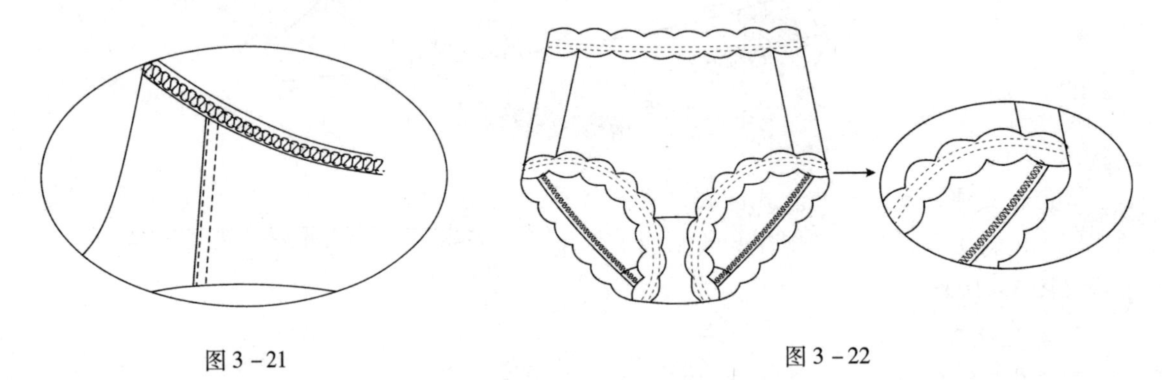

图3－21　　图3－22

3. 工艺说明

三线坎车针数为10针/17mm或10针/20mm，针距为3mm。

（八）四线坎车

1. 用途

四线坎车多用于男裤压裆位、坎腰头、坎脚口等工艺。

2. 常用缝制工艺图解

腰头部位用四线坎车缝制（图3－23）。

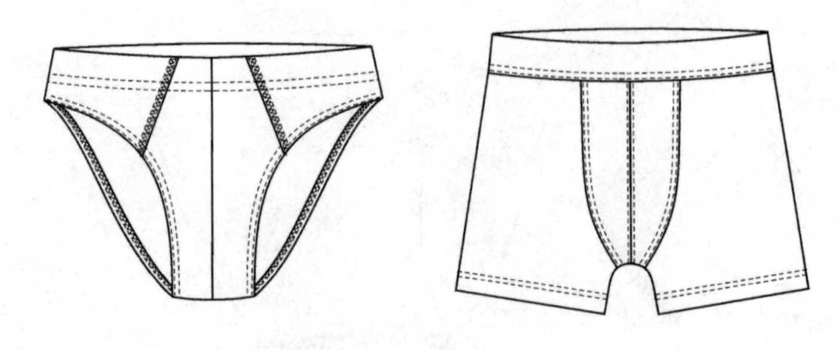

图3－23

3. 工艺说明

四线坎车针数为10针/17mm或10针/20mm，针距为5mm。

（九）打枣车

1. 用途

内衣加固位置，常用在钢圈位捆条的两端、功能性内衣的捆骨位捆条末端、文胸入肩带位、内裤丈根相接位置等。

2. 常用缝制工艺图解

打枣常于封闭丈根及材料的接缝位（图 3－24～图 3－26）。

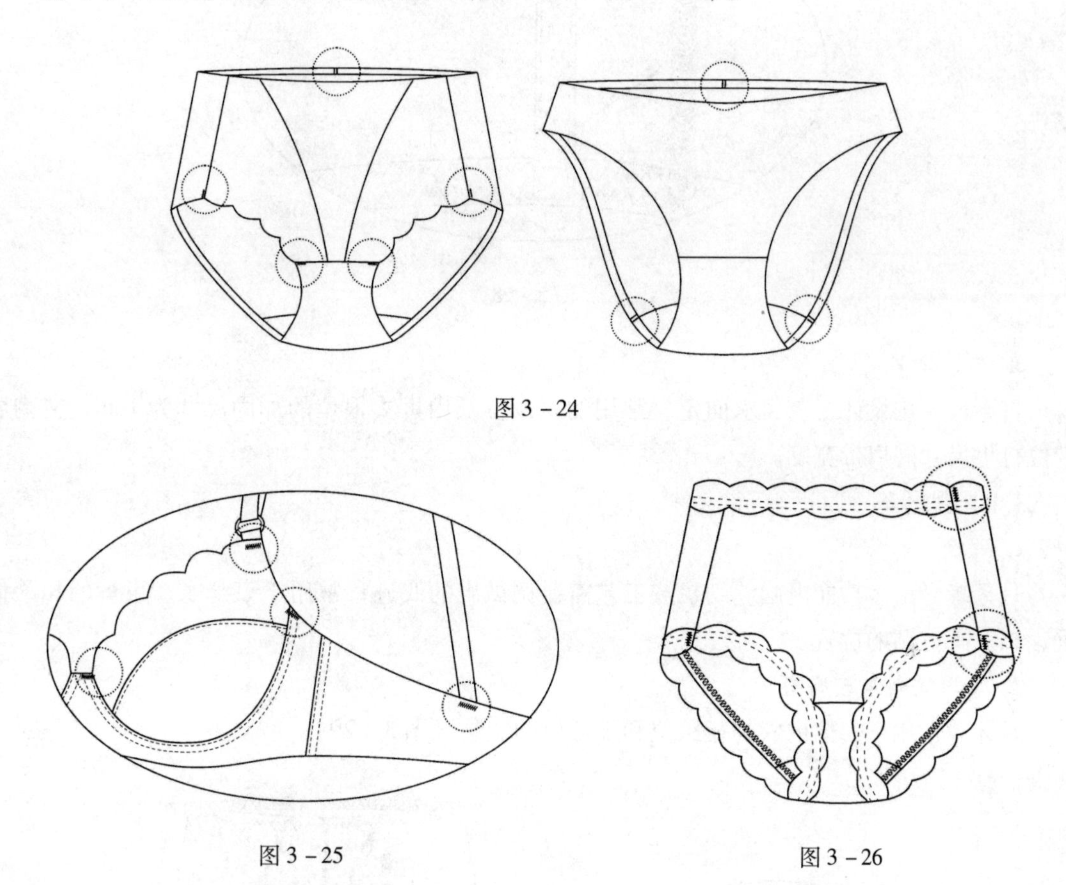

图 3－24

图 3－25

图 3－26

对于轧骨后需要打枣的部位，一定要收线尾后，再打枣，以防穿着后止口散开（图 3－27）。

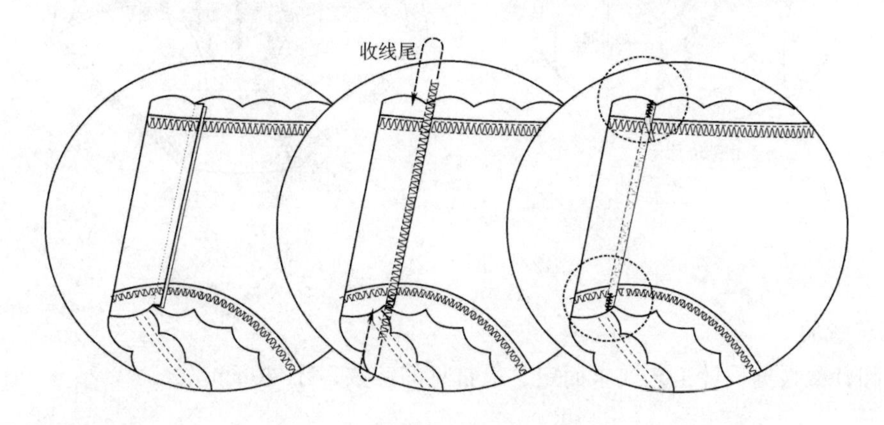

图 3－27

对于面料较薄的款式，有用单针回针代替打枣。

对于人字驳线位可根据工艺要求用打枣代替（图3-28）。

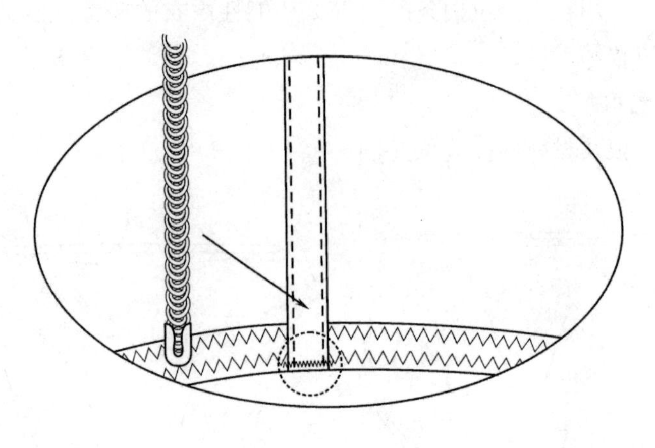

图3-28

3. 工艺说明

打枣尺寸按设计工艺需求而定，常用的钢圈位及内裤丈根位的加固尺寸为1cm，文胸肩带位打枣尺寸同肩带宽度。

（十）月牙车

1. 用途

月牙缝是由多功能电脑缝纫机按工艺需要调试出的线迹，常用于束身衣、束裤的相踏位置，以及有里贴的位置。

2. 常用缝制工艺图解

月牙缝常用于美体内衣的相踏位和里贴位的缝制（图3-29）。

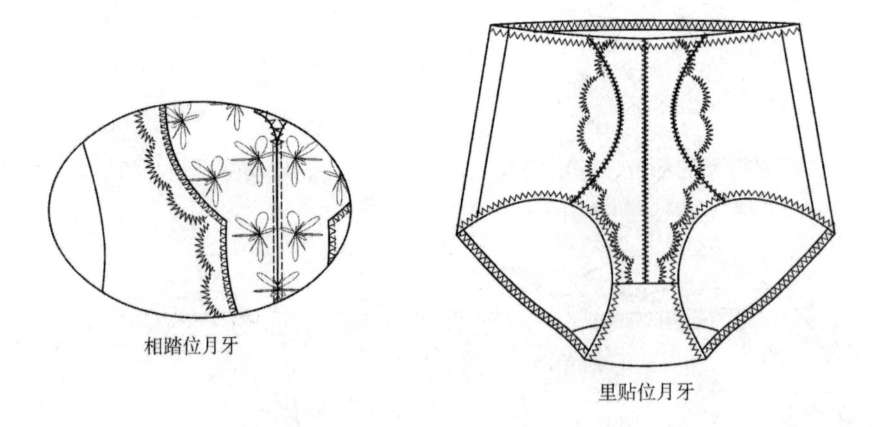

图3-29

3. 工艺说明

针距和针数根据设计工艺要求而定，最常见的针数2牙/40mm。

（十一）钉花缝

钉花缝用于文胸、三角裤和束衣等产品钉花，也用于文胸碗杯位花边的定位（图3－30）。

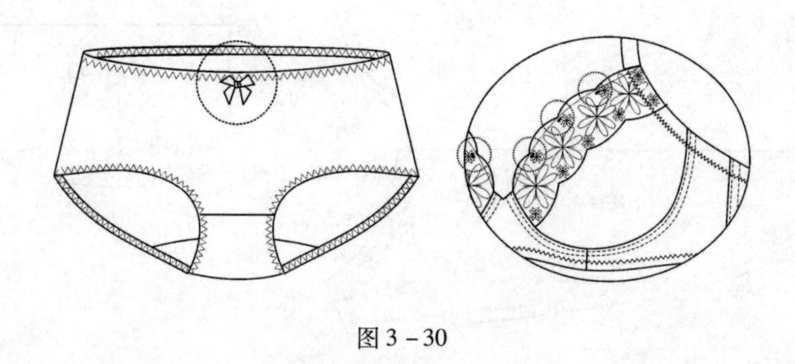

图3－30

第三节　内衣裁片的缝份要求

一、文胸的缝份要求

（一）罩杯棉的缝份

罩杯棉之间的拼合位置无缝份，与其他裁片的拼合缝份是0.5cm（图3－31）。

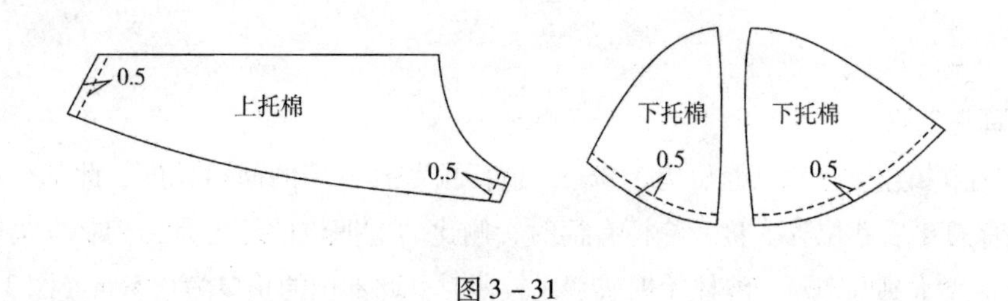

图3－31

（二）上托面布的缝份

一般文胸的上托面布缝份是0.5cm；罩杯有棉夹弯部位的缝份是0.7cm，其中罩杯夹棉的厚度为0.2cm，0.2cm是棉的厚度及翻折量，罩杯无棉款的缝份是0.5cm［图3－32（a）］。

上托有花边的款式不需要缝份，边线为花边低波线［图3－32（b）］。上托无花边的款式缝份为与上托棉平缝的缝份＋翻折量＋棉的厚度，如图3－32（c）所示。一般款式与上托棉平缝的缝份为0.5cm，翻折量为0.5cm，棉的厚度为0.2cm，那么它的缝份为1.2cm。这种款式的平缝缝份会根据面布及棉的厚度不同以及款式的需要作相应的变化。

（三）下托面布、鸡心面布的缝份

下托面布和鸡心面布的缝份通常为0.5cm，如图3－33所示。

如果面料的弹性较大，内衣中使用的软纱可增加0.1cm，例如，鸡心纱的缝份可以是0.6cm，由于是和面料缩缝在一起，实际缝份为0.5cm。

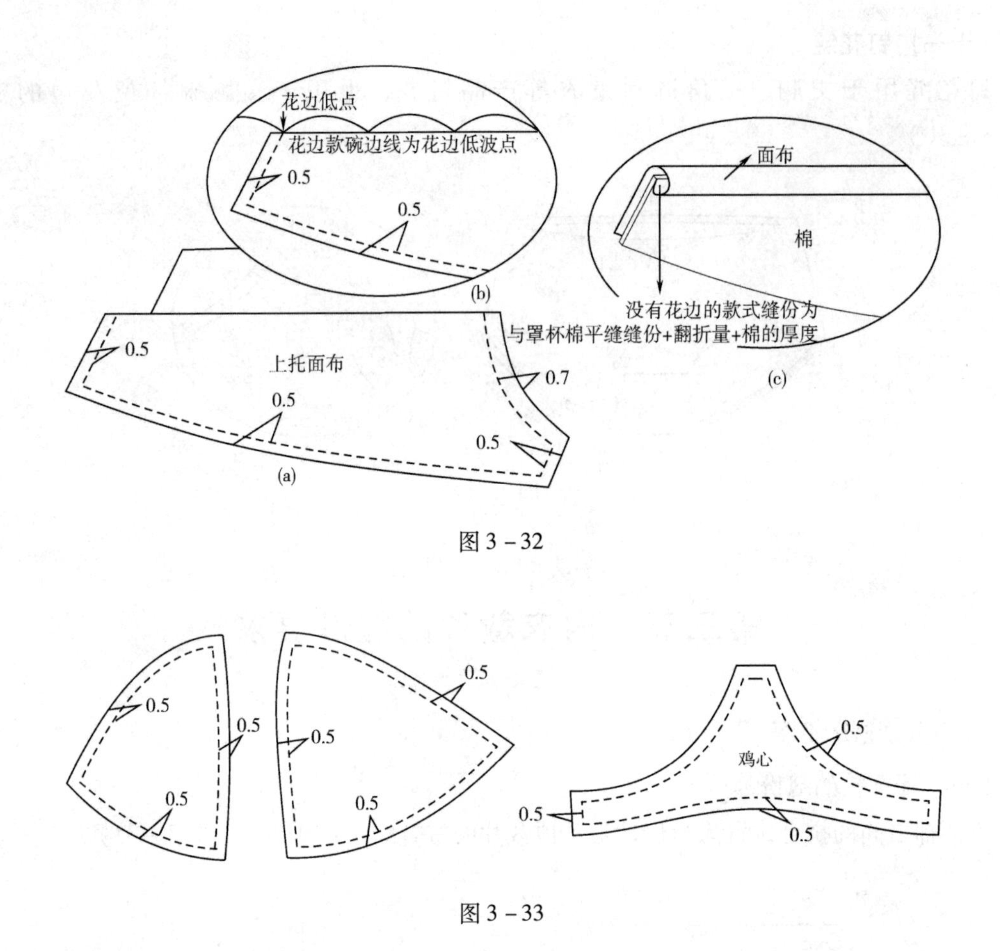

图 3－32

图 3－33

（四）耳仔缝份

耳仔与调节扣连接的部位缝份为 1.3cm，包括预留打枣用的面料长度，此部位应处于花边低波，以确保打枣后此位置平整。碗杯有棉时，侧比的上捆位的缝份是由碗杯向肩带位逐渐增加，由 0.5cm 增大到 0.7cm，碗杯无棉或者比较薄时，此部位的止口为 0.5cm（图 3－34）。

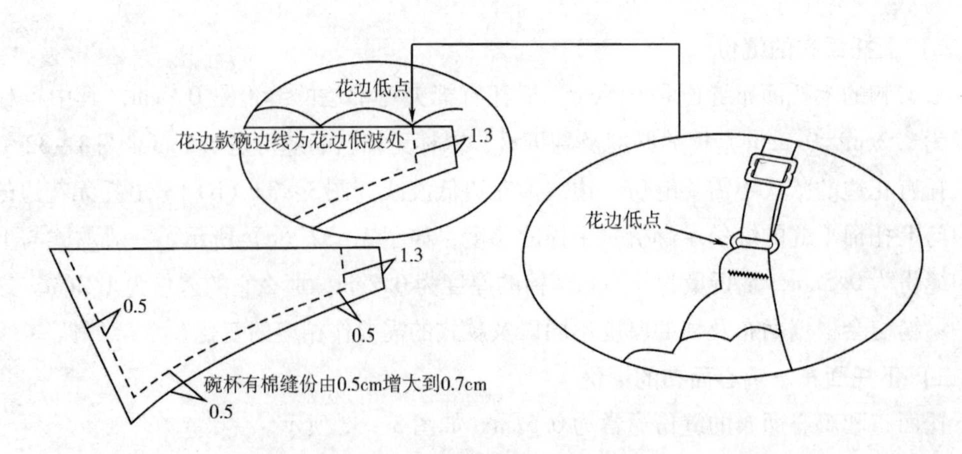

图 3－34

女性内衣使用花边较多，花边有低波位和高波位，一般的花边低波位和高波位的高度通常相差0.5cm或更多，调节扣的宽度为1~1.5cm，保证耳仔的大小不要超过调节扣，在花边花波起伏较大的情况下此位置会拍边处理。

(五) 侧比、后比的缝份

碗杯有棉时，侧比的夹弯处上捆位的缝份是由后比向碗杯位过渡为0.5~0.7cm，碗杯无棉或者比较薄时，此部位的缝份为0.5cm（图3-35）。当选择的面料弹性比较大时，侧比及鸡心部位的定型纱缝份应在面料的基础上再相应加大0.1cm。

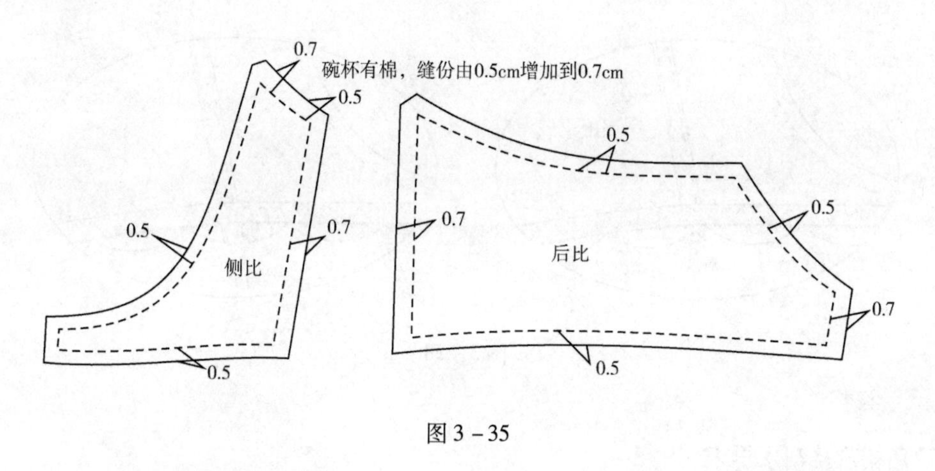

图3-35

(六) 有花边时缝份的要求

侧比有花边、后比无花边的款式，侧比的侧骨位靠下捆位置的缝份要由花边低点处开始（图3-36）。

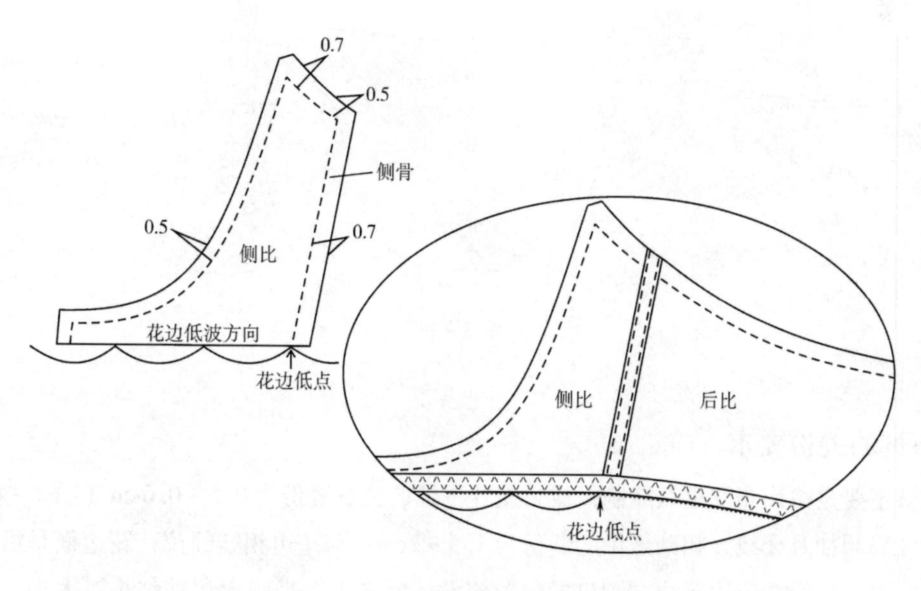

图3-36

鸡心裁片为花边时，骨位要对位于鸡心花边波位上，鸡心里贴（定型纱）要低于花边低波0.2cm，以保证成品文胸的里贴定型纱不外露于丈根，侧比裁片为花边时，侧比与鸡心骨位的对波与里贴的要求同鸡心花边（图3－37、图3－38）。

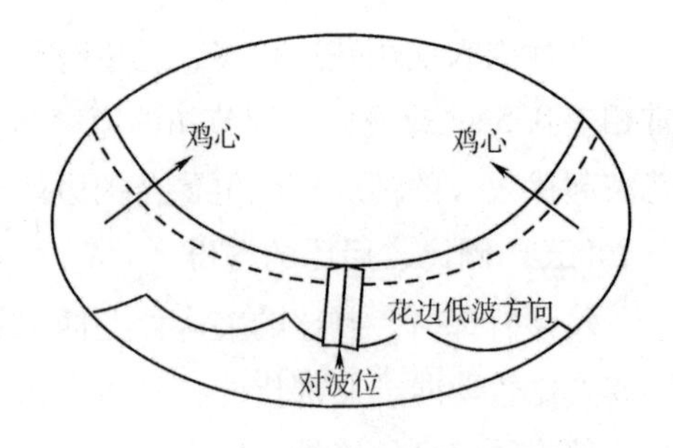

图3－37

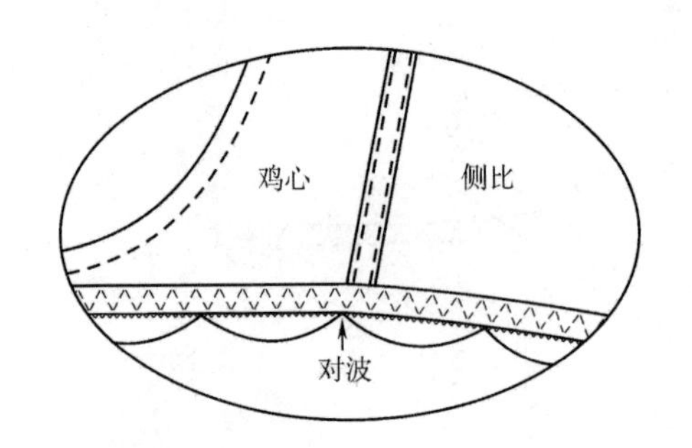

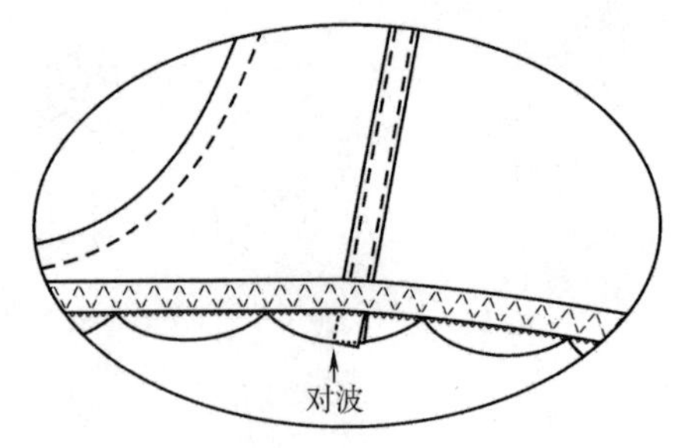

图3－38

二、三角裤的缝份要求

三角裤裁片面布边缘的缝份通常为0.5～0.6cm，有里贴的裁片里贴布一般要比表层面布缝份小0.1cm，以保证丈根缝合后里贴比较服帖，有花边的部分注意骨位波牙位置（图3－39）。

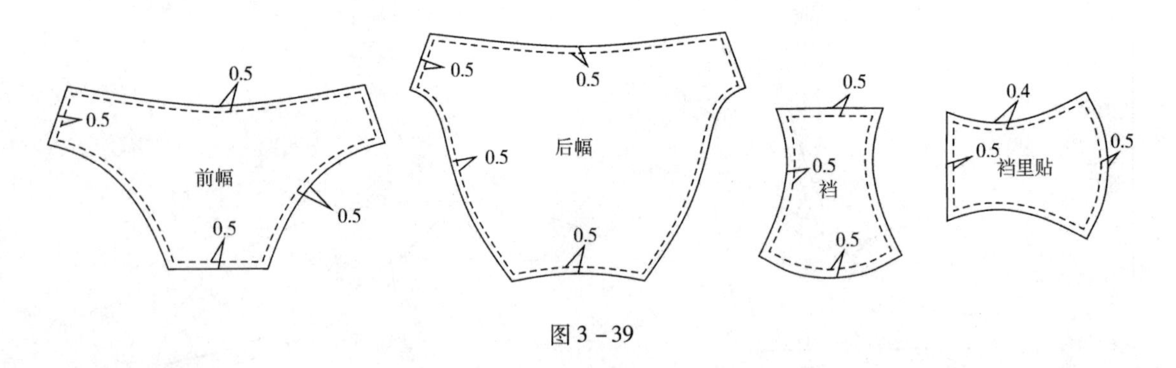

图3－39

三、束裤的缝份要求

束裤主要是由面布和里贴缝制而成，裁片平缝的位置缝份为0.5～0.6cm（图3－40）。

特殊缝制如月牙线，相踏部位的缝份为1.5～2cm；与花边相踏部位，花边面是沿花边低波落线，内部是沿面布边落线。脚口的位置按设计要求工艺来确定相踏位止口大小，例如落花边，对于花边比较宽的款式可以车两道人字线。

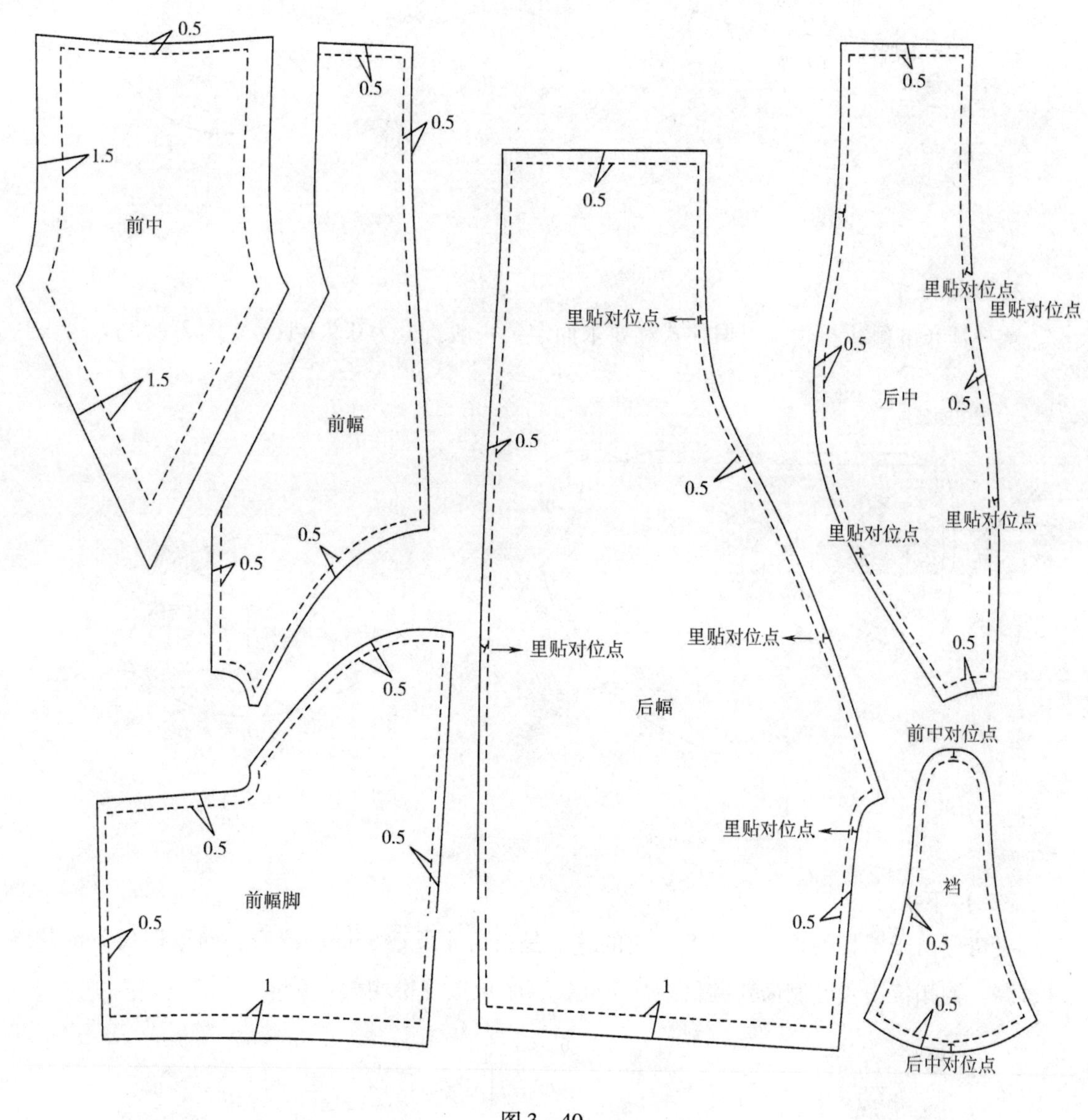

图 3-40

四、半身束衣的缝份要求

（一）杯位

杯位包括杯里、杯面、碗杯汗布。

1. 杯里

构成杯里的是模杯或者是夹棉。以夹棉款为例，夹棉杯里是由上托里布、下托里布、棉垫构成，上托里布、下托里布的缝份如图 3-41 所示。

2. 杯面

碗杯面布的平缝缝份为0.5～0.6cm（图 3-42），绱碗的位置和文胸一样，如果罩杯面布是花边，鸡心处绱碗位要处于花边低点。

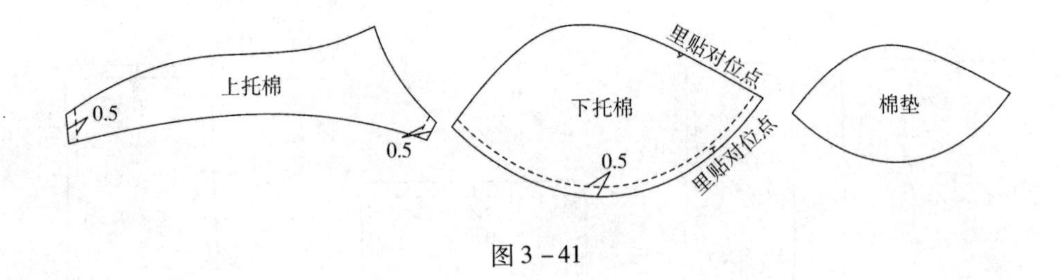

图 3-41

3. 碗杯汗布

碗杯汗布的侧边折边量根据款式和要求而定，一般折量为0.7～1cm（图3-43）。

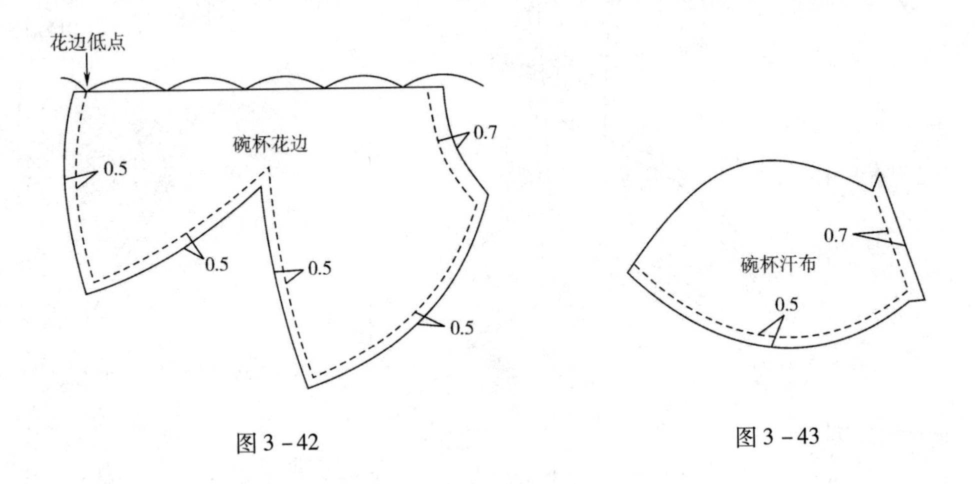

图 3-42

图 3-43

（二）下扒位

夹弯位由于罩杯的棉位比较厚，它的缝份是由后比位0.5cm的缝份，向罩杯0.7cm的缝份过渡。钩扣位由于缝制需要缝份为0.7cm，其余位置缝份均为0.5cm（图3-44）。

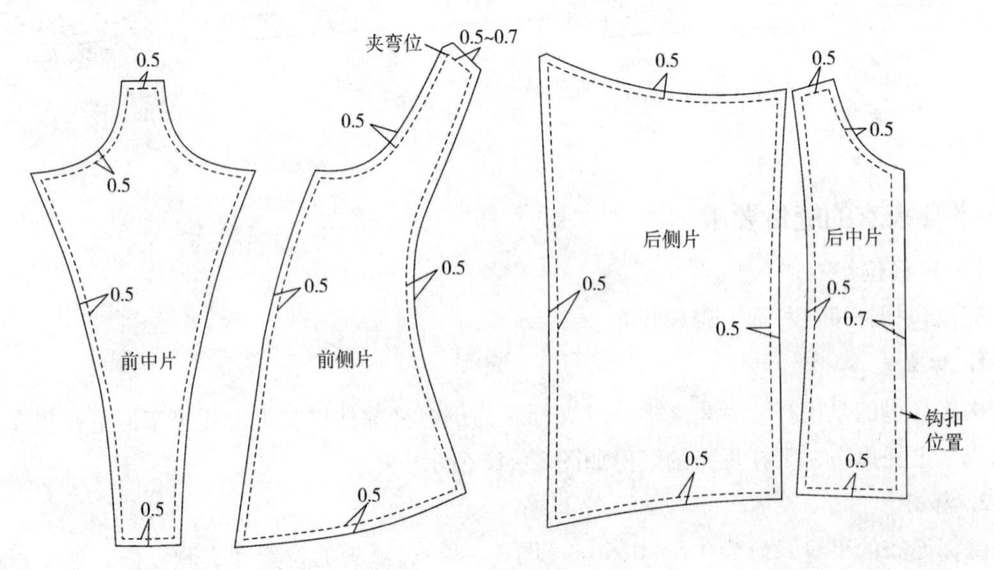

图 3-44

第四节 内衣常用捆条规格及使用部位

捆条是内衣中最常用的辅料，几乎每一件文胸都会使用多种捆条作为辅料，下面对捆条的分类做详细介绍。

一、三针捆条

三针捆条具体分类见表3－2。

表3－2

序号	缝捆条针距	面料	规格	纹向	使用部位
1	7mm	汗布	20mm	斜纹	用于夹棉（贴身部位）
2	7mm	软纱	20mm	直纹	用于夹棉（贴身部位）
3	7mm	定型纱	20mm	直纹	用于夹棉（贴身部位）
4	7mm	定型纱	8mm	直纹	用于夹棉（外部，靠碗面部位）

二、双针捆条

双针捆条具体分类见表3－3。

表3－3

序号	缝捆条的针距	面料	规格	纹向	使用部位
1	3.2	定型纱	15mm	直纹	用于开骨、捆骨、捆碗边、捆前耳仔、捆鸡心上端
2	3.2	软纱	15mm	直纹	用于开骨、捆骨、捆碗边、捆前耳仔、捆鸡心上端
3	3.2	的确良	15mm	斜纹	用于开骨、捆骨、捆碗边、捆前耳仔、捆鸡心上端
4	4.8	毛布	20mm	直纹	用于不入钢圈款式的捆碗、胶骨较薄型款式的捆比
5	4.8	毛布	32mm	直纹	用于捆碗入钢圈
6	4.8	软纱	20mm	直纹	用于捆碗边、碗杯的开骨、捆骨
7	4.8	汗布	20mm	斜纹	用于捆碗边、碗杯的开骨、捆骨
8	4.8	的确良	19mm	斜纹	用于捆碗边、碗杯的开骨、捆骨
9	4.8	毛布	8mm	直纹	用于捆碗入钢圈（内衬）
10	4.8	的确良	30mm	斜纹	用于捆碗入钢圈（内衬）
11	6.4	毛布	26mm	直纹	用于捆比入胶骨
12	7.2	毛布	42mm	直纹	用于束衣的捆骨入钢骨或胶骨
13	10	毛布	50mm	直纹	用于束衣的捆骨入钢骨或胶骨
14	7.2	的确良	40mm	斜纹	用于束衣的捆骨入钢骨或胶骨（内衬）
15	10	的确良	48mm	斜纹	用于束衣的捆骨入钢骨或胶骨（内衬）

小结

一件普通的内衣需要几种或者十几种不同车缝线来完成工艺制作，所以在内衣知识的学习中不仅要了解内衣结构，还要了解缝制所用材料的特性，更要了解车缝机械及车缝线迹特点、辅料特点、材料的弹性及回缩性能。

对于人字缝、三针缝、坎车缝，要保证线迹有适量的拉伸度，对于缝丈根的部位，要保证缝丈根位置的线迹随丈根拉伸后不断线，可根据工艺需求选择带有一定弹度的缝线。

思考题

1. 内衣的常用缝份规格多少？
2. 请说出内衣的车缝机械种类，不少于五种。
3. 请说出内衣常用的缝制工艺，不少于五种。
4. 人字缝、三针缝通常用于哪些部位（不少于三处）？

应用与实践——

课题名称： 内衣制图实例

课题内容： 普通裤类

文胸类

美体束身类

内衣纸样的修改与调整

课题时间： 62 课时

教学目的： 让学生掌握内衣制图原理，学会内衣制图

教学方式： 讲授式教学并结合实践操作

教学要求： 1. 让学生掌握内衣制图的原理和技巧，学会各类内衣制图

2. 让学生掌握内衣纸样的调整与修改

课前准备： 方格定规尺、软尺、打板直尺、圆规、曲线板

第四章　内衣制图实例

第一节　普通裤类

一、三角裤

（一）材料及使用部位（图 4 – 1）

①双弹布，用于前幅、裆、后幅。

②汗布，作为裆底里布。

③丈根，用于脚口和腰头，宽度 0.8cm。

④花仔，用于前片中缝处装饰。

⑤唛头，置于后幅中位。

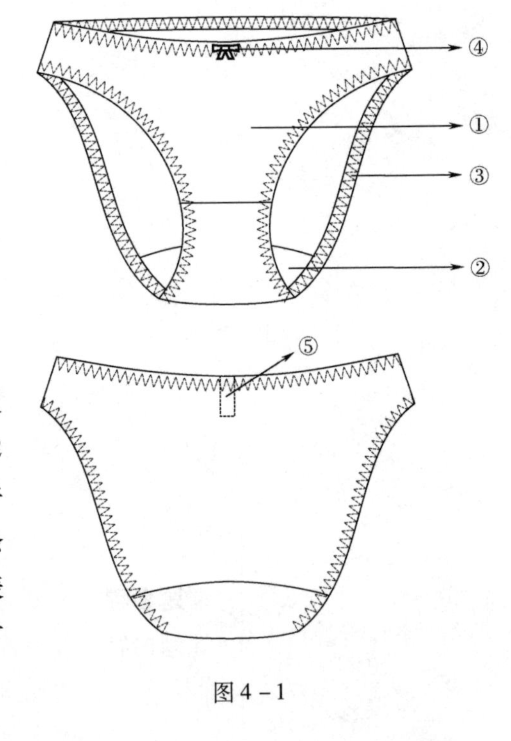

图 4 – 1

（二）制图

1. 确定制图规格

图 4 – 2 为三角裤款式图，图中对制图所需的尺寸进行标注。表 4 – 1 为制图成品规格，与图 4 – 2 一一对应，在制图中脚口尺寸是比较难控制的，并且在工业生产中也是必不可少的，在已知缩率的条件下，要通过制板测量、计算，然后再填入规格表中。对于有尺寸要求的脚口，通过经验值分析尺寸调整制图。

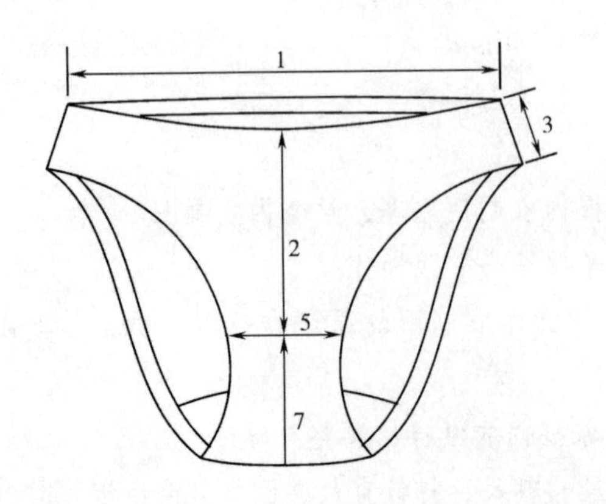

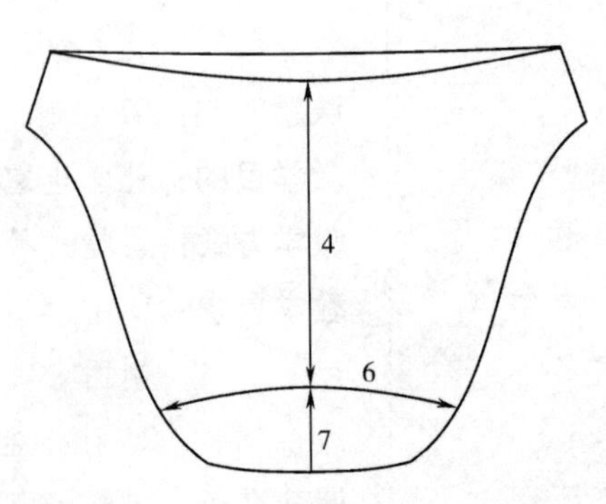

图 4 – 2

表 4－1　　　　单位：cm

编号	部位	规格（M 码）	缩率
1	1/2 腰头长（成品规格）	25.0	88%
2	前中长	14.0	
3	侧骨长	5.0	
4	后中长	19.0	
5	前裆宽	7.0	
6	后裆宽	15.0	
7	裆长	13.0	
8	1/2 脚口长（成品规格）	由制图完成后测量计算	90%

腰头长制图规格的计算公式为：

1/2 腰头长（制图规格）=1/2 腰头长（成品规格）÷缩率，即 25÷0.88=28.4cm。

2. 制图（图 4－3）

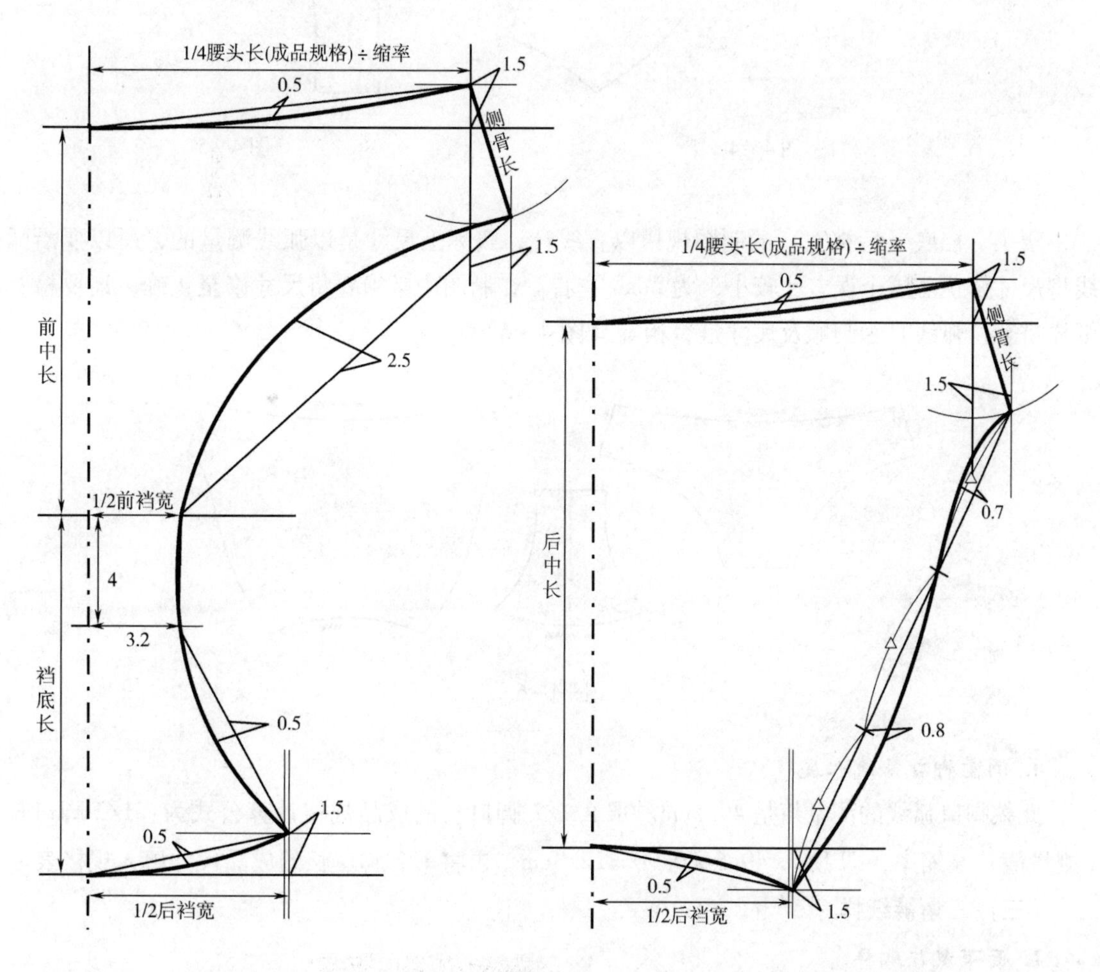

图 4－3

3. 按成品要求修正弧线（图 4－4、图 4－5）

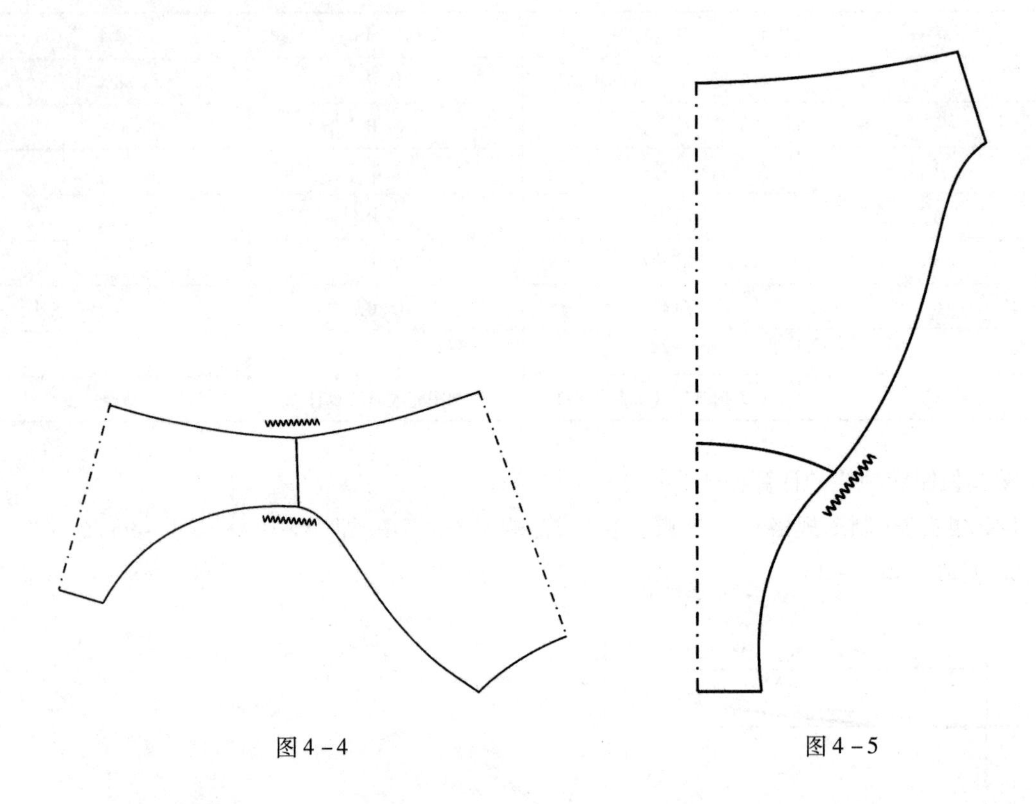

图 4－4　　　　图 4－5

腰头、裆底（后裆宽）的制图规格以直线计，实际上尺寸是以弧线测量的，所以要沿弧线将尺寸修正。这个误差比较小，为 2mm 左右，在制图中必须要将尺寸修至正确，还要检查纸样拼合位弧线是否圆顺及尺寸是否相等（图 4－6）。

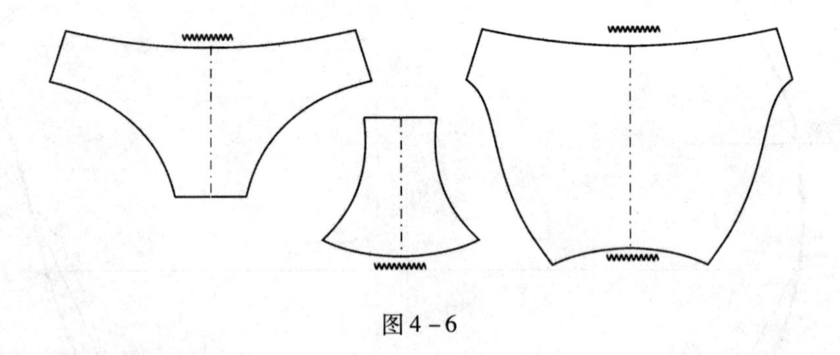

图 4－6

4. 测量脚口弧线长度

此款脚口弧线的测量值是 49. 5cm。那么 1/2 脚口长的成品规格计算公式为：1/2 脚口长（测量值）×缩率，即 1/2 ×49. 5 ×0. 90 =22. 3cm。再将 1/2 脚口长的成品尺寸填入规格表。

（三）三角裤纸样

1. 面布裁片纸样

面布裁片纸样包括：前幅、裆及后幅，如图 4－7 所示。

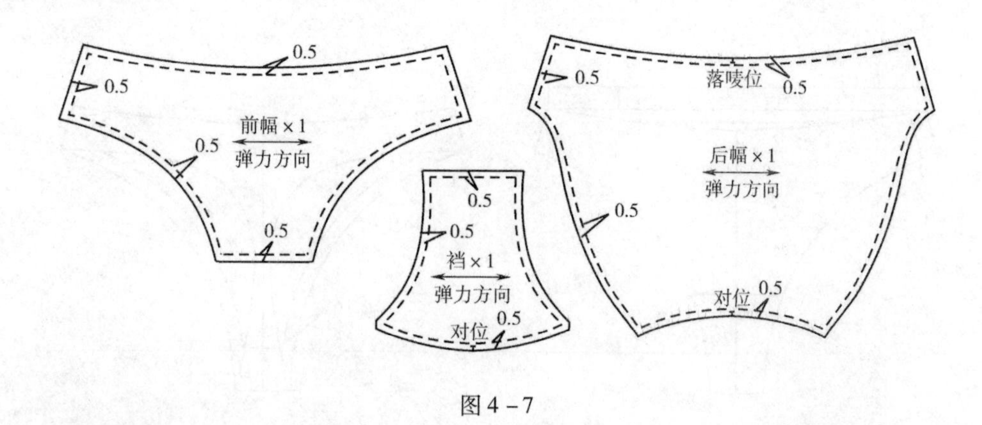

图4－7

2. 里布（裁片纸样）

三角裤里布用在裆底处，一般使用汗布。对于脚口加丈根的款式，裆底里布比面布小一点，缝制后会比较平服（图4－8）。

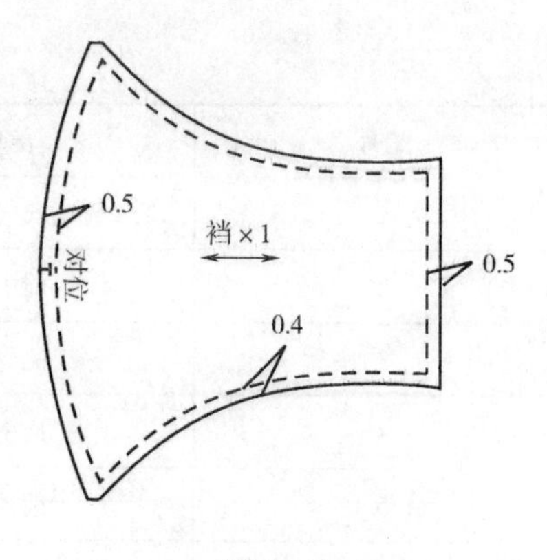

图4－8

二、丁字裤

（一）材料及使用部位（图4－9）

①双弹布，用于前幅、裆、后幅。

②汗布，作为裆底里布。

③丈根，用于脚口和腰头，宽度0.8cm。

④花仔，用于前中装饰。

⑤唛头，置于后幅中位。

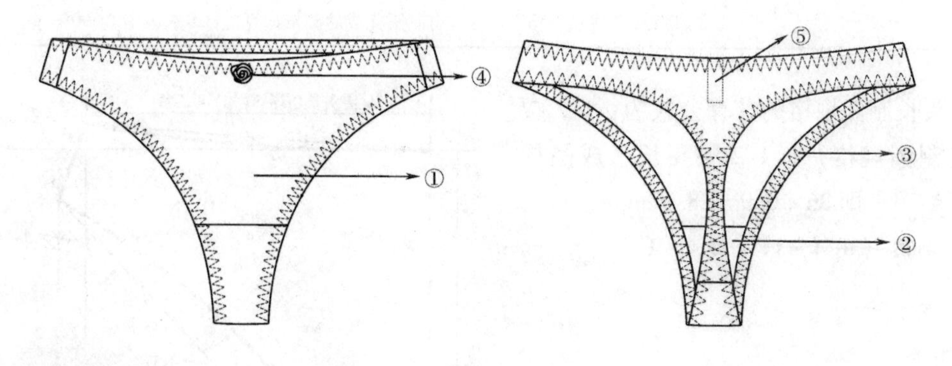

图4－9

（二）制图

1. 确定制图规格

丁字裤款式图中的标注位置与规格表一一对应，如图4－10、表4－2所示。注意：由于人体腰围测量位置是在腰节最细处，所以对于腰头同一码数高腰裤的腰围尺寸会相对小一些，低腰裤的腰围会大一些。

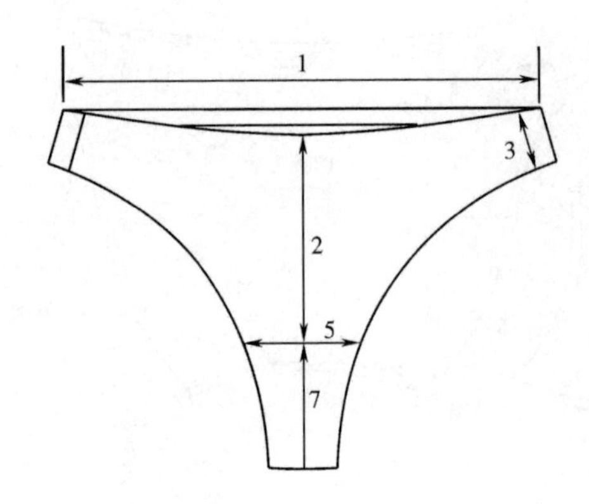

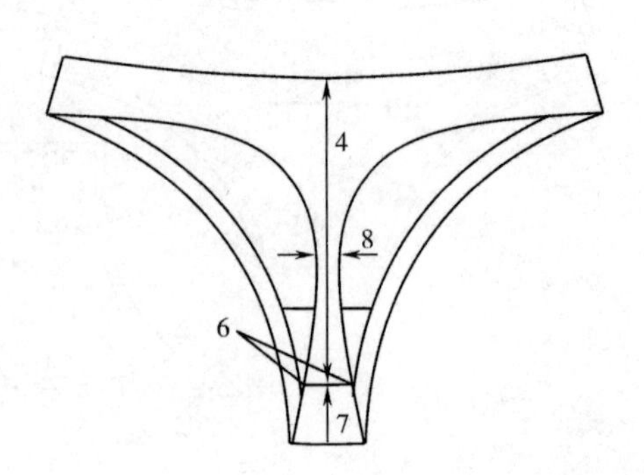

图4－10

表4－2

单位：cm

编号	部位	规格（M码）	缩率
1	1/2腰头长（成品规格）	26.0	90%
2	前中长	13.0	
3	侧骨长	3.0	
4	后中长	20.0	
5	前裆宽	6.0	
6	后裆宽	2.5	
7	裆长	12.0	
8	裆最细处	1.5	
9	1/2脚口长（成品规格）	由制图完成后测量计算	90%

腰头长制图规格的计算公式为：1/2腰头长（制图规格）＝1/2腰头长（成品规格）÷缩率，即26÷0.9＝28.9cm。

2. 制图（图4－11～图4－13）

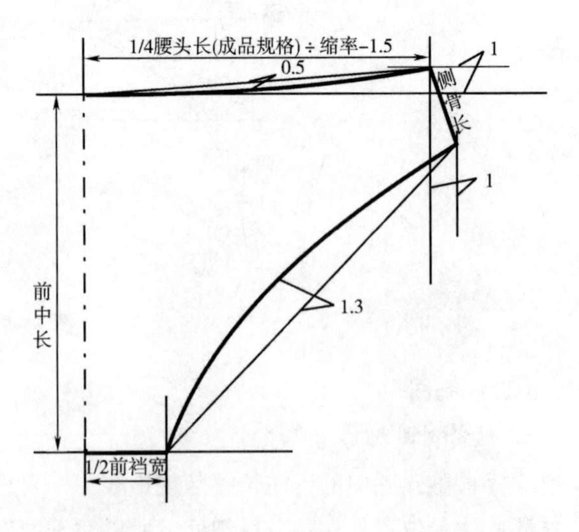

图4－11

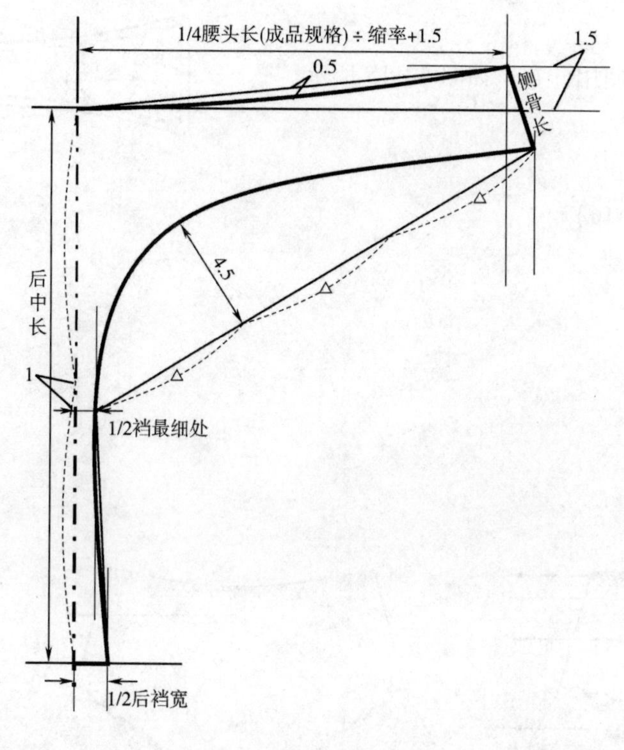

图 4－12

1/2前裆宽
0.5
裆底长
1/2后裆宽

图 4－13

3. 按成品要求修正弧线

检查纸样拼合位弧线是否圆顺，及尺寸是否相等。

4. 测量脚口弧线长度

此款脚口弧线的测量值是 58.5cm，那么 1/2 脚口长的成品规格计算公式为：1/2 脚口长（测量值）×缩率，即 1/2 ×58.5 ×0.90 =26.3cm。再将 1/2 脚口长的成品尺寸填入规格表。

（三）丁字裤纸样

1. 面布裁片纸样

面布裁片纸样包括：前幅、裆、后幅，如图 4－14 所示。

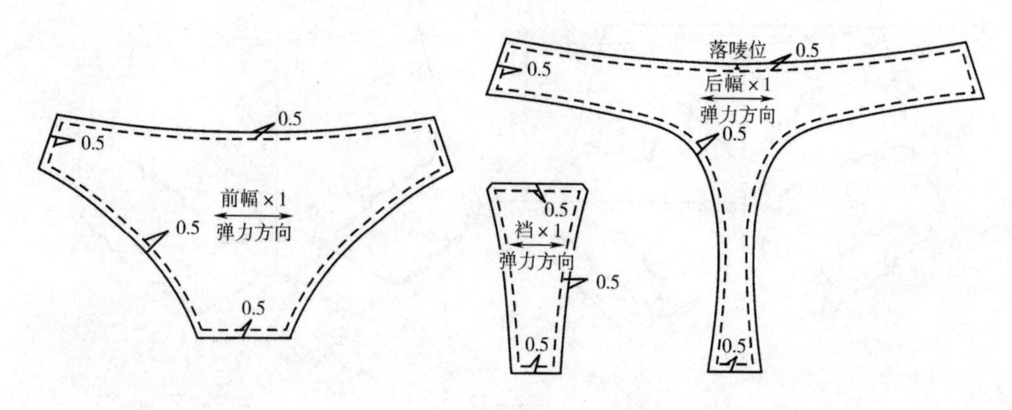

图 4－14

2. 里布裁片纸样

丁字裤里布用在裆底处，一般使用汗布，如图 4 – 15 所示。

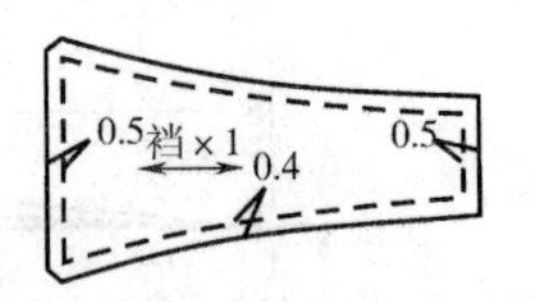

图 4 – 15

三、花边平脚裤

（一）材料及使用部位（图 4 – 16）

①双弹布，用于前幅、后幅、裆。

②弹力花边，宽度 6cm。

③汗布，作为裆底里布。

④丈根，用于腰头，宽度 1cm。

⑤花仔，用于前中装饰。

⑥唛头，置于后幅中位。

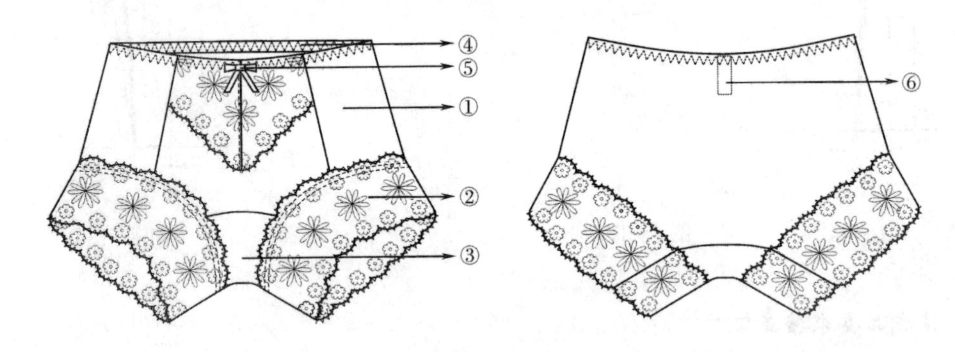

图 4 – 16

（二）制图

1. 确定制图规格

花边平脚裤款式图中的标注位置与规格表一一对应，如图 4 – 17、表 4 – 3 所示。注意：此款脚口处必须采用弹力花边，否则无法拉伸穿着。

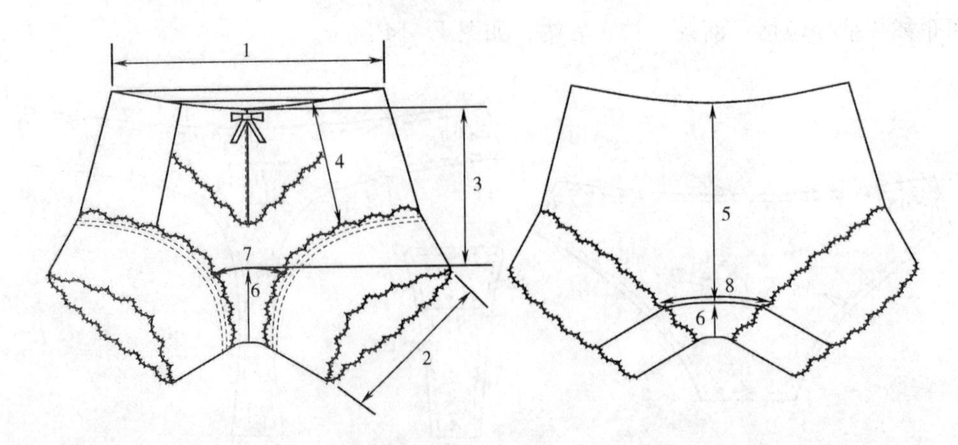

图 4 – 17

表4-3

单位：cm

编号	部位	规格（M码）	缩率
1	1/2 腰头长（成品规格）	26.0	92%
2	1/2 脚口长（成品规格）	20.0	
3	前中长	13.0	
4	侧骨长	10.0	
5	后中长	18.0	
6	裆长	12.0	
7	前裆宽	6.0	
8	后裆宽	12.0	

腰头长制图规格的计算公式为：1/2 腰头长(制图规格) = 1/2 腰头长(成品规格) ÷ 缩率，即 26 ÷ 0.92 = 28.3cm。

2. 制图（图4-18）

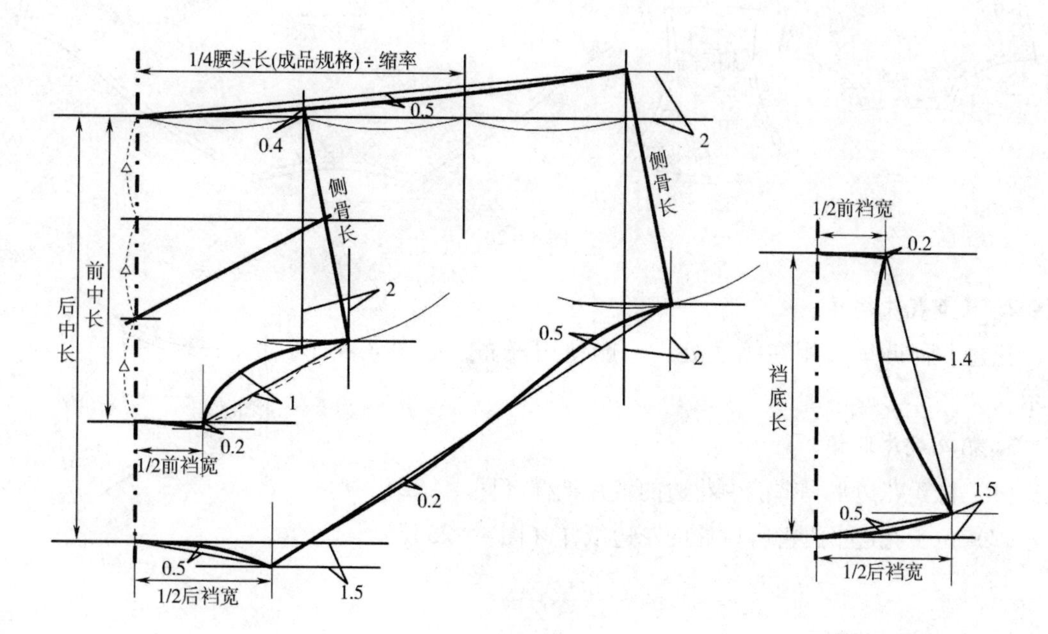

图4-18

3. 按成品规格修正弧线

检查纸样拼合位弧线是否圆顺，尺寸是否相等。

4. 测量脚口弧线长度

此款脚口弧线的测量值是40.2cm（图4-19）。

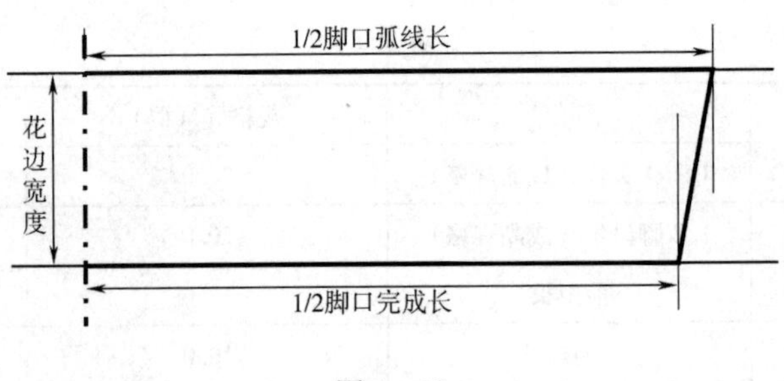

图 4－19

（三）花边平脚裤纸样

1. 面布裁片纸样

面布裁片纸样包括：前幅、裆、后幅，如图 4－20 所示。

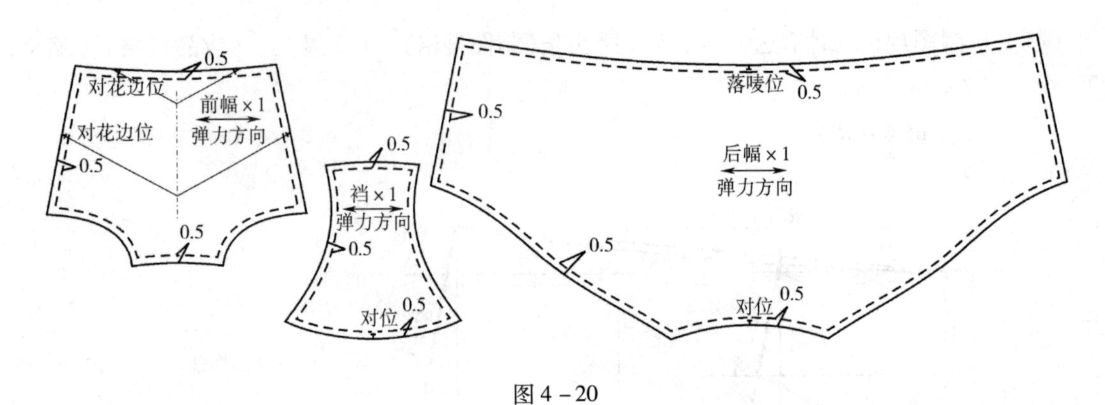

图 4－20

2. 里布裁片纸样

花边平脚裤里布用在裆底处，一般使用汗布，如图 4－21 所示。

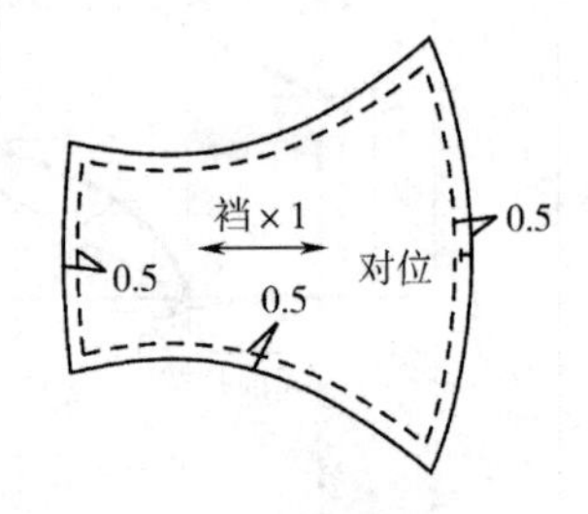

图 4－21

3. 花边裁片纸样

（1）位于花边平脚裤前中花边的裁片纸样（图 4－22）。

（2）位于花边平脚裤脚口处的花边纸样（图 4－23）。

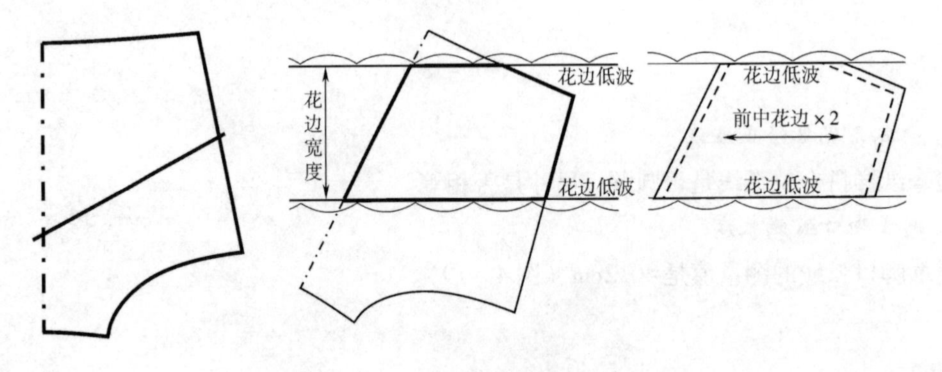

图 4－22

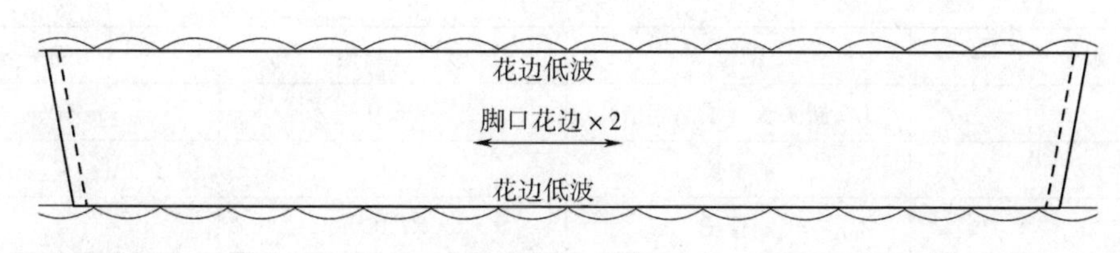

图 4－23

四、花边三角裤（A）

（一）材料及使用部位（图 4－24）

①双弹布，用于前幅、后幅、裆。

②花边，刺绣花边，宽度 15cm 以上。

③汗布，用于裆底里布。

④丝带，宽度 4cm。

⑤丈根，用于腰头、脚口，宽度 1cm。

⑥唛头，置于后幅中位。

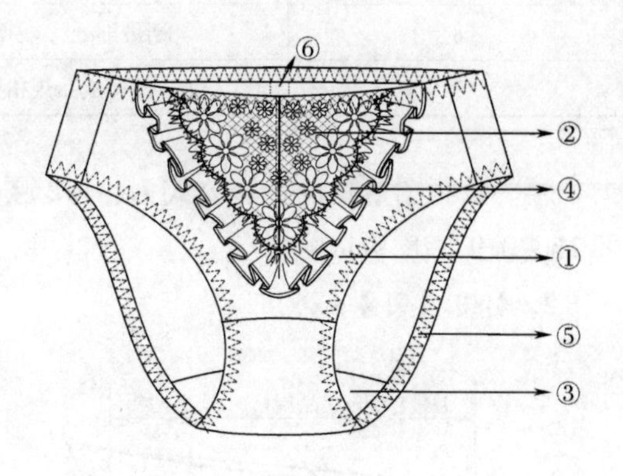

图 4－24

（二）制图

1. 确定制图规格

花边三角裤款式图中的标注位置与规格表一一对应，如图 4－25、表 4－4 所示。由于花边三角裤前中刺绣的花边无弹性或者弹性较小，在三角裤的面布、丈根的弹力不是特别大的情况下要适量加大腰头尺寸。

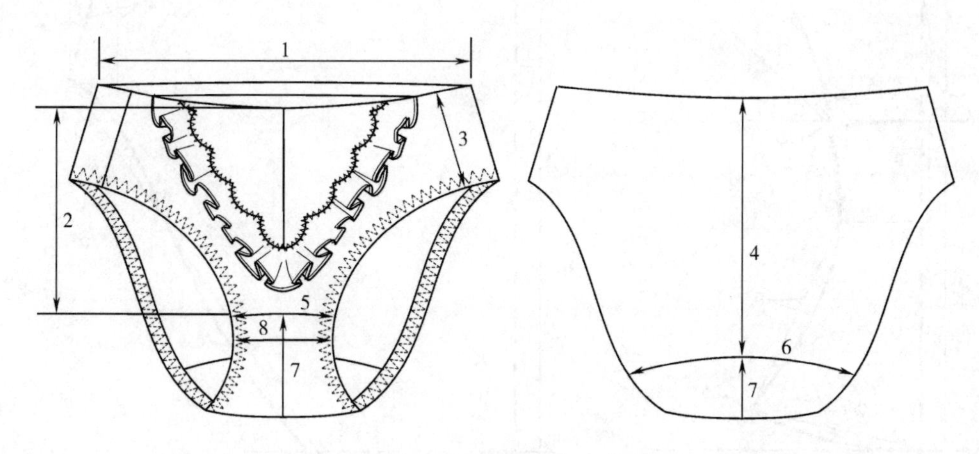

图 4－25

表 4-4　　单位：cm

编号	部位	规格（M 码）	缩率
1	1/2 腰头长（成品规格）	26.0	90%
2	前中长	15.0	
3	侧骨长	7.0	
4	后中长	20.0	
5	前裆宽	7.5	
6	后裆宽	14.0	
7	裆长	13.0	
8	裆最细处	6.4	
9	1/2 脚口长（成品规格）	由制图完成后测量计算	90%

腰头长制图规格的计算公式为：1/2 腰头长(制图规格)=1/2 腰头长(成品规格)÷缩率，即 26÷0.9=28.9cm。

2. 制图（图 4-26）

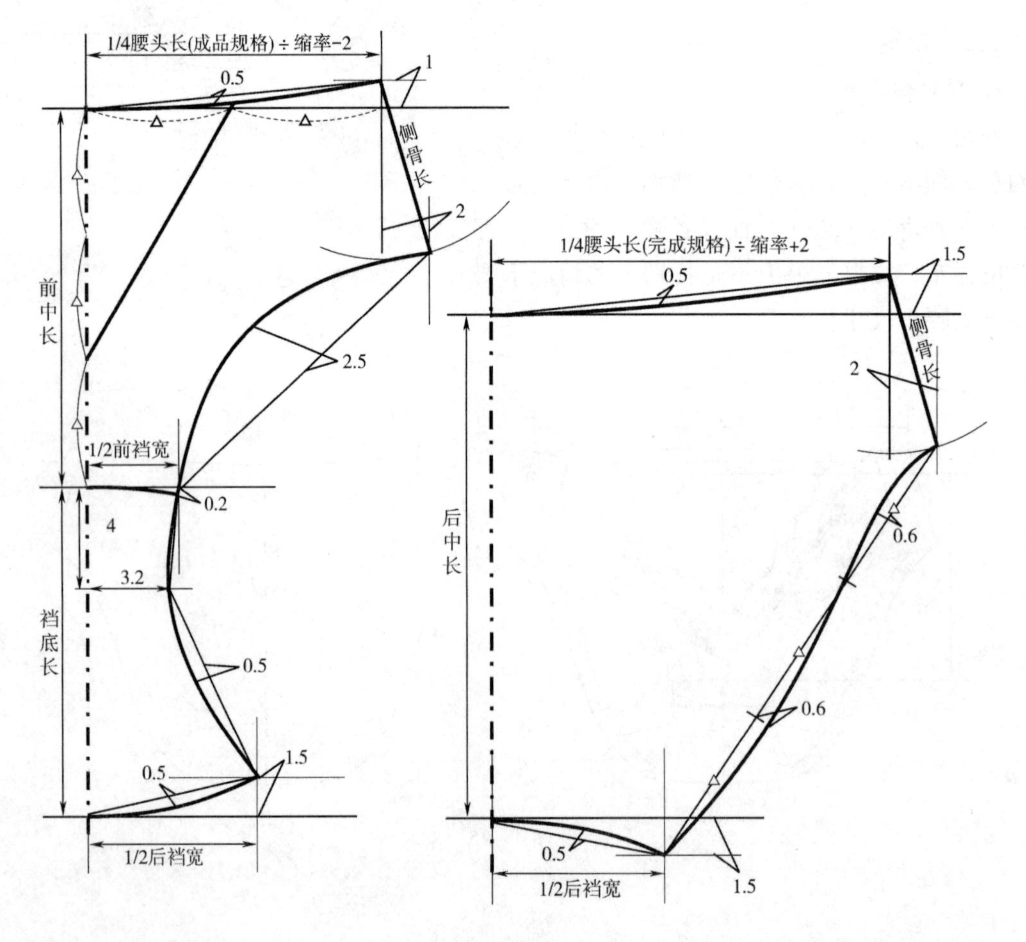

图 4-26

3. 按成品规格修正弧线尺寸

检查纸样拼合位弧线是否圆顺及尺寸是否相等。

4. 测量脚口弧线长度

此款脚口弧线的测量值是47.5cm。那么1/2脚口长的成品规格计算公式为：1/2脚口长（测量值）×缩率，即1/2×47.5×0.9=21.4cm。再将1/2脚口长的成品尺寸填入规格表。

（三）花边三角裤（A）纸样

1. 花边裁片纸样

位于三角裤前中花边的裁片纸样（图4－27）。

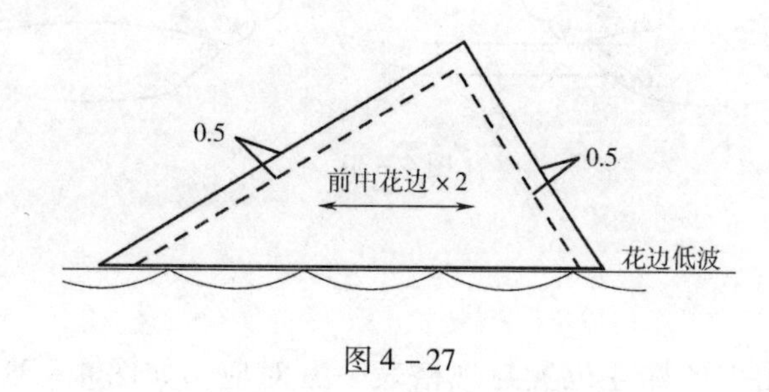

图4－27

2. 面布裁片纸样

面布裁片纸样包括：前幅、裆、后幅，如图4－28所示。

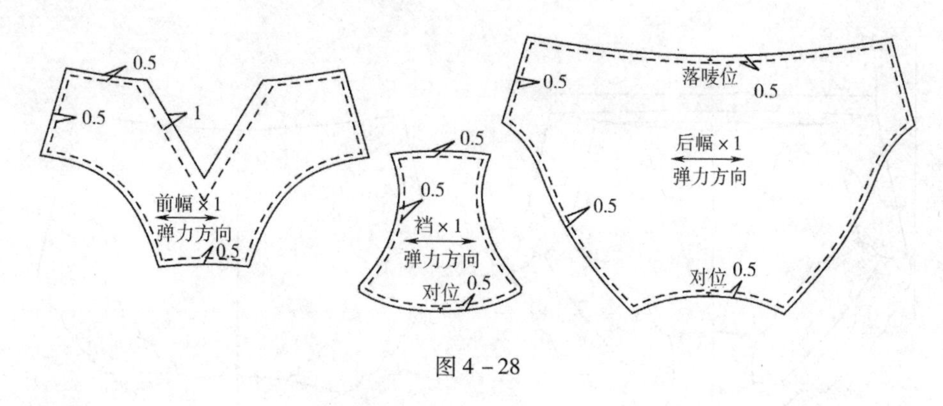

图4－28

3. 里布裁片纸样

三角裤里布用在裆底处，一般使用汗布，如图4－29所示。

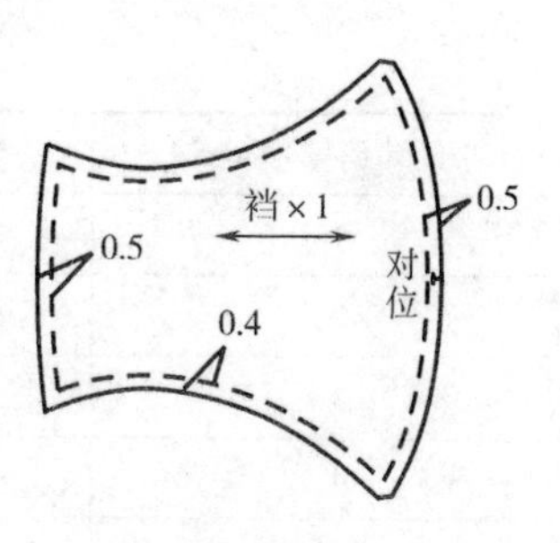

图4－29

五、花边三角裤（B）

（一）材料及使用部位（图4－30）

①双弹布，用于前幅、后幅、裆。

②弹力花边，用于前侧幅脚口，宽度15cm。

③弹力花边，用于后幅脚口，宽度5cm。

④汗布，用于裆底里布。

⑤丈根，用于腰头、裆底和前脚口，宽度0.8cm。

⑥花仔，作为前中装饰。

⑦唛头，置于后幅中位。

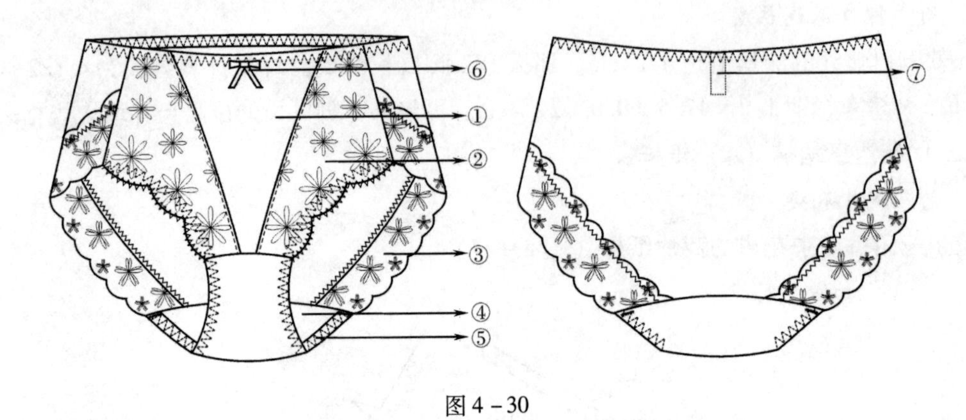

图 4 – 30

（二）制图

1. 确定制图规格

花边三角裤款式图中的标注位置与规格表一一对应，如图 4 – 31、表 4 – 5 所示。注意：此款后幅的用料必须是弹力花边，否则无法拉伸穿着，前脚口花边可以选择无弹面料，同时要保持脚口的拉伸力。另外，车缝前脚口的花边要微缩，以保证穿着后前幅比较平服。

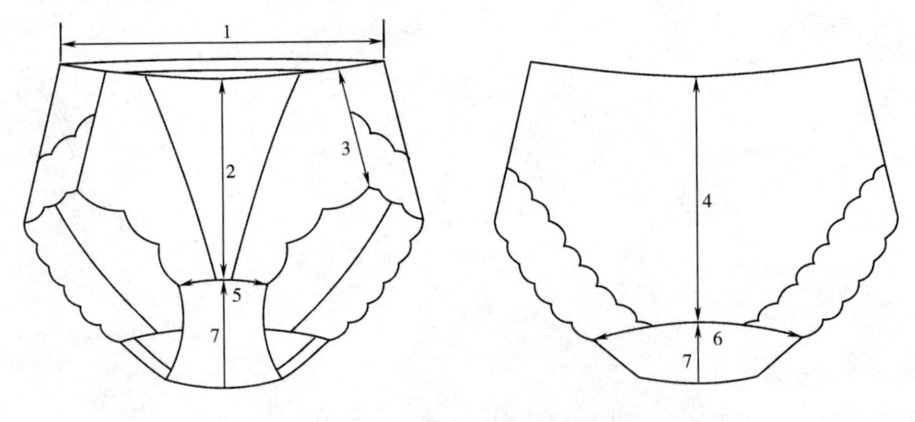

图 4 – 31

表 4 – 5　　单位：cm

编号	部位	规格（M 码）	缩率
1	1/2 腰头长	25.0	88%
2	前中长	15.0	
3	侧骨长	8.0	
4	后中长	19.0	
5	前裆宽	7.5	

续表

编号	部位	规格（M码）	缩率
6	后裆宽	15.0	
7	裆长	12.0	
8	1/2 脚口长（成品规格）	由制图先成后测量计算	
	裆底（脚口）		88%
	前脚口花边		95%

1/2 腰头长（制图规格）=1/2 腰头长（成品规格）÷缩率，即 25÷0.88=28.4cm。

2. 制图（图 4-32）

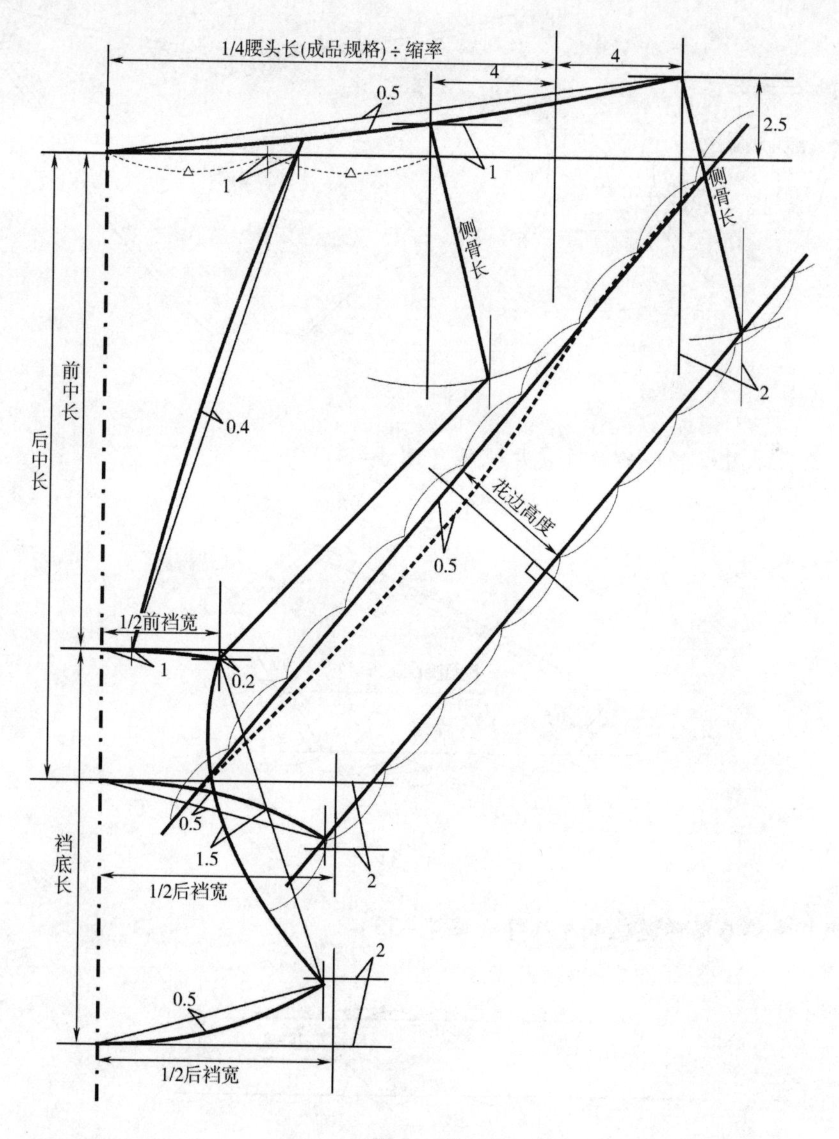

图 4-32

3. 按成品要求修正裆底弧线

检查裆底纸样拼合位弧线是否圆顺及尺寸是否相等，按后幅脚口弧线长度（虚线）修改花边长度，如果弧线的弧度不是很大，这个长度差可忽略不计。

4. 测量及计算脚口长度

脚口长 = 前幅脚口长度 × 缩率 + 裆底脚口长度 × 缩率 + 后幅脚口长度，即 12 × 0.95 + 11 × 0.88 + 20.3 = 20.7cm，再将 1/2 脚口长的成品尺寸填入规格表。

（三）花边三角裤（B）纸样构成

1. 面布裁片纸样

面布裁片纸样包括：前幅、裆、后幅双弹布，如图 4－33 所示。

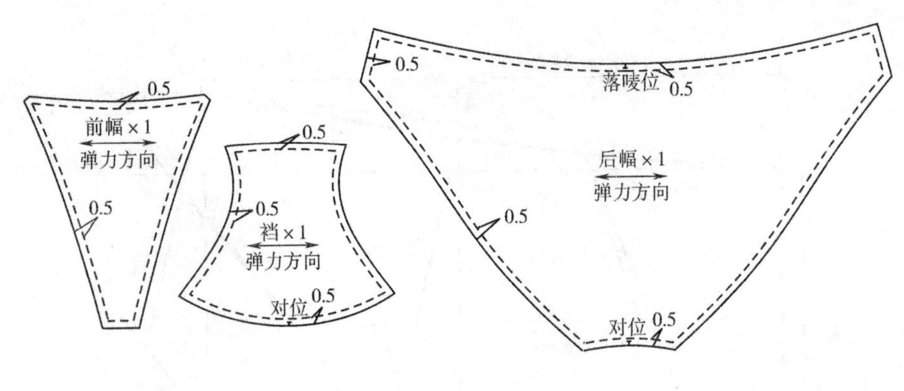

图 4－33

2. 位于三角裤前幅脚口的花边裁片纸样（图 4－34）

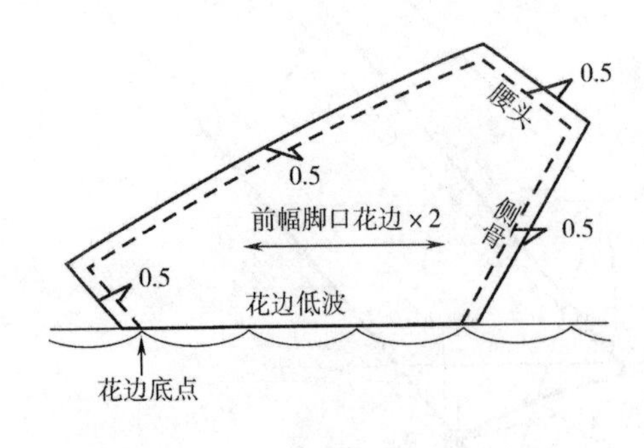

图 4－34

3. 位于三角裤后幅的花边裁片纸样（图 4－35）

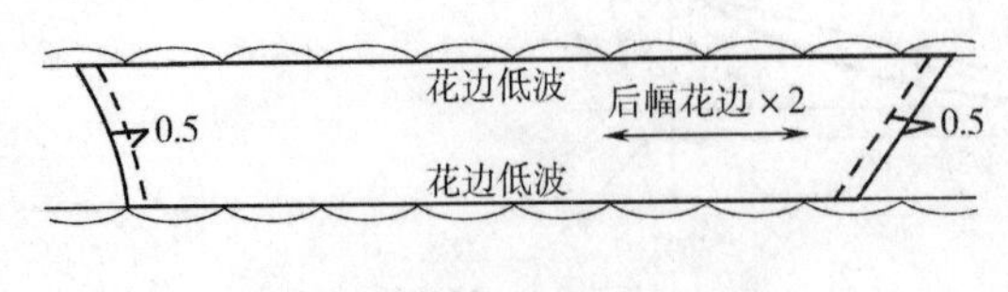

图 4－35

4. 里布裁片纸样

三角裤里布用在裆底处，常用汗布，如图4－36所示。

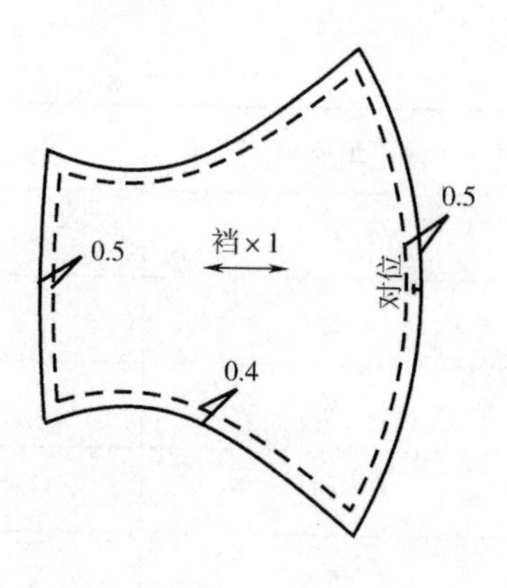

图4－36

六、花边三角裤（C）

（一）材料及使用部位（图4－37）

①棉拉架，用于前幅、后幅、裆。

②弹力花边，用于前侧连接后幅，宽度5cm。

③汗布，用于裆底里布。

④丈根，用于腰头、裆底和前脚口，宽度0.8cm。

⑤花仔，作为前中装饰。

⑥唛头，置于后幅中位。

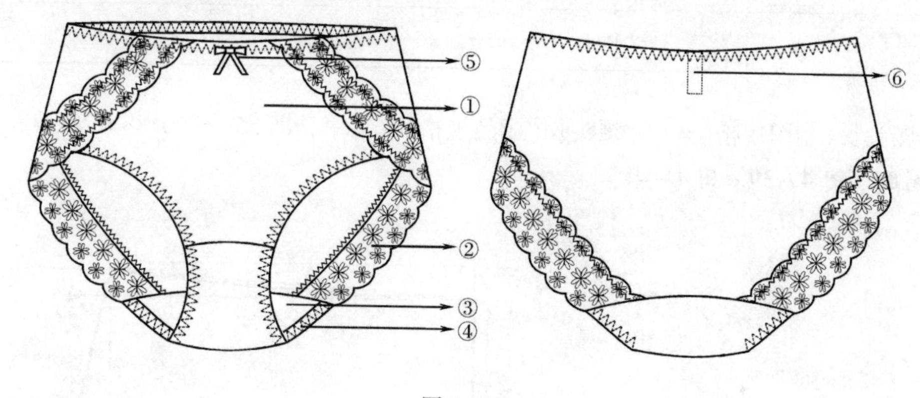

图4－37

（二）制图

1. 确定制图规格

花边三角裤款式图中的标注位置与规格表一一对应，如图4－38、表4－6所示。注意：此款后幅的用料必须是弹力花边，否则无法拉伸穿着。

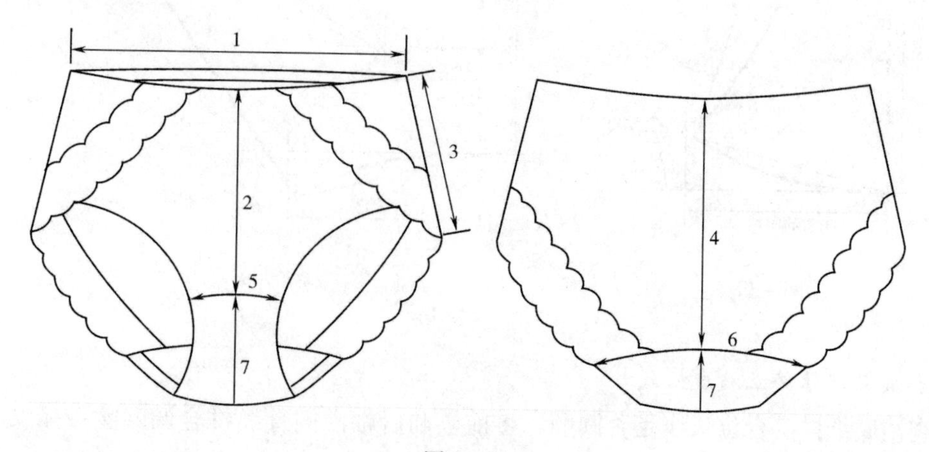

图4－38

表 4 – 6

单位：cm

编号	部位	规格（M 码）	缩率
1	1/2 腰头长	25.0	88%
2	前中长	15.0	
3	侧骨长	8.0	
4	后中长	19.0	
5	前裆宽	7.0	
6	后裆宽	15.0	
7	裆长	12.0	
8	1/2 脚口长		88%

1/2 腰头长（制图规格）= 1/2 腰头长（成品规格）÷ 缩率，即 25cm ÷ 0.88 = 28.4cm。

2. 制图（图 4 – 39 ~ 图 4 – 41）

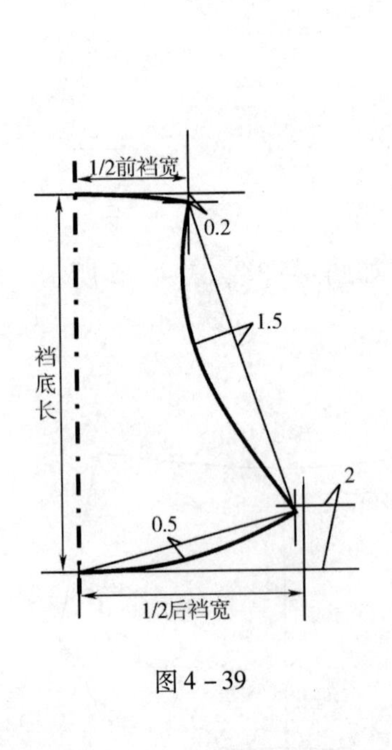

图 4 – 39

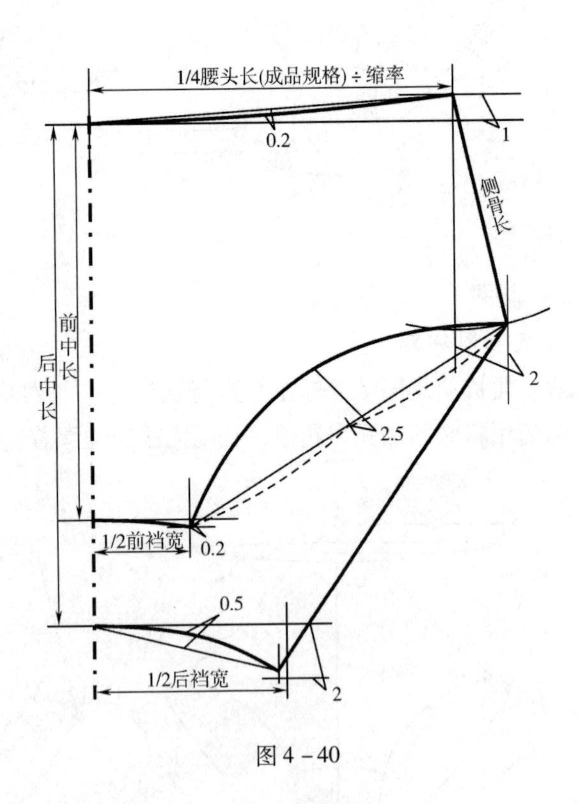

图 4 – 40

3. 按成品尺寸修正裆底弧线

检查裆底纸样拼合位弧线是否圆顺，将前幅和后幅沿侧骨线拼合调顺腰头弧线。如图 4 – 41 连接直线，沿这条直线及后幅脚口线平移 5cm（花边宽度）定位后幅边线。

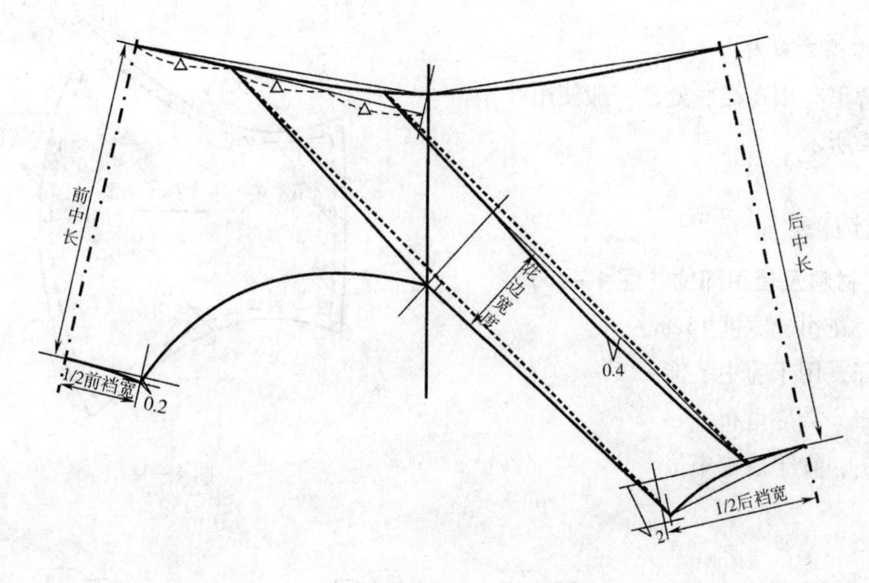

图 4－41

4. 测量及计算脚口长度

脚口长＝前幅脚口长度×缩率＋裆底脚口长度×缩率＋后幅脚口花边长度（侧骨至裆底）即 15. 7×0. 88＋11. 1×0. 88＋15. 9＝19. 7cm，再将 1/2 脚口长的成品尺寸填入规格表。

（三）花边三角裤（C）纸样构成

1. 面布裁片纸样

面布裁片纸样包括：前幅、裆、后幅双弹布，如图 4－42 所示。

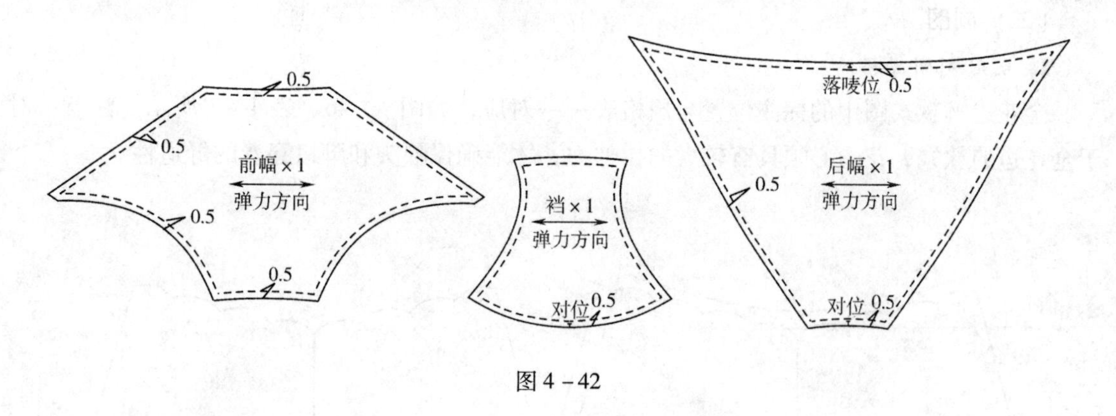

图 4－42

2. 花边裁片纸样

脚口花边的裁片纸样如图 4－43 所示。

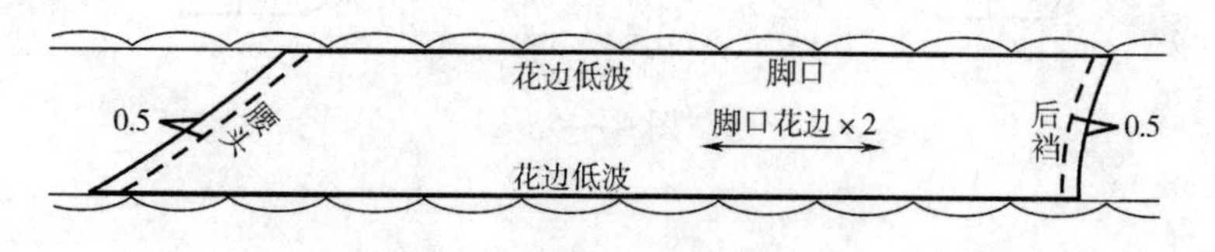

图 4－43

3. 里布裁片纸样

三角裤里布用在裆底处，一般使用汗布，如图 4 – 44 所示。

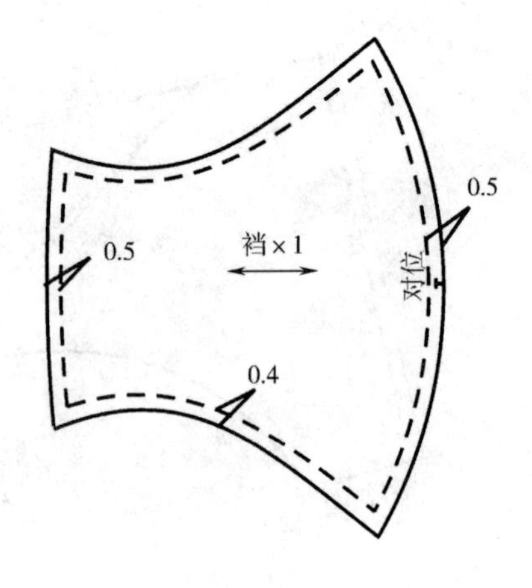

图 4 – 44

七、全花边裤

（一）材料及使用部位（图 4 – 45）

①弹力花边，宽度 15cm。

②花仔，用于前中装饰。

③汗布，裆底里布。

④唛头，置于后幅中位。

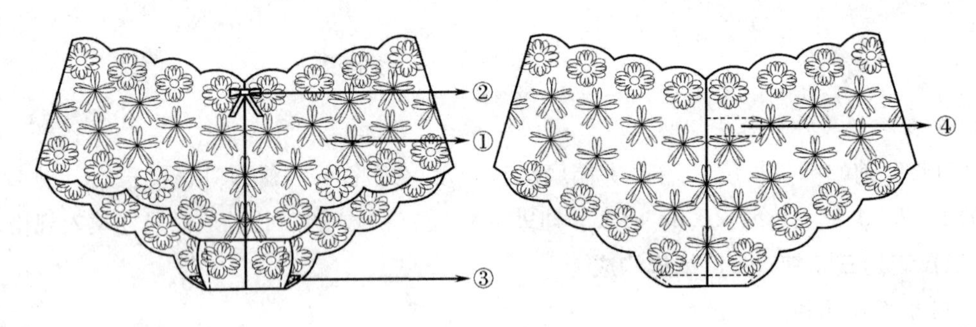

图 4 – 45

（二）制图

1. 确定制图规格

全花边裤款式图中的标注位置与规格表一一对应，如图 4 – 46、表 4 – 7 所示。注意：对于全花边的款式，花边必须具有较大的拉伸力，才能确保腰头和脚口穿着的舒适性。

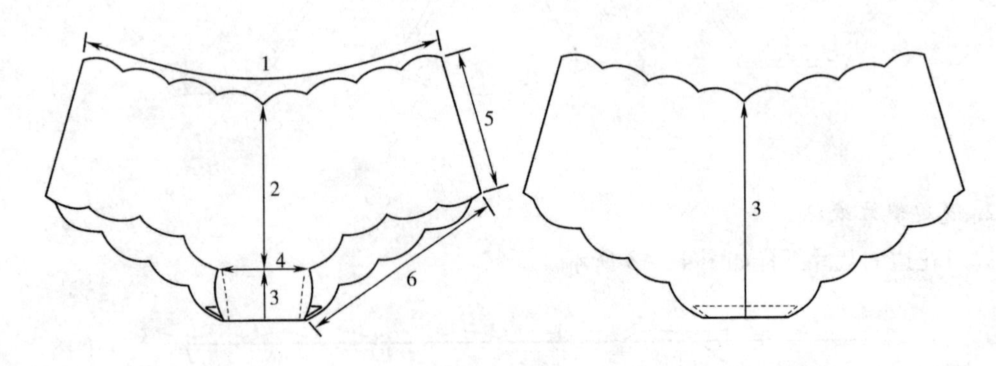

图 4 – 46

表 4－7

单位：cm

编号	部位	规格（M 码）	缩率
1	1/2 腰头长	28.0	
2	前中长	14.0	
3	后中长	22.0	
4	裆宽	7.0	
5	侧长	15.0	
6	1/2 脚口长	21.0	

2. 定位腰线

取 $AB=1/2$ 腰头（成品规格），再向下 15cm（花边宽度）定位脚口线。再向上 1/2 裆宽定位后裆线。以 A 点为端点，后中长为半径画弧线，交脚口线的平行线于 C 点。连接 AC，以 AC 中点做垂直线向里 4.5cm 定位后裆线，即弧线 AC，量取弧线 AC 长度，弧线 AC 的长度再减去表 4－7 中后中长即为上图中的 CE 长度，如图 4－47 所示。

3. 定位脚口线

过 E 点做垂直线交脚口线于 G 点，再向右在水平直线上定位 GF = 脚口长。以 F 点为端点，1/2 裆宽为半径画弧线，以 B 点为端点，前中长为半径画弧线，两条弧线相交于 H 点，如图 4－47 所示。

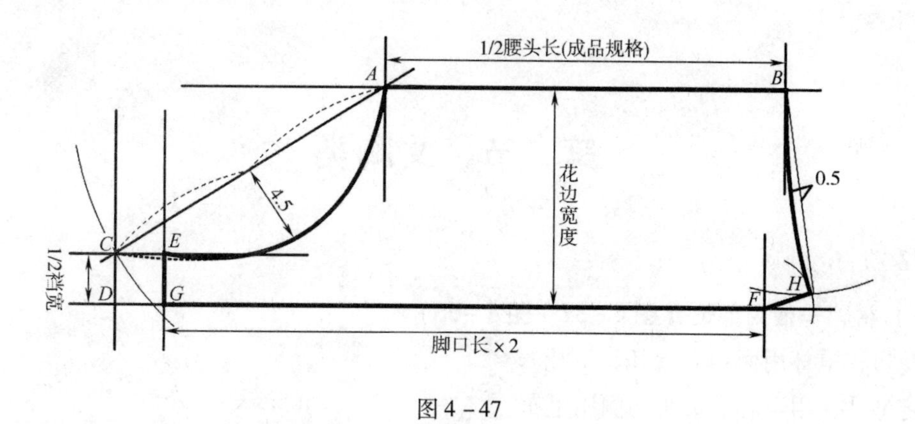

图 4－47

4. 里贴汗布纸样

汗布的长度在尺寸表没有要求的情况下可以自行制板，下图的汗布长是 9cm（图 4－48）。

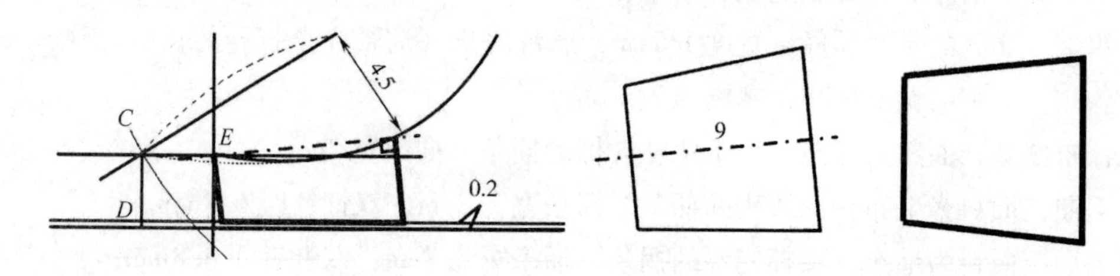

图 4－48

正常情况下里贴纸样靠脚口方向是有一定曲度的，由于此款中弧度较小，可以作直线处理，也便于工业生产中的裁剪。

（三）全花边裤纸样构成

1. 面布裁片纸样

面布采用花边，裁片纸样如图4－49所示。

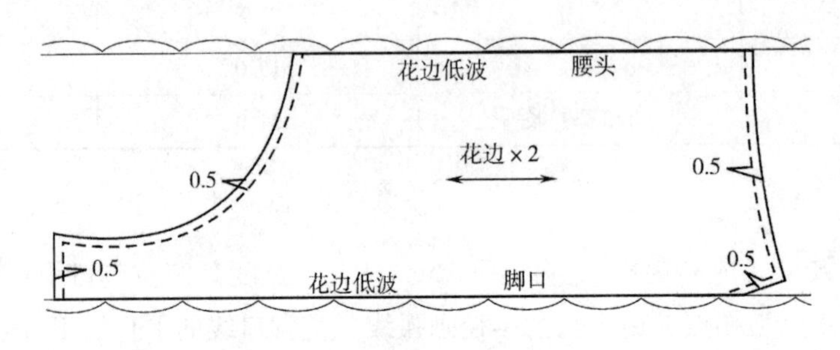

图4－49

2. 里布裁片纸样

三角裤里布用在裆底处，一般使用汗布，如图4－50所示。

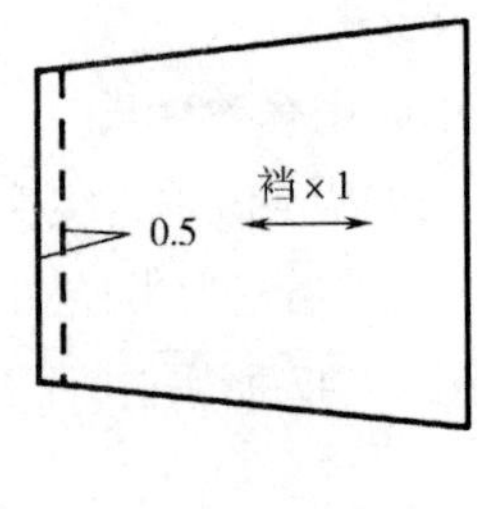

图4－50

第二节　文胸类

一、1/2罩杯文胸

（一）材料与使用部位（图4－51～图4－53）

①花边，罩杯用面料（上托、下托）。

②定型纱，用于鸡心里布、侧比里布。

③复棉，用于罩杯内部（上托里布、下托里布）。

④8字扣，肩带的调节扣，宽度与肩带相同。

⑤9字扣，肩带的挂扣，宽度与肩带相同。

⑥肩带，文胸的带及耳仔，宽度1.2cm，肩带剪长（肩带完全打开的长度）44×2cm。

⑦钩扣，文胸的调节挂扣，规格3.2cm宽。

⑧汗布捆条，面料为汗布，用于罩杯夹棉的捆条，捆条宽2cm。

⑨毛捆，面料为毛布，捆侧比的捆条，捆条宽2.8cm，双针针距6.4mm。

⑩毛捆，面料为毛布，罩杯钢圈的捆条，捆条宽3.7cm，双针针距4.8mm。

⑪钢圈，位于捆碗捆条内。具体规格需依照尺寸表。

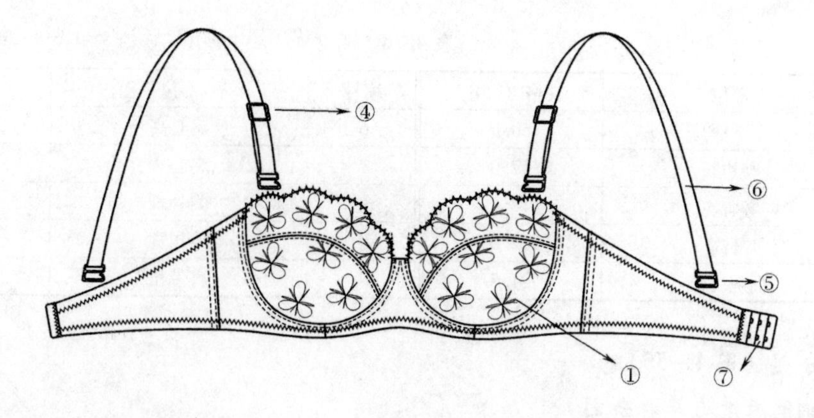

图 4 - 51

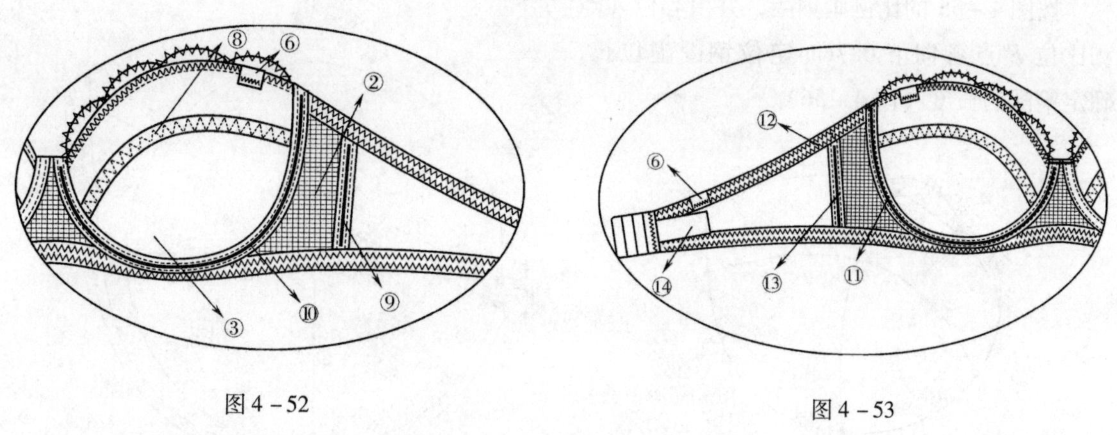

图 4 - 52　　图 4 - 53

⑫丈根，用于文胸上捆、下捆，宽度为 1. 2cm。

⑬胶骨，位于侧比捆条内，长度按工艺要求而定。有的款式需要上、下捆处所用丈根压住胶骨捆条，并缝死胶骨捆条，有的款式胶骨要留出空位，此款胶骨长度为 6. 5cm。

⑭唛头，尺码洗水唛，置于钩扣位。

(二) 制图

1. 确定制图规格

文胸款式图中标注位置尺寸与规格表一一对应，如图 4 - 54、表 4 - 8 所示。

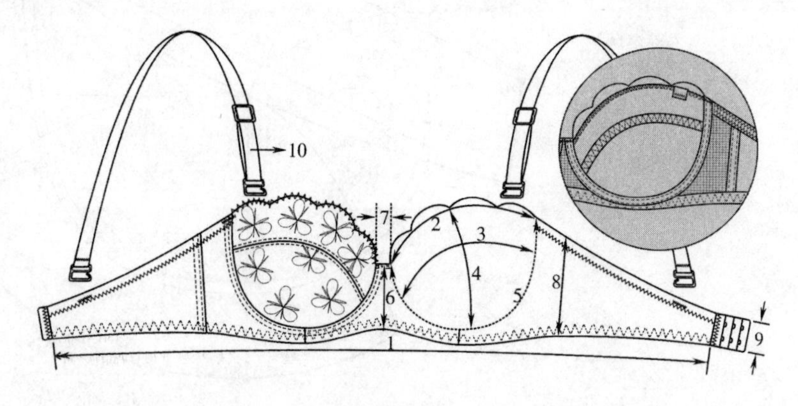

图 4 - 54

表 4-8 单位：cm

编号	部位	规格（75B）	编号	部位	规格（75B）
1	下捆	60.0	6	鸡心高	4.5
2	杯边长	17.0	7	鸡心宽	1.8
3	杯骨宽	18.0	8	侧骨长	8.0
4	杯高	12.0	9	钩扣宽	3.2
5	捆碗线长	21.5	10	肩带长	44.0

2. 罩杯分割（图 4-55）

3. 确定钢圈长度与罩杯分割

按图 4-55 的比例画钢圈，并由心位 A 点和比位 E 点各向下 0.7cm 定位钢圈虚位长，确定钢圈的长度（图 4-56）。

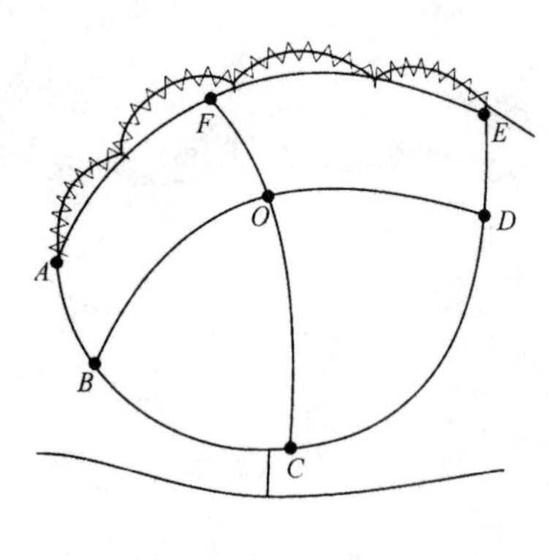

图 4-55

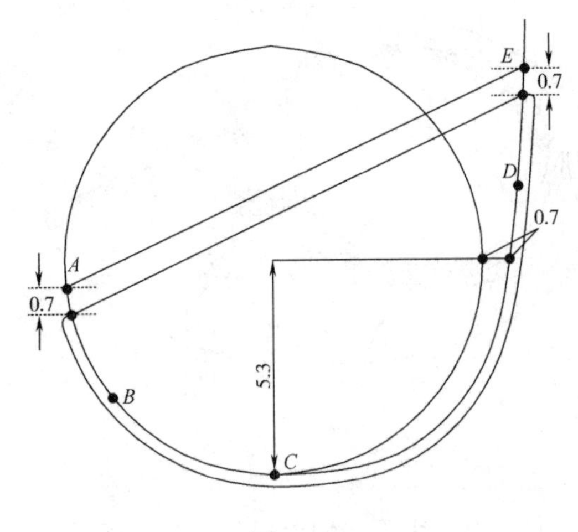

图 4-56

并按罩杯分割做出罩杯相对应的骨线分割（图 4-57）。

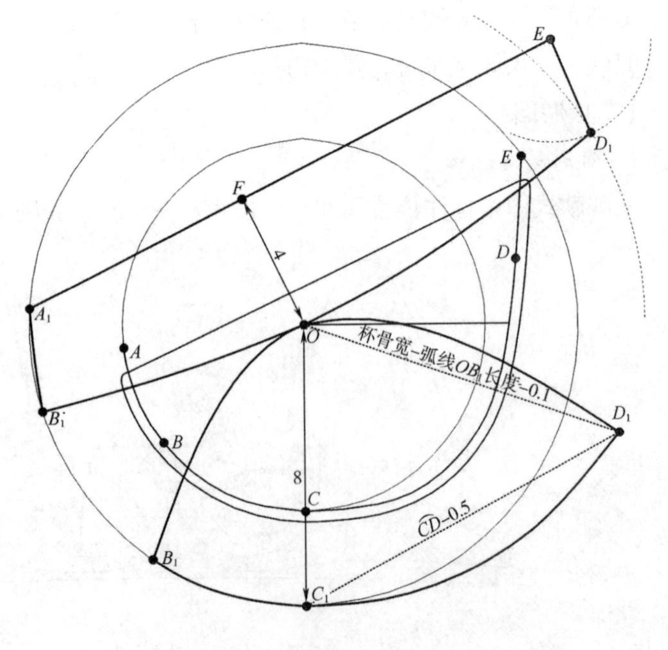

图 4-57

4. 下扒（图 4-58）

注意：罩杯上所对应的弧线长与捆碗线上的对应点长度要相等。在文胸款式中一般下扒高度为下捆丈根的宽度再加上相应的容位，这个高度最少也要大于丈根宽度，正常情况下比丈根宽度大 2mm 左右。

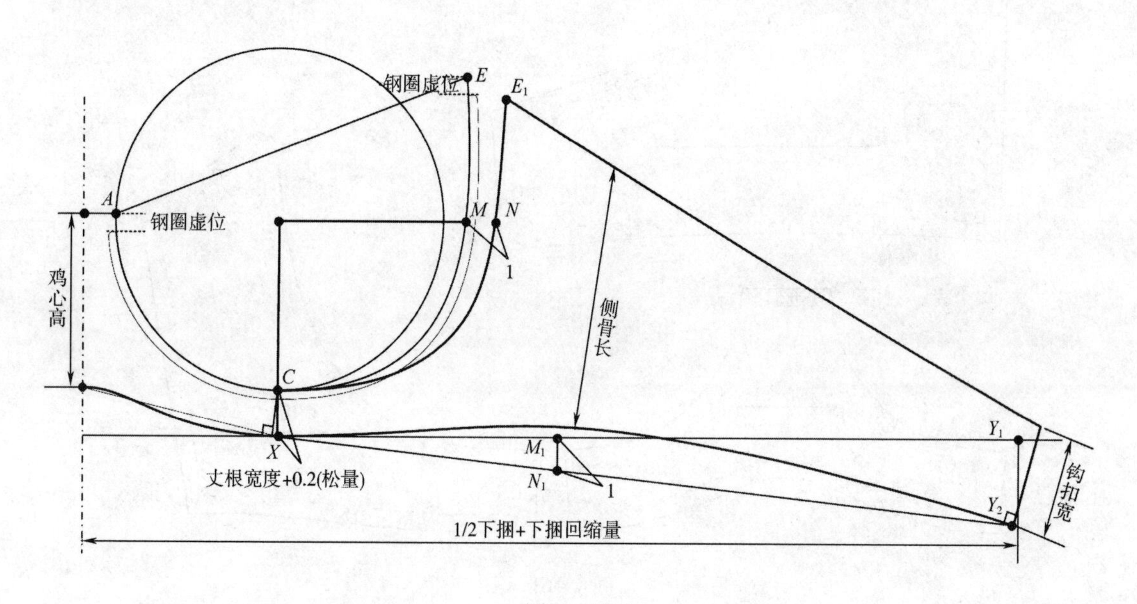

图 4-58

（三）1/2 罩杯文胸纸样

1. 上托和下托裁片纸样（图 4-59）

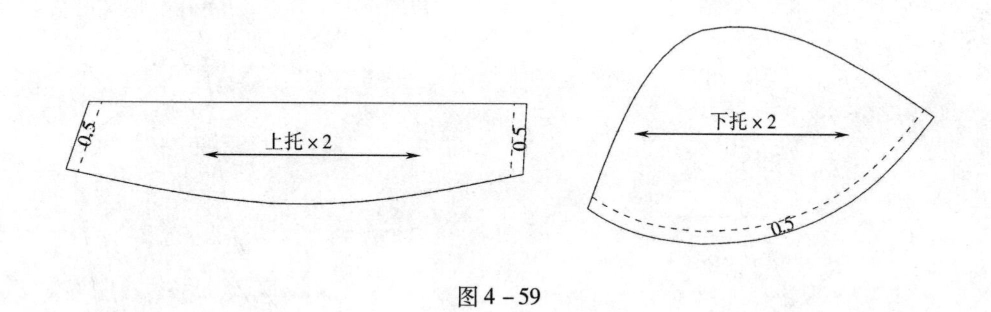

图 4-59

2. 罩杯上托和下托花边裁片纸样（图 4-60）

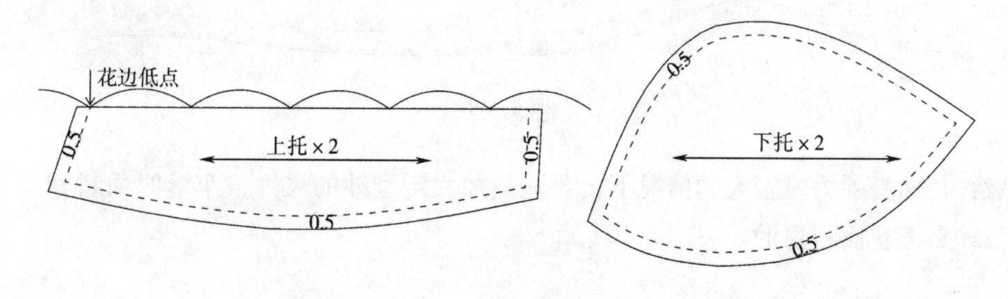

图 4-60

3. 鸡心、侧比、后比面料（双弹布）裁片纸样（图 4－61）

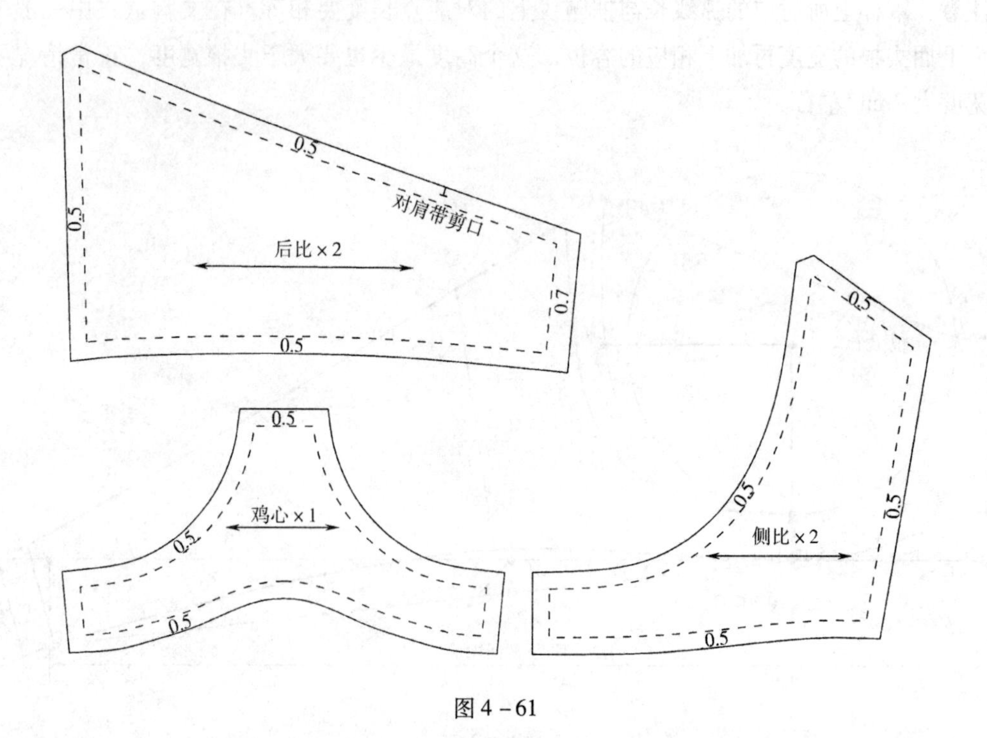

图 4－61

4. 鸡心位和侧比位里布（定型纱）裁片纸样（图 4－62）

鸡心和侧比使用的定型纱（里布）纸样的缝份在面料裁片纸样的基础上再加上 0.1cm 的放量即可（图 4－62）。

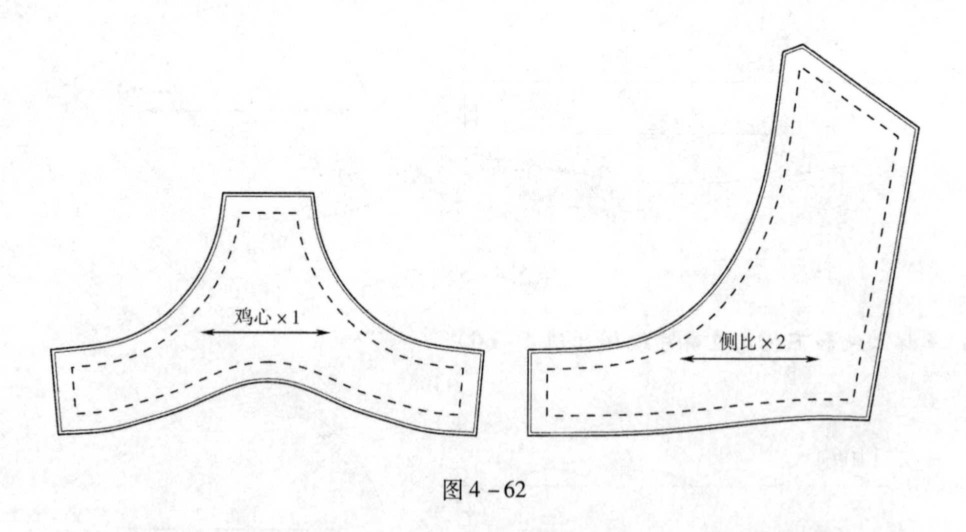

图 4－62

注意：在面料弹力特别大的情况下，要适量加大定型纱的尺寸，车缝时面料和里贴边对齐，定型纱是缩在面料里的。

二、3/4罩杯文胸

（一）材料与使用部位（图4－63～图6－65）

①花边，罩杯用面料（上托、下托）。

②双弹布，用于鸡心、侧比和后比的面料。

③肩带，肩带剪长42×2cm，宽度1.2cm。

④8字扣，肩带的调节扣，宽度与肩带相同。

⑤0字扣，文胸的连接扣，宽度与肩带相同。

⑥钩扣，文胸的调节挂扣。

⑦定型纱，用于鸡心里布、侧比里布。

⑧棉，用于罩杯内部（上托、下托）。

⑨汗布捆条，面料为汗布，用于罩杯夹棉的捆条，宽2cm。

⑩毛捆，面料为毛布，包裹罩杯钢圈的捆条，捆条宽3.8cm，双针针距4.8mm。

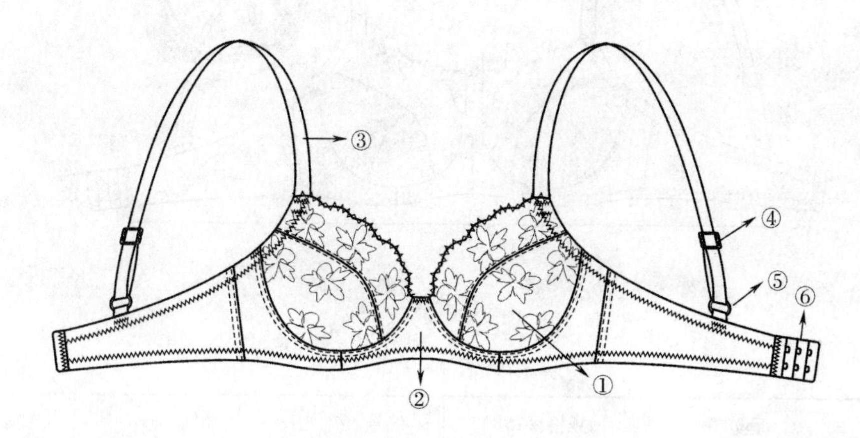

图4－63

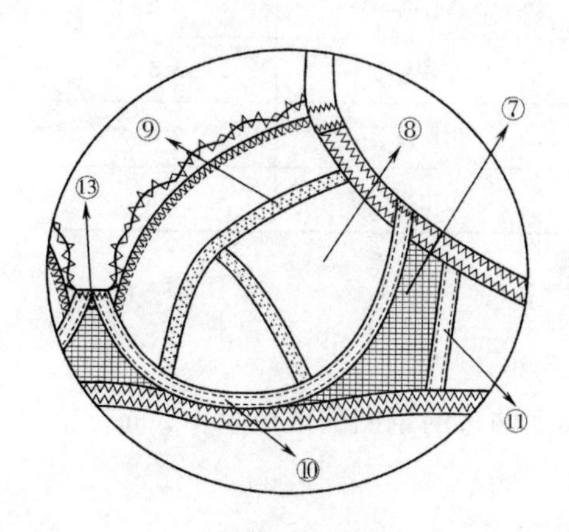

图4－64

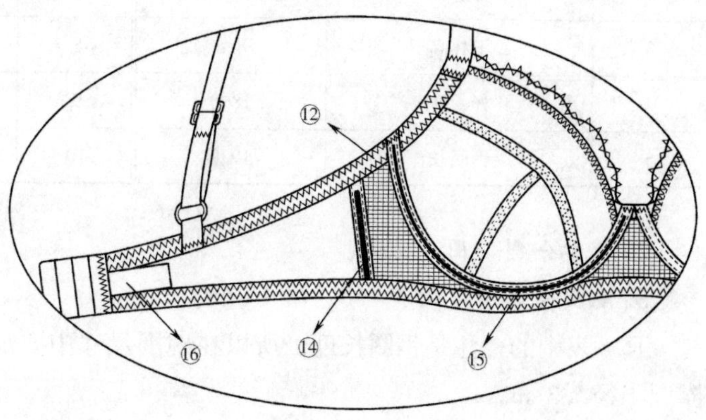

图4－65

⑪毛捆，面料为毛布，包裹侧比的捆条，捆条宽4.8cm，双针针距6.4mm。

⑫丈根，用于文胸下捆、上捆，宽1.2cm。

⑬定型纱捆条，用于鸡心上端，捆条宽2.0cm，采用双针，双针针距3.2mm。

⑭胶骨，位于侧比捆条内，胶骨捆条上端不要缝死，胶骨长度为侧骨长去掉上捆丈根宽度及胶骨容位。

⑮钢圈，位于捆碗捆条内。尺寸见规格表（表4－9）。

⑯唛头，尺码洗水唛，置于钩扣位。

（二）制图

1. 确定制图规格

文胸款式图中标注位置尺寸与规格表一一对应，如图4－66、表4－9所示。

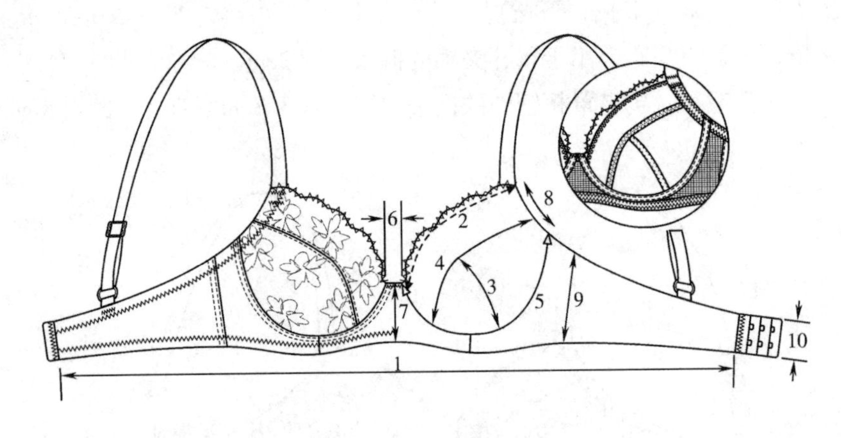

图4－66

表4－9

单位：cm

编号	部位	规格（75B）	编号	部位	规格（75B）
1	下捆	60	6	鸡心宽	2.0
2	杯边长	15.5	7	鸡心高	4.5
3	下杯高	8.5	8	杯边夹弯位	5.5
4	杯骨宽	18.0	9	侧骨长	7.0
5	钢圈长	19.0	10	钩扣宽	3.8

2. 罩杯分割（图4－67）

3. 钢圈与罩杯（图4－68、图4－69）

尺寸表中的标注是钢圈长度，所以在碗围尺寸中要加上两边的钢圈的虚位量1.5cm，钢圈圆半径5.3cm。

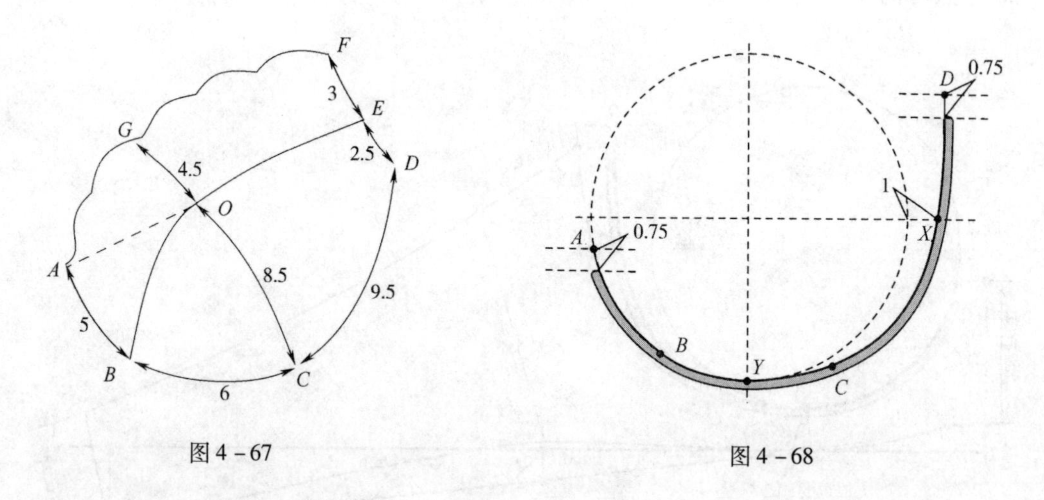

图 4-67　　　　图 4-68

按比例计算$\overset{\frown}{OD}$长度为10.25cm。

注意：在内衣纸样中要注意弧线要连接圆顺，拼合处长度要相等，在图中弧线 $Y_1C_1D_1$ 是一条螺旋递增长度的曲线，即以 O 点为圆心截向 D_1 的方向的线长是可以调整的，即长度一定要 $OD_1 > OC_1 > OY_1$。

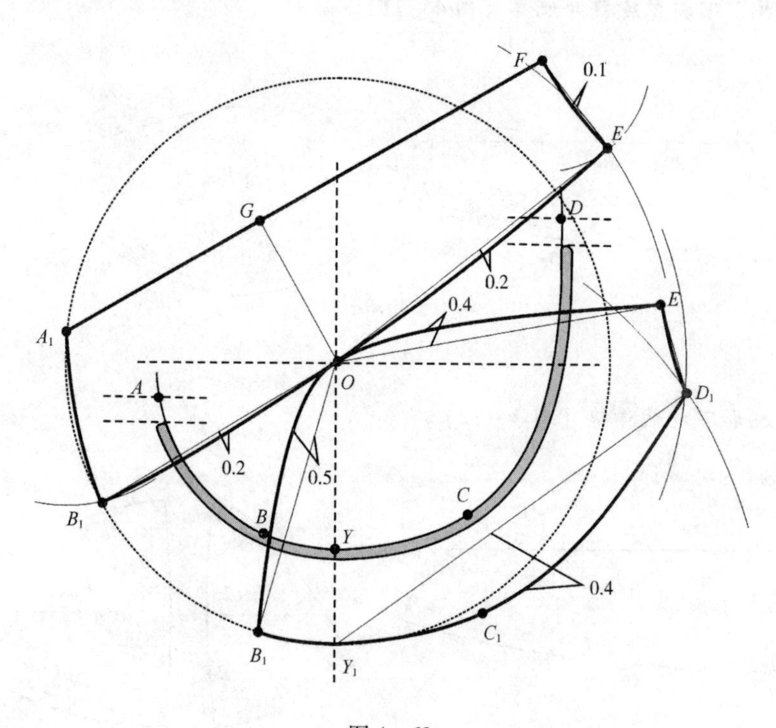

图 4-69

4. 下扒（图 4－70）

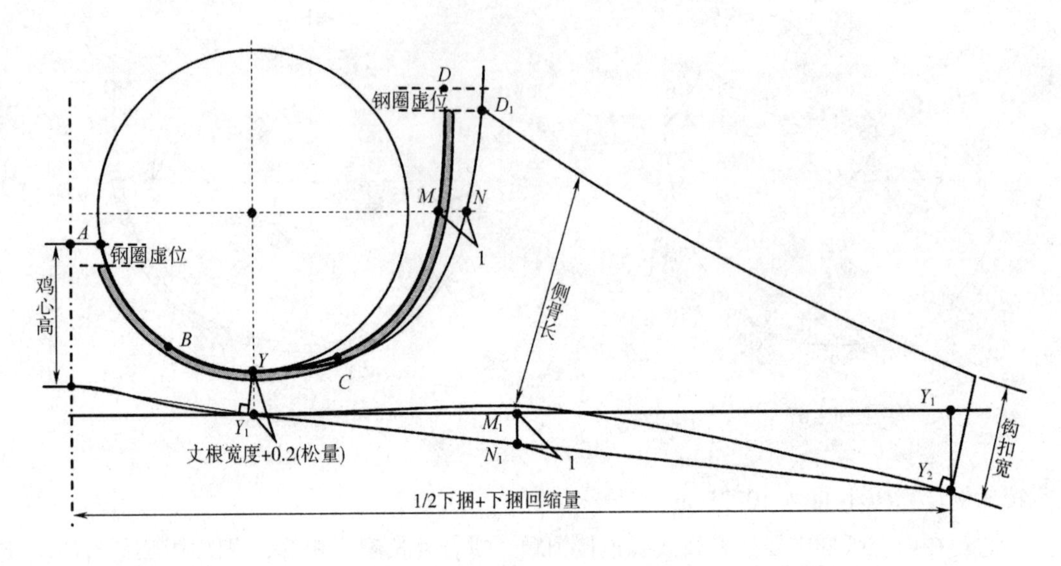

图 4－70

（三）3/4 罩杯文胸纸样

1. 罩杯上托、下托花边裁片纸样（图 4－71）

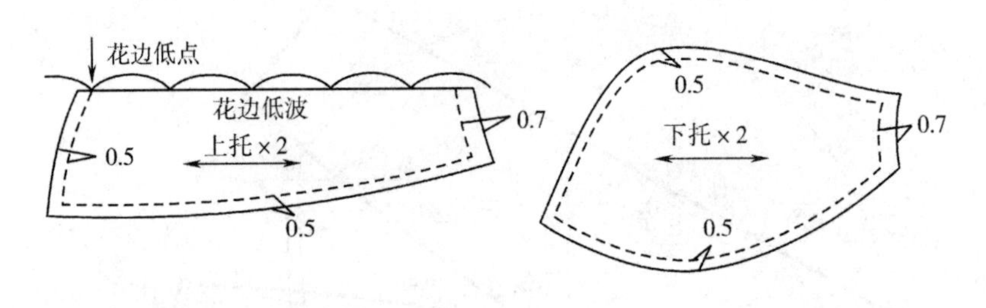

图 4－71

2. 夹棉上托和下托纸样棉（图 4－72）

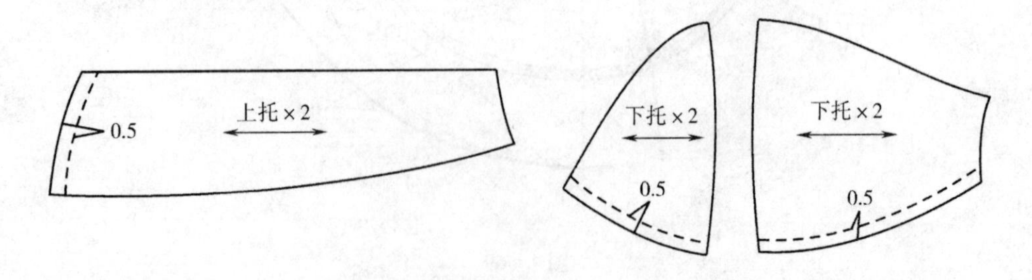

图 4－72

3. 鸡心、侧比和后比面料（双弹布）（图 4－73）

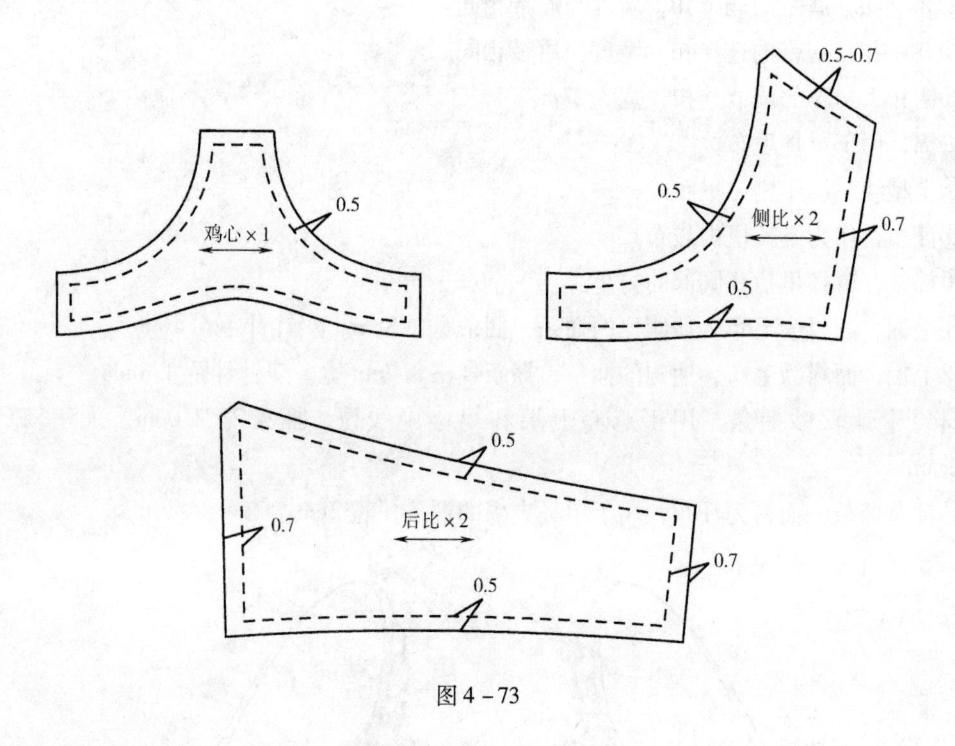

图 4－73

4. 鸡心和侧比里布（定型纱）（图 4－74）

对于面料弹性较大的款式，定型纱鸡心、侧比裁片的缝份要比面布大一些，也就是在面布裁片缝份的基础上加 0.1cm，在工艺制作时将定型纱和面布缩缝在一起，以保证在制作中鸡心位和侧比位的平服。

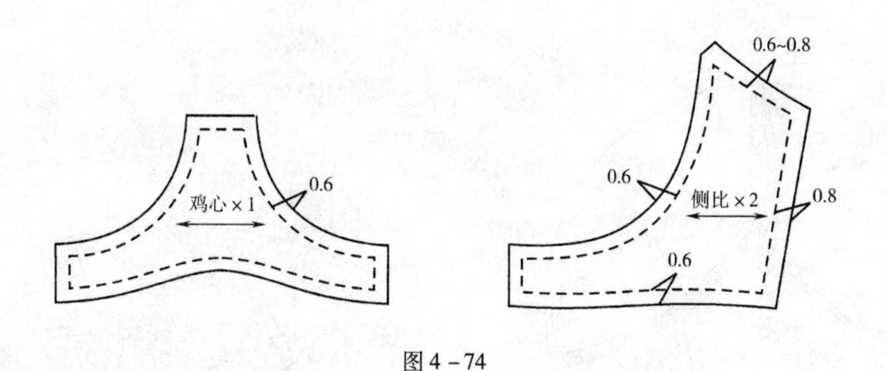

图 4－74

三、3/4 罩杯花边文胸

（一）材料与使用部位（图 4－75～图 4－77）

①花边，用于罩杯、下扒和耳仔。

②双弹布，用于后比主料。

③肩带，宽度 1.2cm。肩带剪长 29×2cm。

④ 8 字扣，肩带的调节扣，宽度与肩带相同。

⑤ 0 字扣，肩带的连接扣，宽度与肩带相同。

⑥钩扣，文胸的调节挂扣，宽 3.2cm。

⑦棉，用于罩杯里布。

⑧定型纱，用于侧比里布。

⑨汗布，作为下托里内袋布。

⑩棉垫，罩杯里抬高胸部的衬垫。

⑪毛捆，面料为毛布，捆侧比的捆条，捆条宽 2.8cm，双针针距 6.4mm。

⑫毛捆，面料为毛布，捆碗的捆条，捆条规格 3.7cm 宽，双针针距 4.8mm。

⑬二十针软纱捆条，用于鸡心上端和鸡心中线位，捆条宽 2.0cm，采用双针，针距 3.2mm。

⑭汗布捆条，面料为汗布，用于罩杯夹棉的捆条，宽 2cm。

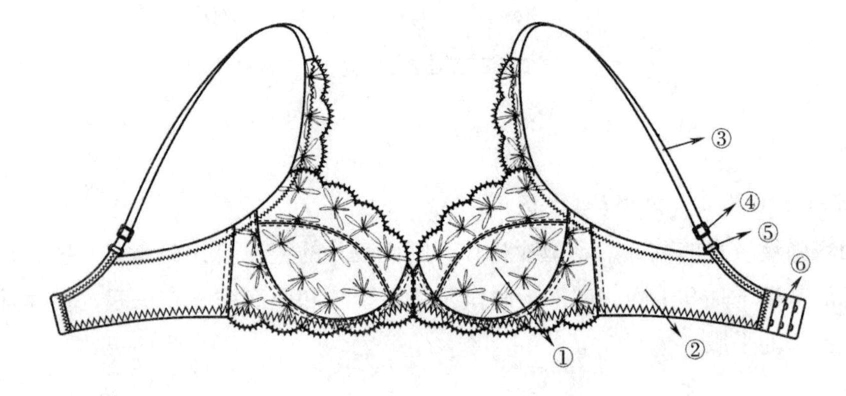

图 4-75

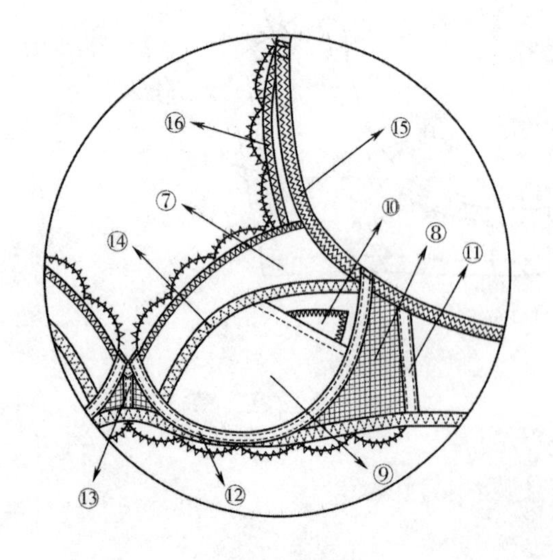

图 4-76

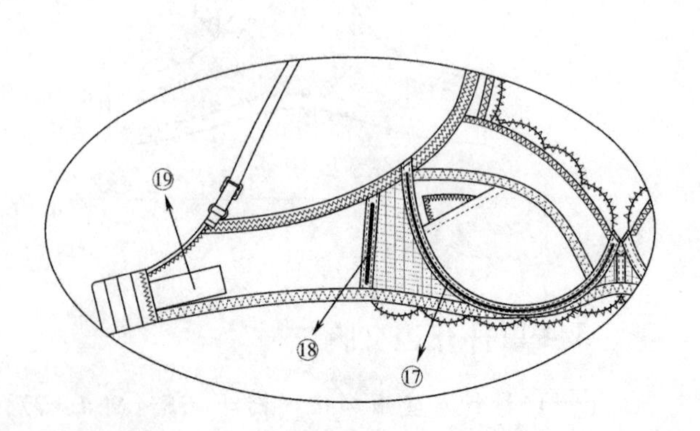

图 4-77

⑮丈根，用于文胸下、上捆，宽1.2cm。

⑯丈根，用于文胸杯边，宽0.6cm。

⑰钢圈，位于捆碗捆条内。

⑱胶骨，侧骨长8cm。胶骨两端不要车死，胶骨长度为侧骨长去掉上下丈根宽度及胶骨容位，即5cm。

⑲唛头，尺码洗水唛，置于钩扣位。

（二）制图

1. 确定制图规格

文胸款式图中标注位置尺寸与规格表一一对应，如图4－78、表4－10所示。

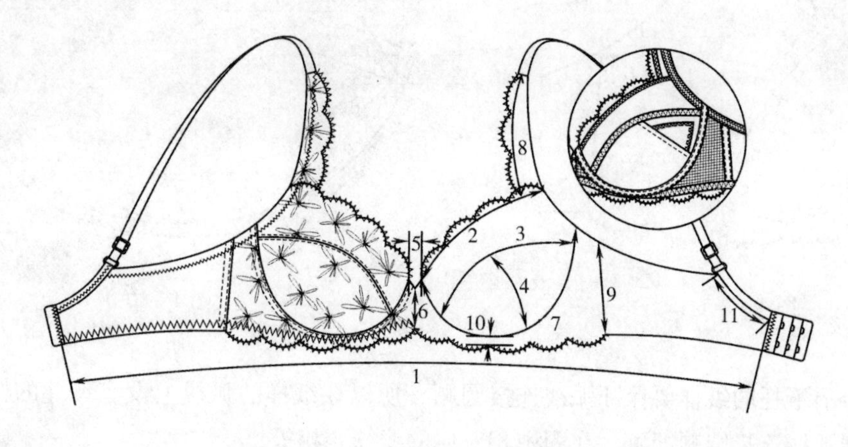

图4－78

表4－10 单位：cm

编号	部位	规格（75B）	编号	部位	规格（75B）
1	下捆	60.0	7	捆碗线长	21.5
2	杯边长	15.0	8	耳仔长	10.0
3	夹碗线长	18.0	9	侧骨长	8.0
4	杯高	13.0	10	下扒高	1.2
5	鸡心宽	1.8	11	钩扣宽	3.2
6	鸡心高	4.5			

2. 罩杯分割（图4－79）

杯边长（AF）$=AG+GF$

杯高$=OG+OC$

捆碗线长＝弧度AB＋弧度BC＋弧度CD＋弧度DE

按比例计算OE的长度为10.33。

3. 钢圈与罩杯

先定位碗杯的钢圈，尺寸表中的尺寸是捆碗线的长度，去掉两边钢圈虚位长度，钢圈的长度为20cm，钢圈圆半径由比例计算得5.3cm（图4－80）。

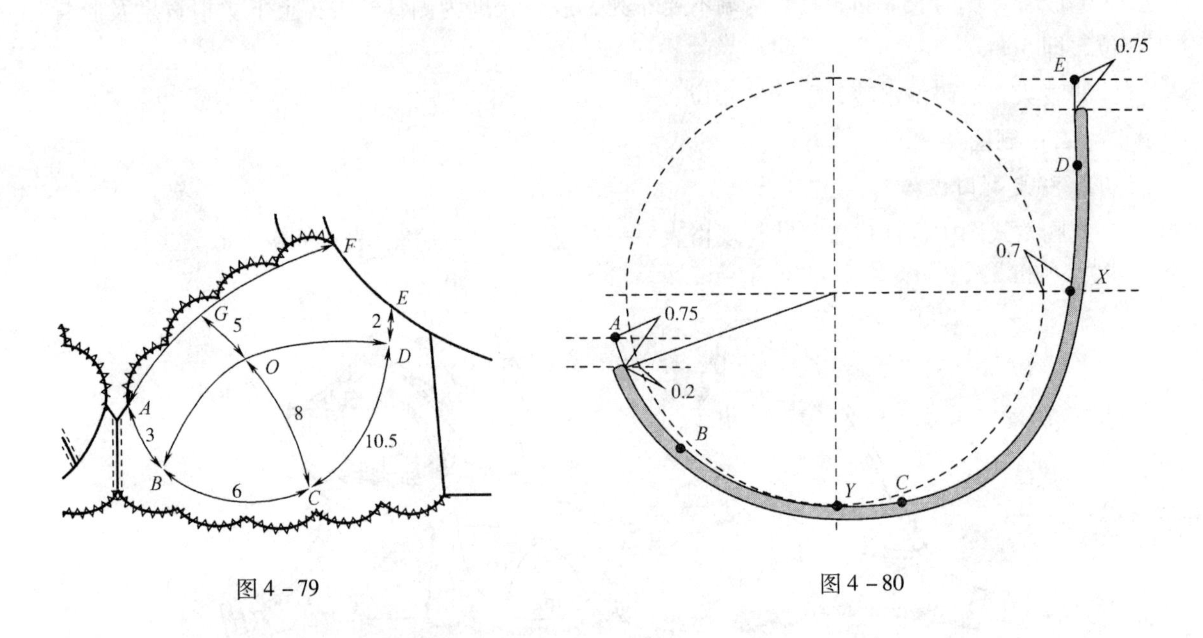

图4－79　　　图4－80

注意：上下托的纸样要保证弧线连接圆顺，所以在纸样的弧线上没有尺寸的标注，只要保证夹碗线弧线连接圆顺即可。在图中相对应的线长要相等。

耳仔纸样制作：做十字定位线，向在1.2cm（肩带宽度）做平行线（图4－81）。在十字定位线向上截取2cm（耳仔与杯边的相踏位置），定位耳仔长度（耳仔处需车小丈根则加放回缩度）。

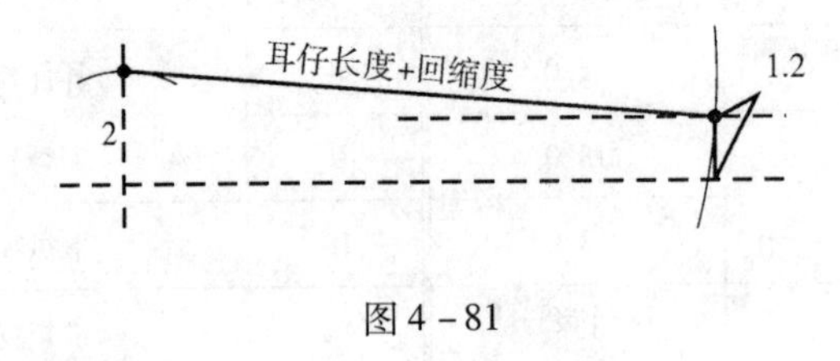

图4－81

罩杯纸样如图4－82所示。

4. 下扒

对于预先确定侧比尺寸的款式，可以在后比上取侧骨高度，然后再定侧骨线，长度达不到要求时可以适当调整曲线弧度（图4－83）。

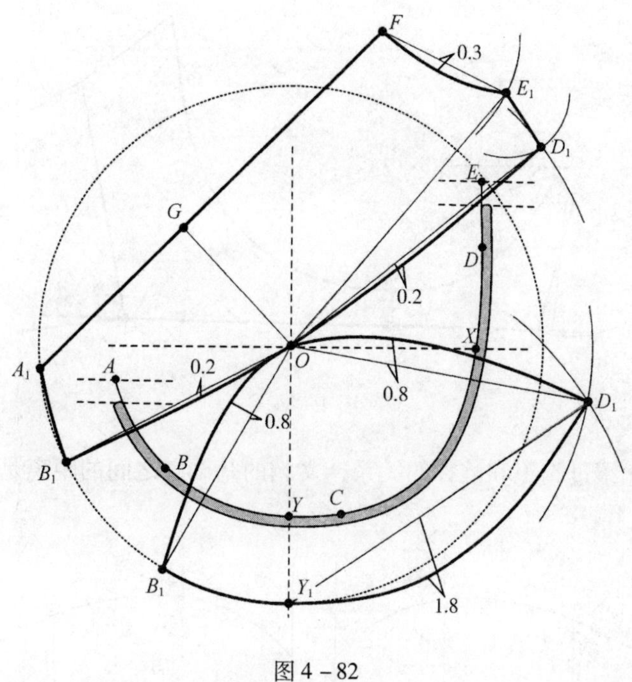

图 4－82

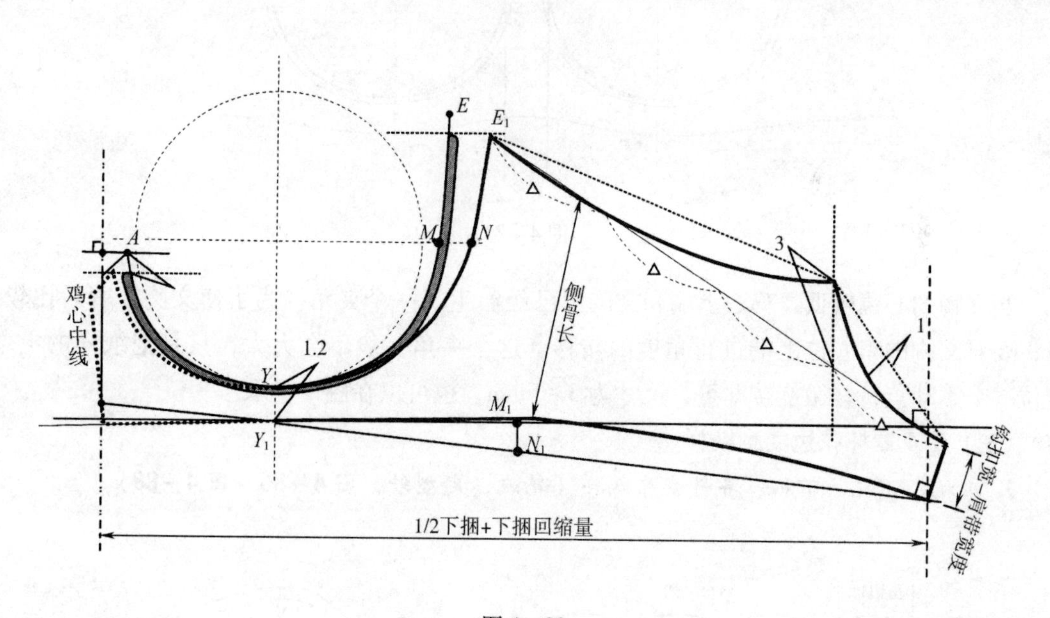

图 4－83

对于这种款式，以基本线作为片就行了，但对于鸡心、侧比位是花边的款式，如果花边的波牙比较大，CC_1 的位置在裁剪时需要对波，所以在花边波牙比较小的情况下可以把鸡心和侧比位做成一片进行裁剪（图 4－84）。

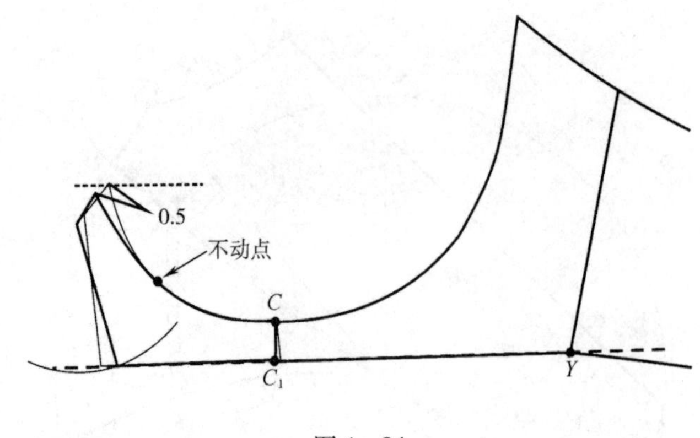

图 4－84

注意：在之前介绍过胸距和碗杯的关系，文胸的基础圆之间的距离是 2cm（图 4－85）。

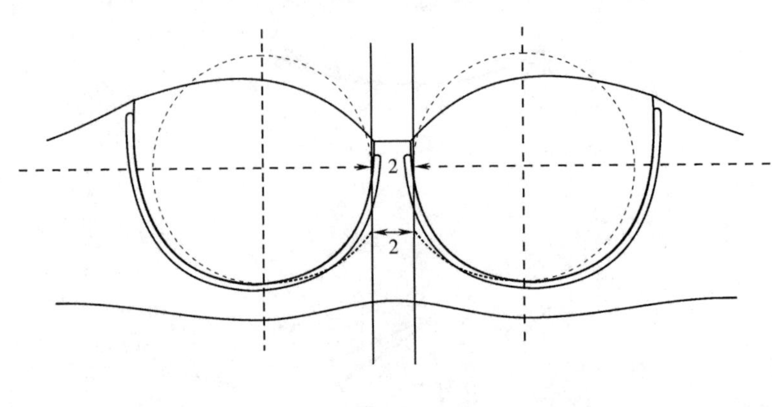

图 4－85

当文胸的心位较低，鸡心上端和文胸间已经产生了一个夹角。为了使文胸穿着后比较贴身，要对文胸的鸡心位上端进行角度的转移。这个夹角一般不会大太，只是把纸样的上端，定位一个不动点，轻微旋转即可，尺寸为 3～5mm，也可以在图中量取。

（三）3/4 罩杯花边文胸纸样

1. 上托、下托、下扒、耳仔裁片纸样（花边，定型纱，图 4－86～图 4－88）

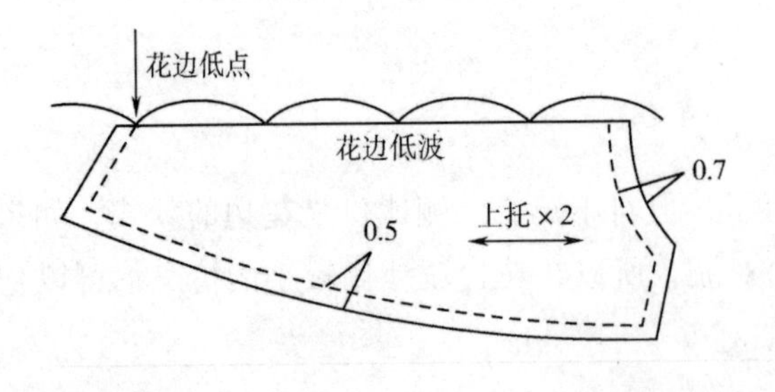

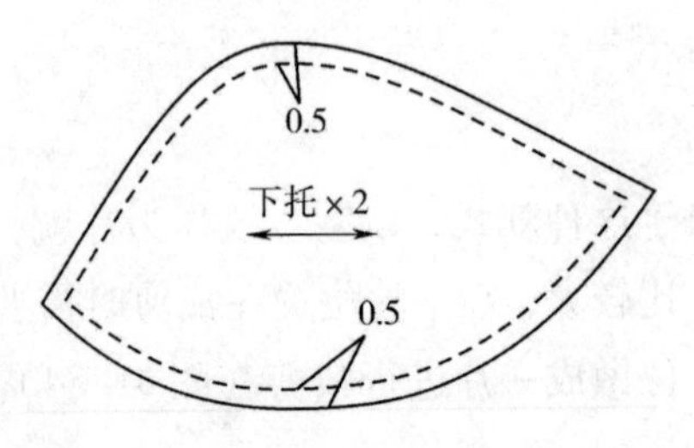

图 4－86

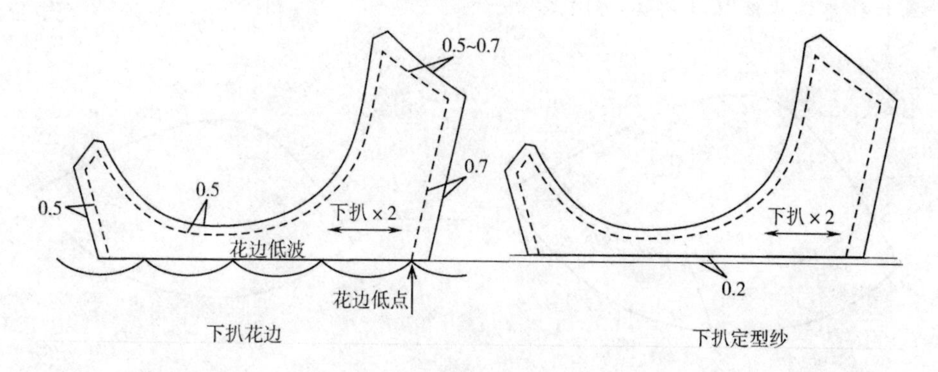

图 4-87

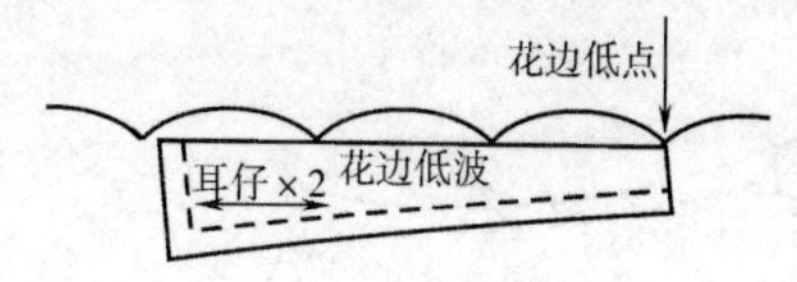

图 4-88

2. 复棉上托、下托裁片纸样（图 4-89）

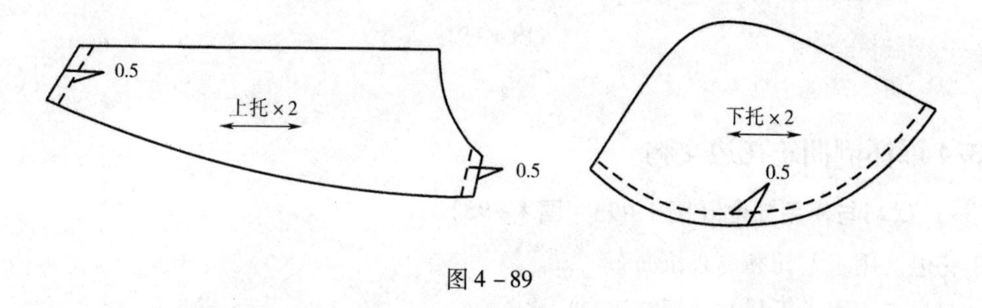

图 4-89

3. 汗布裁片纸样（图 4-90）

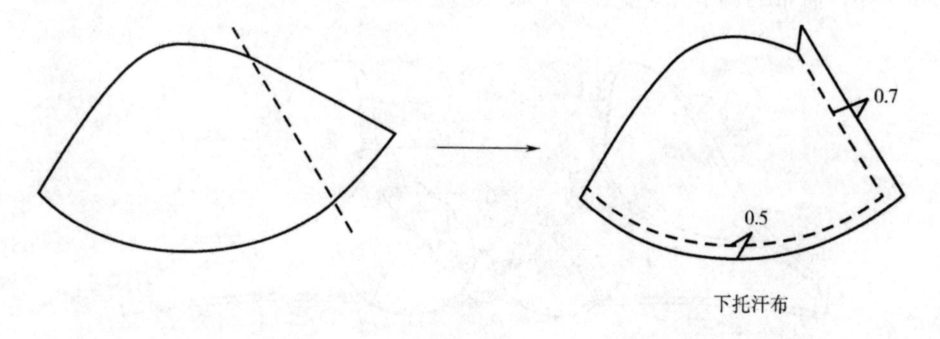

图 4-90

4. 罩杯棉垫裁片纸样（图4－91）

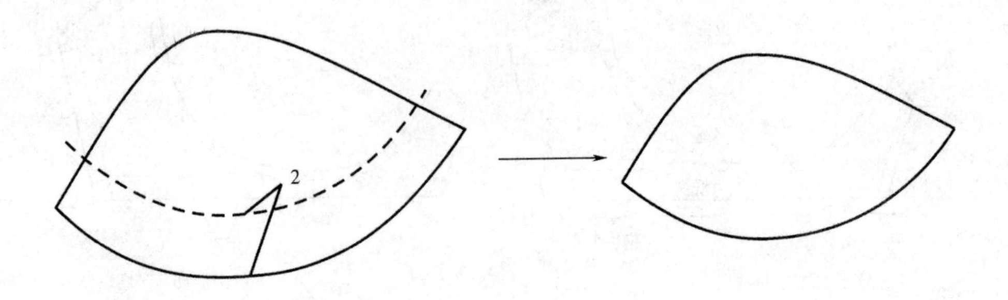

图4－91

5. 后比双弹布裁片纸样（图4－92）

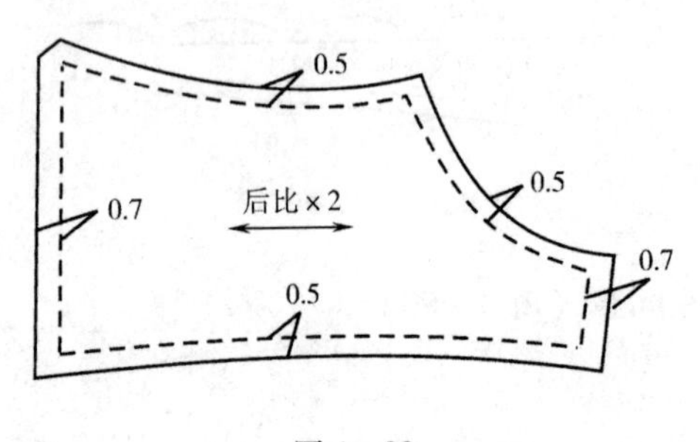

图4－92

四、3/4罩杯倒捆碗花边文胸

（一）材料与使用部位（图4－93～图4－95）

①花边，用于上托和鸡心位面布。

②双弹布，用于下托心、下托比、后比。

③0字扣，肩带的连接扣，宽度与肩带相同。

④8字扣，肩带的调节扣，宽度与肩带相同。

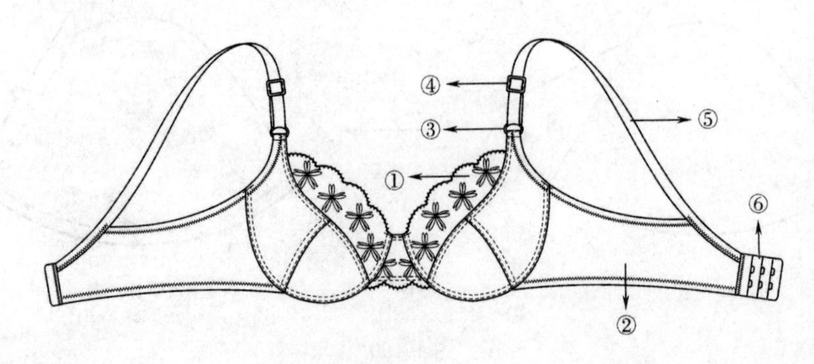

图4－93

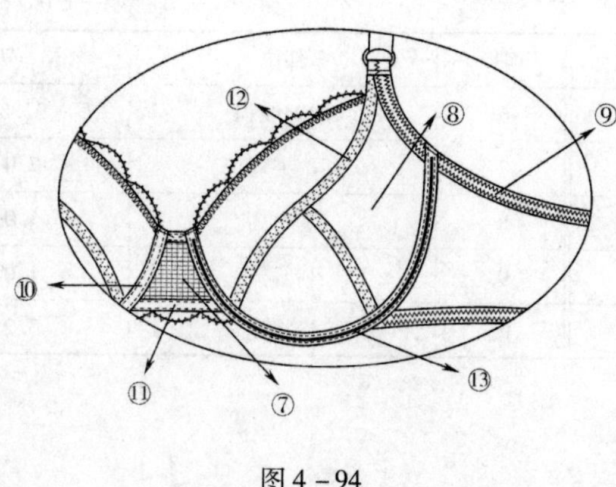

图 4 - 94

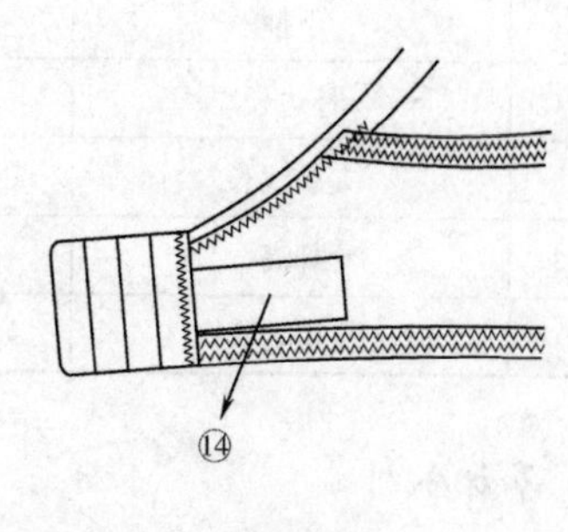

图 4 - 95

⑤肩带，宽度 1. 2cm。肩带剪长 46 ×2cm。

⑥钩扣，文胸的调节挂扣。

⑦定型纱，用于鸡心里。

⑧复棉，用于罩杯里布。

⑨丈根，用于文胸的上、下捆，宽 1. 2cm。

⑩毛捆，面料为毛布，捆碗的捆条，捆条宽 3. 7cm，双针针距 4. 8mm。

⑪二十针软纱捆条，面料为二十针软纱，捆鸡心上、下的捆条，捆条宽 2cm，双针针距 3. 2mm。

⑫汗布捆条，面料为汗布，用于罩杯夹棉的捆条，捆条宽 2cm。

⑬钢圈，位于捆碗捆条内，尺寸见规格表。

⑭唛头，尺码洗水唛，置于钩扣位。

（二）制图

1. 确定制图规格

文胸款式图中标注位置尺寸与规格表一一对应，如图 4 - 96、表 4 - 11 所示。

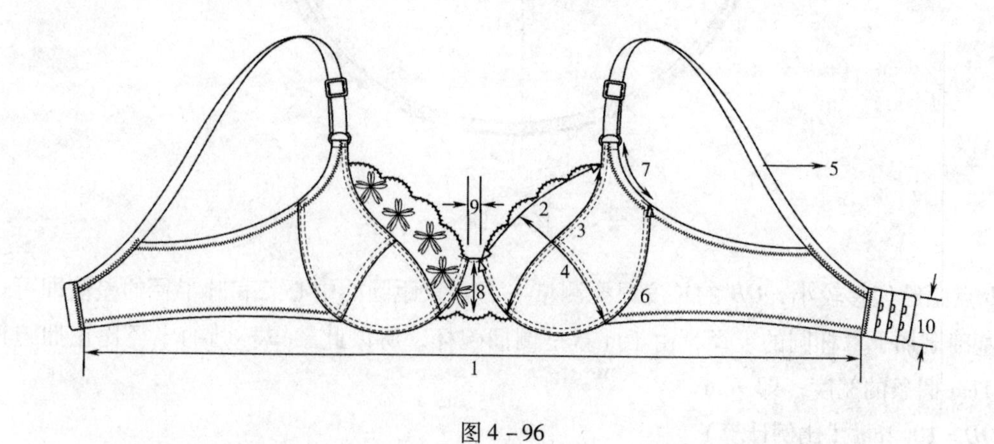

图 4 - 96

表 4-11　　单位：cm

编号	部位	规格（75B）	编号	部位	规格（75B）
1	下捆	60.0	6	捆碗线长	22.8
2	杯边长	15.5	7	杯边夹弯位	7.0
3	夹碗线长	18.5	8	鸡心高	5.0
4	杯高	14.5	9	鸡心宽	1.0
5	肩带剪长	46.0	10	钩扣宽	3.2

2. 罩杯分割

按尺寸对碗杯进行分割（图 4-97）。

杯边长（AE）$=AF+FE$；杯高 $=OF+OC$。

3. 钢圈与罩杯（图 4-98）

捆碗线长 = 弧度 AB + 弧度 BC + 弧度 CD，记录钢圈图和碗杯相对应的底点位置即 P 点。

倒捆碗杯的钢圈以钢圈的外线计算，画钢圈的基础圆要加上钢圈的宽度。

计算 OB、OD 的长度（图 4-99）。

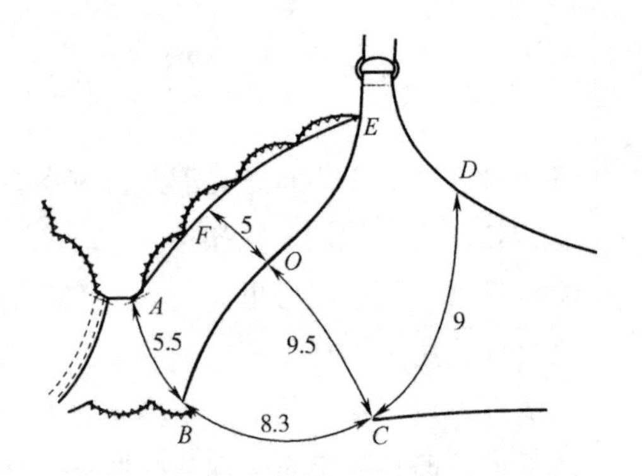

图 4-97

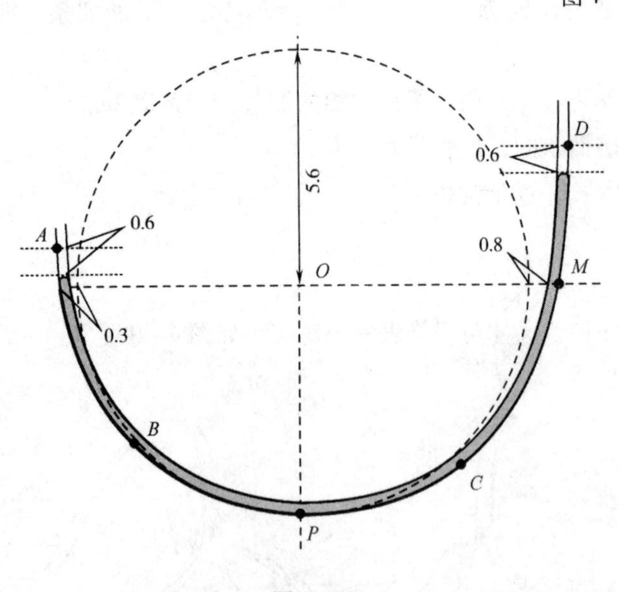

图 4-98

B 点距圆偏移较小，OB 的长度只要测量一下 B 点距圆的中心点和圆半径的差值即可。再在此基础上加下罩杯圆的半径，由于此款是倒捆碗杯，所以此款罩杯圆的半径比正捆碗杯的要大 1cm 捆条的宽度，即 9cm。

$OD=10.2$cm（比例计算）

尺寸表中的尺寸是捆碗线的长度，去掉两边钢圈虚位的长度钢圈的长度为 21.4cm。记录

PB、PC 的弧线距离；$PB=4.3\text{cm}$，$PC=4\text{cm}$。

注意：图中上杯边与罩杯定位圆的偏移量与捆碗线与钢圈定位圆的偏移量是相等的，即 A 点，B 点的偏移量与钢圈外线及钢圈定位圆的偏移量是相等的。

捆碗上相对应的点与罩杯上相对应的点的线长是相等的 $AB=A_1B_1$、$BP=B_1P_1$、$PC=P_1C_1$、$CD=C_1D_1$（图 4-99）。

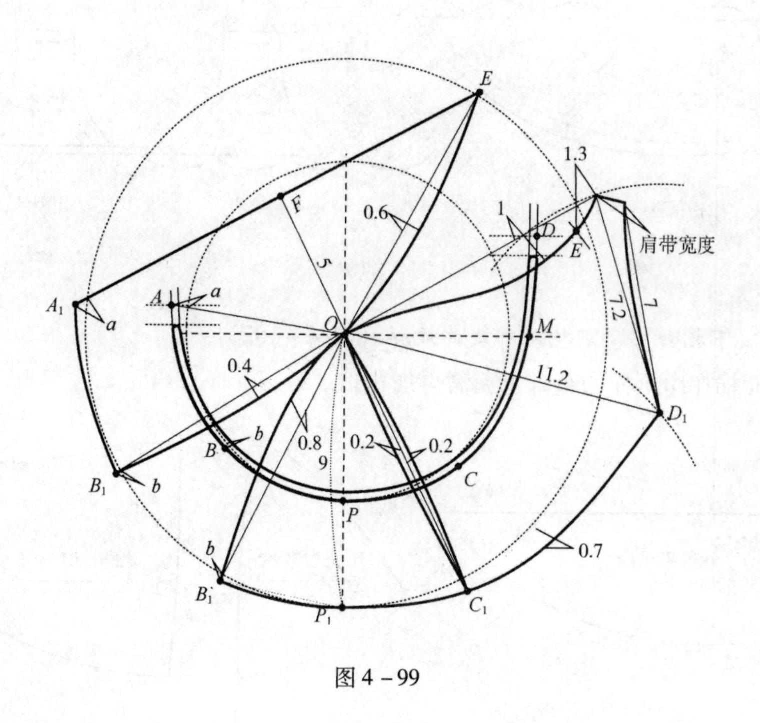

图 4-99

4. 下扒纸样制作

注意：长度 $MN=M_1N_1$、$YM=YM_1$（图 4-100）。

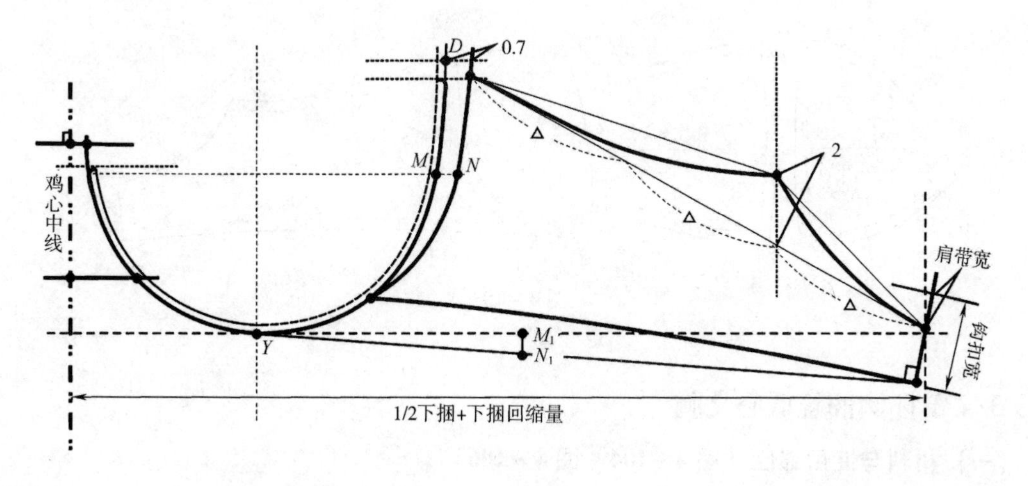

图 4-100

（三）3/4 罩杯倒捆碗花边文胸纸样

1. 上托花边、鸡心花边、鸡心定型纱裁片纸样

面料弹性较大，定型纱止口应在面布的基础上再多加 1mm。面料弹性较小或无弹定型纱，上部的止口和面布相同（图 4－101）。

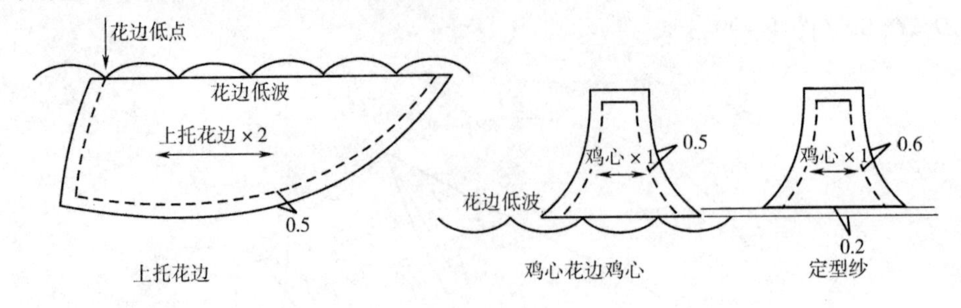

图 4－101

2. 上托棉、下托心棉、下托比棉裁片纸样（图 4－102）

倒捆碗的杯棉在净纸样的基础上无需再加止口。

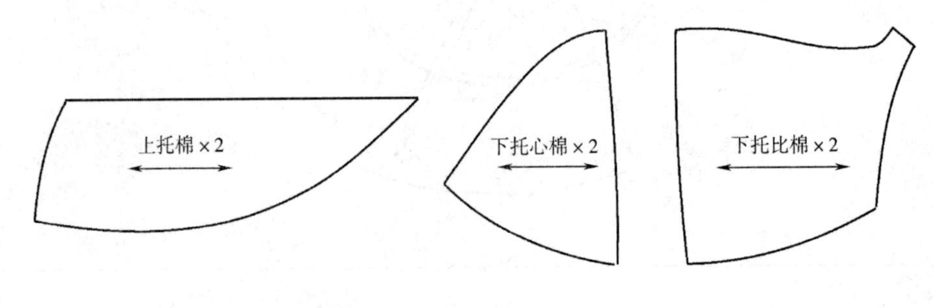

图 4－102

3. 下托心、下托比和后比裁片纸样（双弹布，图 4－103）

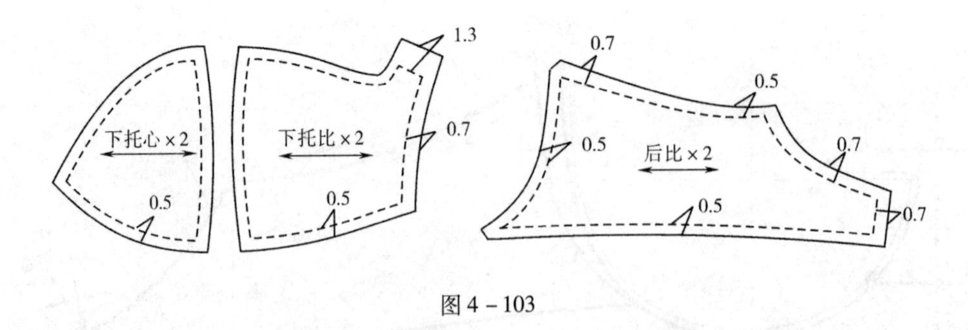

图 4－103

五、3/4 罩杯倒捆碗低心文胸

（一）材料与使用部位（图 4－104～图 4－106）

①花边，用于罩杯、侧比和后比的面布花边必须有弹性，而且沿花边花波方向要有足够的拉伸力。

②肩带，肩带剪长 46×2cm，宽度 1.2cm。前中鸡心位使用同种材料，剪成等腰梯形的形状。一般鸡心中位会附加装饰。

③ 8 字扣，肩带的调节扣，宽度与肩带相同。

④ 0 字扣，肩带的连接扣，宽度与肩带相同。

⑤钩扣，文胸的调节挂扣。

⑥棉，用于上托和下托。

⑦丈根，用于文胸的上捆，花芽，宽 1.2cm。

⑧丈根，用于文胸的下捆，平芽，宽 1.2cm。

⑨毛捆，面料为毛布，用于捆罩杯钢圈的捆条，宽 3.7cm，双针针距 4.8mm。

⑩汗布捆条，面料为汗布，用于罩杯夹棉的捆条，捆条宽 2cm。

⑪二十针软纱捆条，面料为软纱，用于前中鸡心位，捆条宽 2cm，双针针距 4.8mm。

⑫唛头，尺码洗水唛，置于钩扣位。

⑬钢圈，位于捆碗捆条内，尺寸见规格表。

注意：如款式和工艺有需求，杯棉靠近杯面的部分需加 0.8cm 的定型纱捆条。例如，碗杯的杯棉为 3cm 厚的海绵，如果复棉的复布颜色比较深，为了使杯面夹棉后不露棉就要在杯面加小捆条。

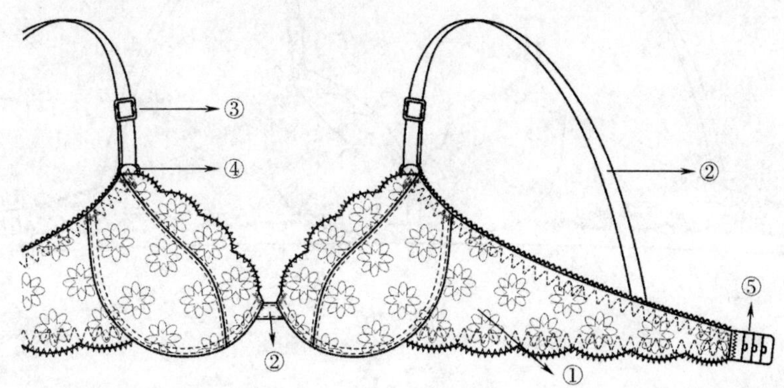

图 4－104

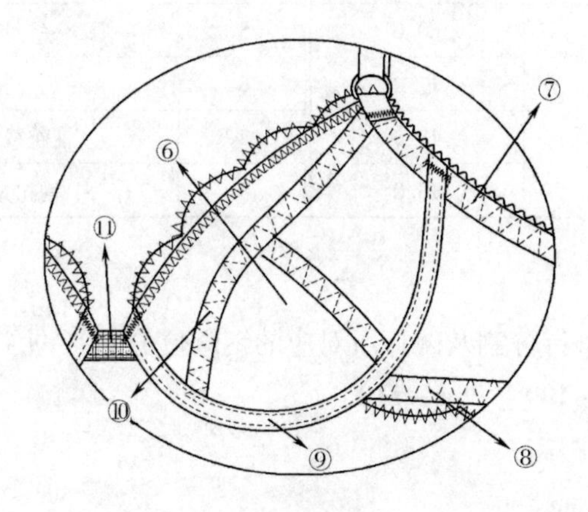

图 4－105

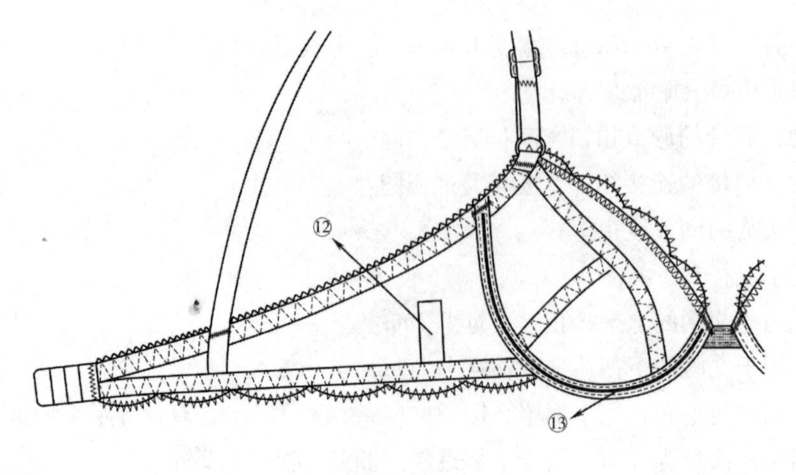

图 4－106

（二）制图

1. 确定制图规格

文胸款式图中标注位置尺寸与规格表一一对应，如图 4－107、表 4－12 所示。

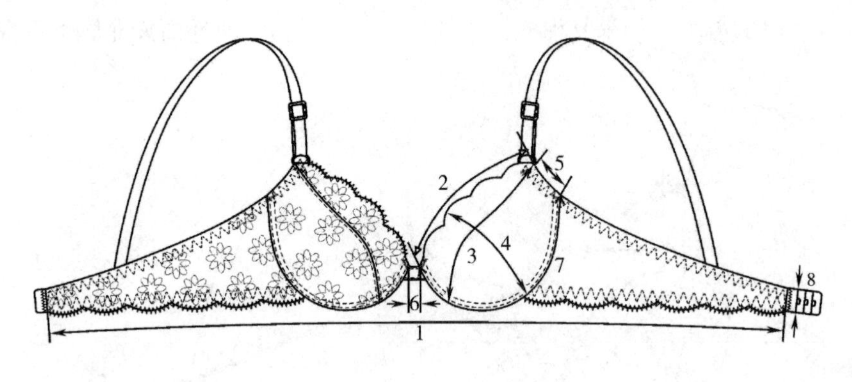

图 4－107

表 4－12　　单位：cm

编号	部位	规格（75B）	编号	部位	规格（75B）
1	下捆	60.0	5	夹弯长	5.0
2	杯边长	17.0	6	鸡心宽	1.0
3	杯骨宽	18.5	7	捆碗线长	19.5
4	杯高	13.0	8	钩扣宽	1.9

2. 罩杯分割

按捆碗线尺寸对碗杯进行分割及碗杯所对应的钢圈位分割（图 4－108）。

3. 钢圈与罩杯（图 4－109、图 4－110）

记录 PB 和 PC 的弧线距离；

$PB=4.3$cm，$PC=4.8$cm。

定位碗杯的钢圈，尺寸表中捆碗线的长度去掉两边钢圈虚位的长度，钢圈的长度为21.4cm。

计算出胸高点至 D 点的距离：$OD=11.2$cm（比例计算）（图4-109）。

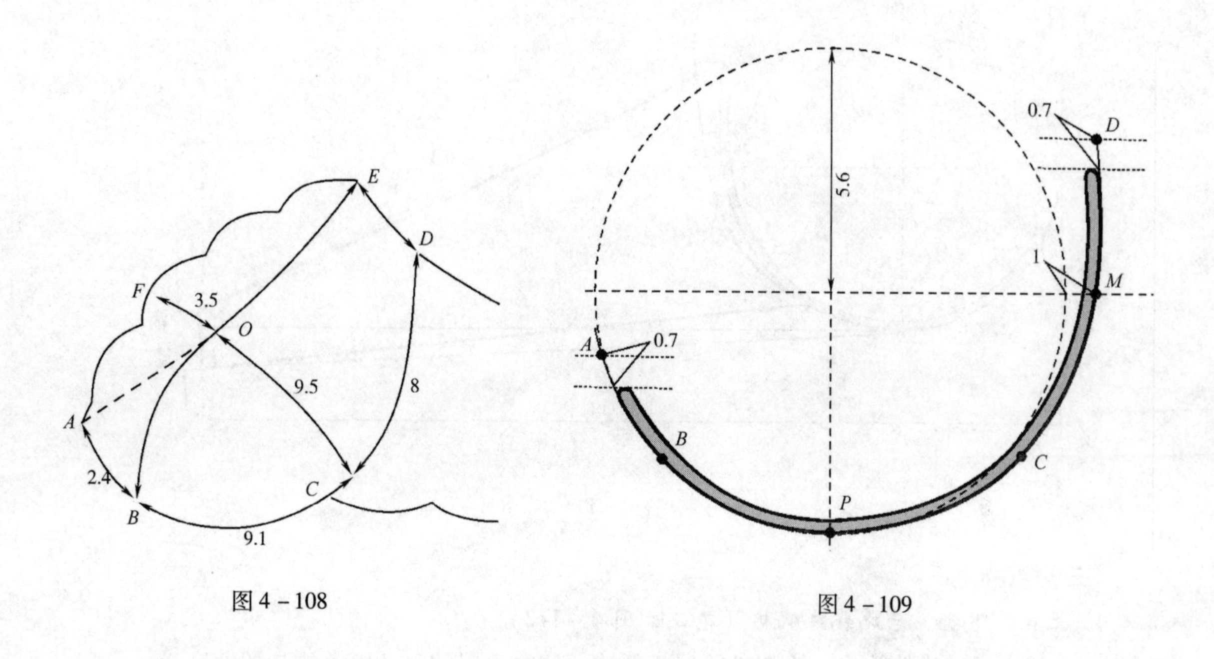

图4-108

图4-109

注意：由于是倒捆碗杯，所以罩杯定位圆半径画9cm（图4-110）。

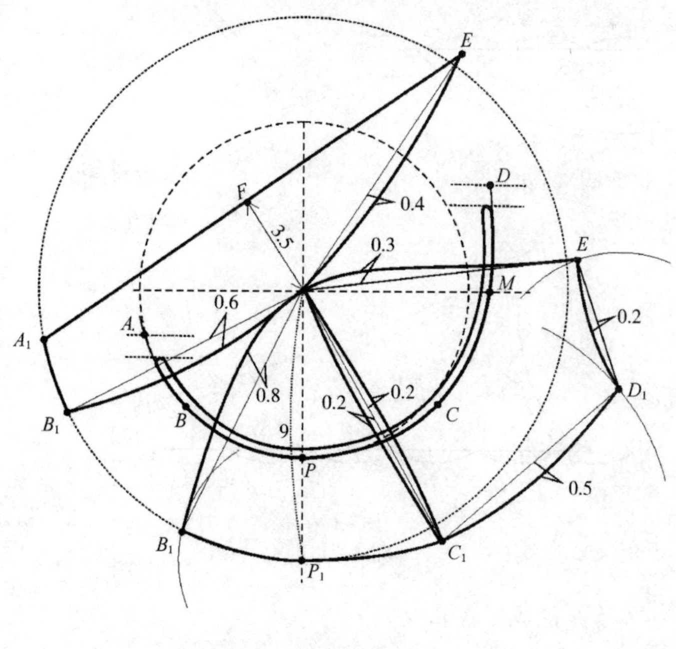

图4-110

4. 下扒后比部（图 4－111）

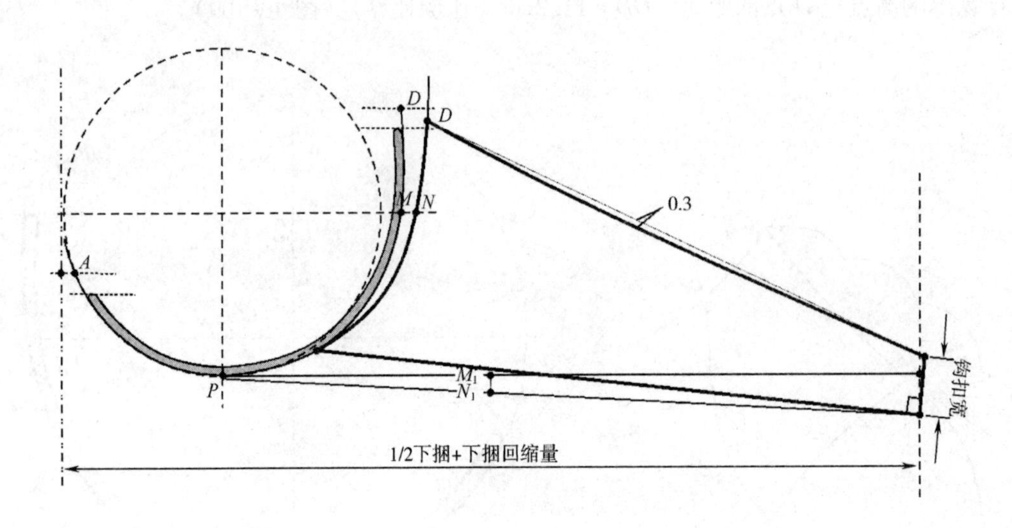

图 4－111

（三）纸样

1. 上托、下托、后比裁片纸样（花边，图 4－112）

对于后比是花边的款式，钩扣必须处于低波，钩扣位置的尺寸等于钩扣的宽度。

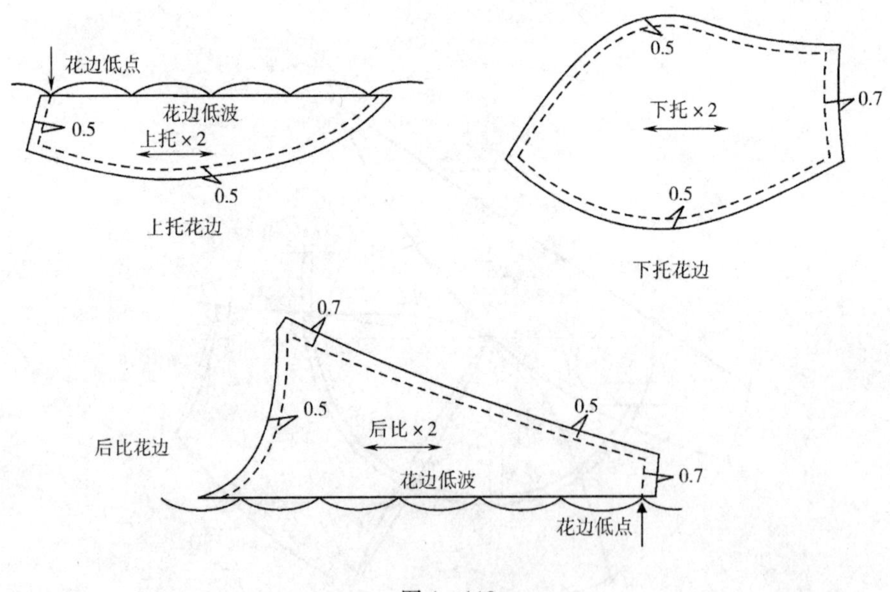

图 4－112

2. 上托、下托心和下托比裁片纸样（棉）

对于倒捆碗杯的棉位，一般无需再加止口（图 4－113）。

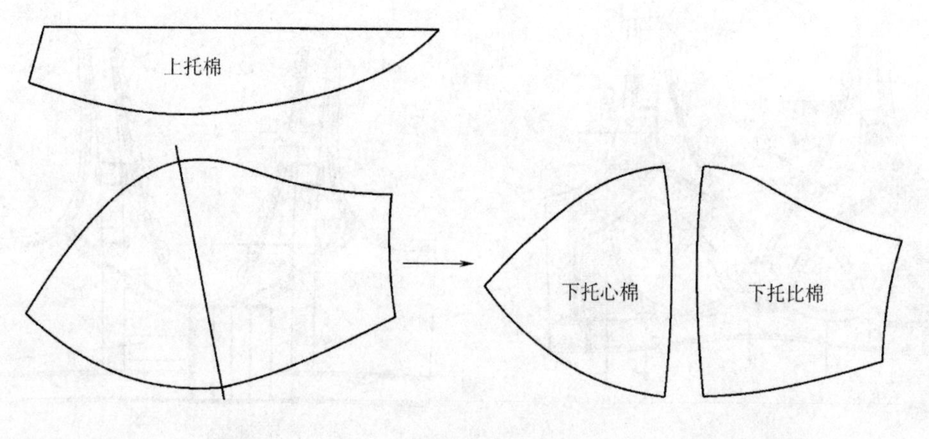

图 4-113

六、全罩杯文胸

（一）材料与使用部位（图 4-114 ~ 图 4-116）

①弹力花边，用于罩杯面布，包括上托和下托。

②双弹布，用于下扒、后比面布。

③钩扣，文胸的调节挂扣。

④包边，用于文胸夹弯位置，宽 1.5cm。

⑤定型纱，用于鸡心里布、侧比里布、耳仔里布（耳仔位通常用光坯或汗布贴定型纱）。

⑥160 克厚网，用于作为后比里布。

⑦复棉，用于罩杯里（上托、下托）。

⑧汗布捆条，捆条宽 2.0cm。

⑨毛捆，捆罩杯钢圈的捆条，捆条宽 3.8cm，用双针缝，针距 4.8mm。

⑩毛捆，面料为毛布，捆侧比胶骨的捆条，捆条宽 2.8cm，用双针缝，针距 6.4mm。

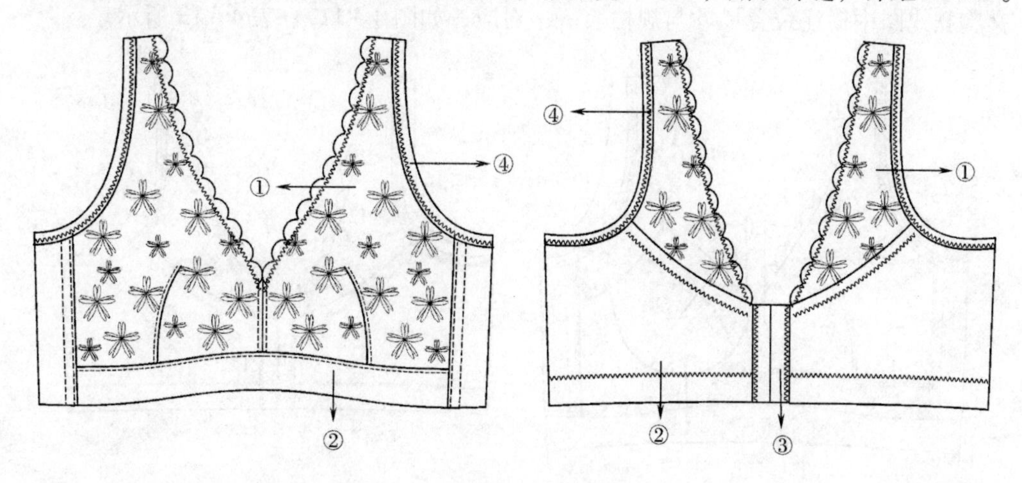

图 4-114

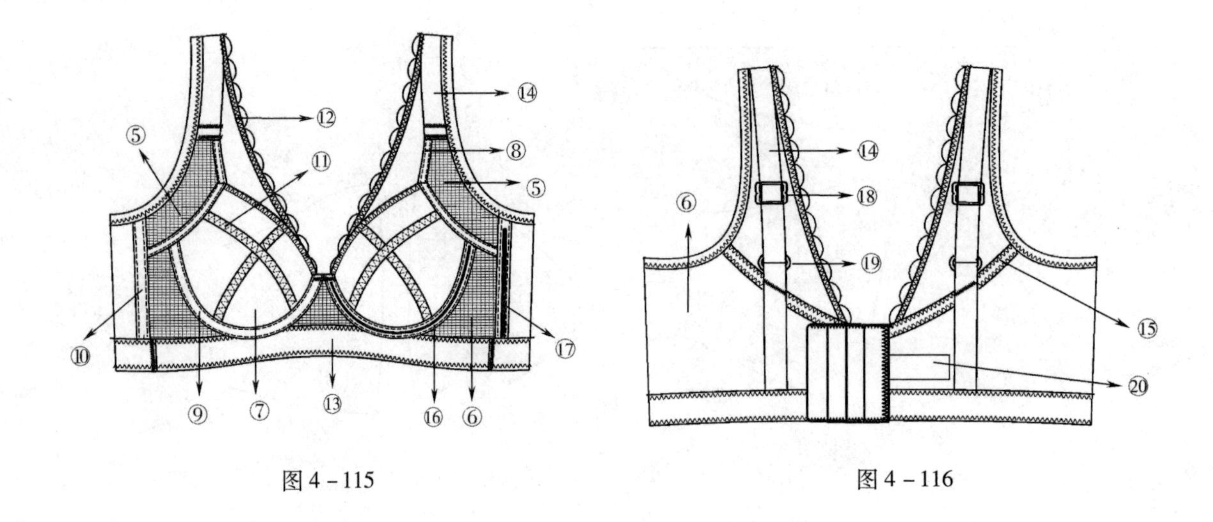

图 4-115　　图 4-116

⑪汗布捆条，捆条宽 2.0cm。

⑫小丈根，用于文胸前幅，缝在花边低波处，宽 0.4cm。

⑬丈根，用于下捆位，宽 2.5cm。

⑭肩带，肩带剪长 35×2cm，宽度 1.8cm。

⑮丈根，用于后比与花边夹缝位，宽 1.2cm。

⑯钢圈，位于捆碗捆条内。

⑰胶骨，用于侧比，长 11.4cm。

⑱ 8 字扣，肩带的调节扣，宽度与肩带相同。

⑲ 0 字扣，肩带的连接扣，宽度与肩带相同。

⑳唛头，尺码洗水唛，置于钩扣位。

（二）制图

1. 确定制图规格

文胸款式图中标注位置尺寸与规格表一一对应，如图 4-117、表 4-13 所示。

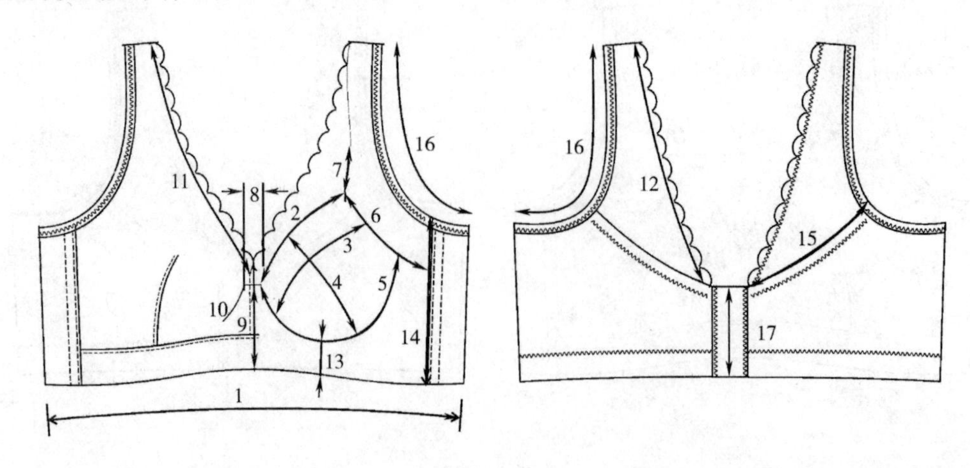

图 4-117

表4－13　　　单位：cm

编号	部位	规格（80C）	编号	部位	规格（80C）
1	下捆	64.0	10	鸡心高（外）	约7.2
2	杯边长	17.3	11	前幅边长	约25
3	夹碗线长	19.0	12	后背花边长	22.7
4	杯高	13.9	13	下扒高	3.2
5	捆碗线长	20.1	14	侧骨长	13.9
6	里夹弯长	9.8	15	后比圈长（一圈）	约45
7	耳仔长	3.8	16	夹弯长	12.9
8	鸡心宽	2.0	17	钩扣宽	7.5
9	鸡心高（内）	6.9			

在工业生产中用尺寸表中的数据控制工艺生产，数值以测量实际纸样为准。

2. 罩杯分割

按尺寸对碗杯进行分割（图4－118）。

由比例计算 *OD* 长度＝11.5cm。

3. 钢圈与罩杯（图4－119）

尺寸表中是捆碗线的长度，去掉两边钢圈虚位长度，钢圈的长度为19.8cm。

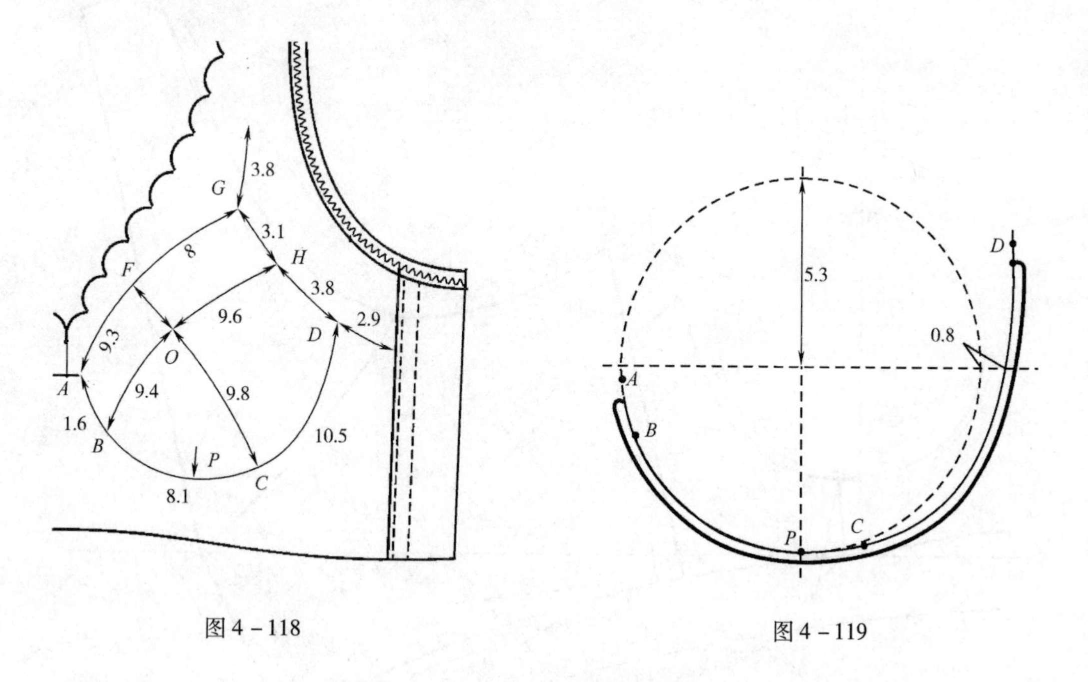

图4－118　　　图4－119

罩杯定位圆半径为9.4cm，罩杯上相对应点与钢圈上相对应的点距离相等（图4－120）。

4. 侧比、鸡心、后比（图4－121）

后背部花边裁片的弧线保持与后比纸样圆顺即可。

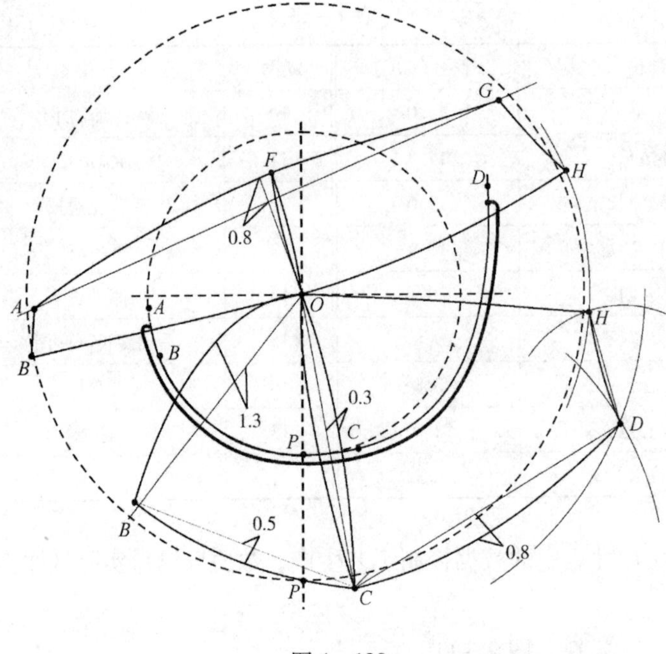
G
F
H
D
0.8
A
A
O
H
B
B
1.3
0.3
C
D
P
B
0.5
0.8
P
C

图 4－120

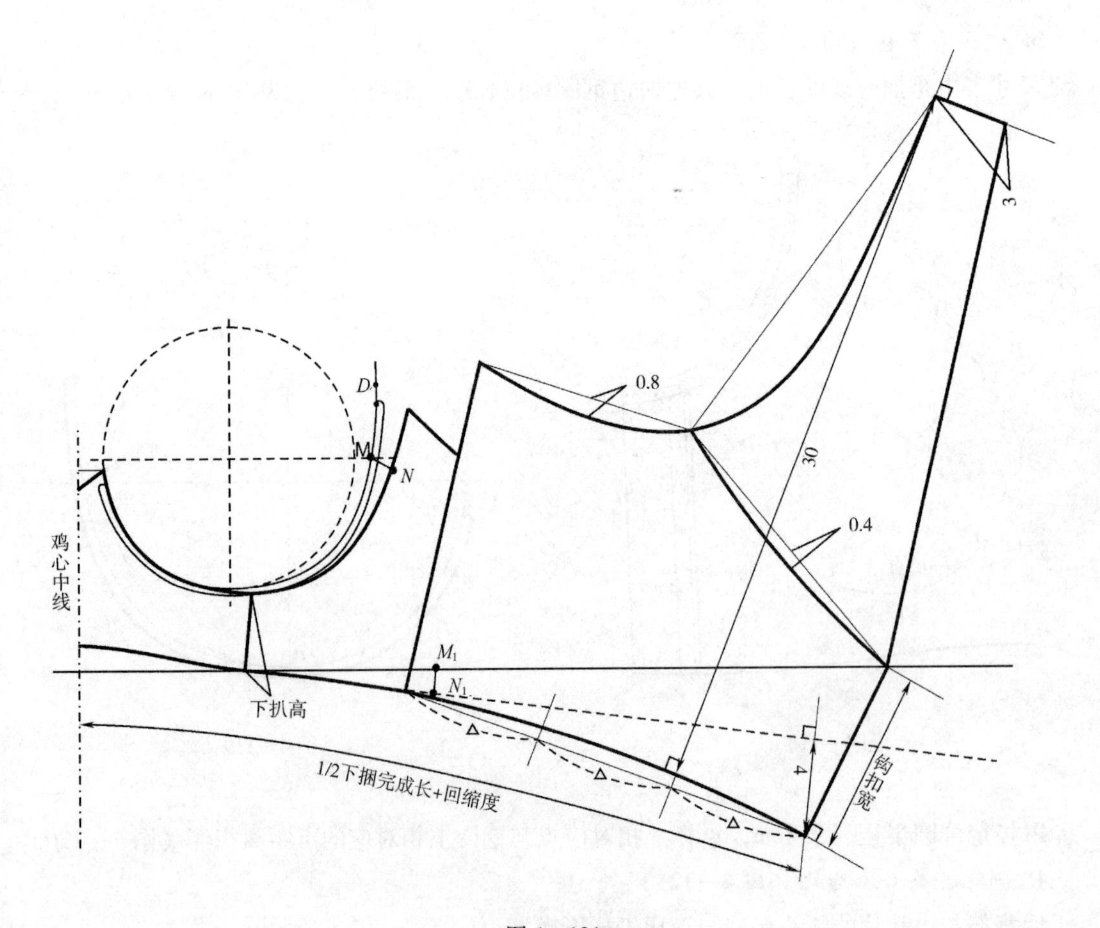
3
D
M
N
0.8
30
0.4
鸡
心
中
线
M_1
N_1
下扒高
4
钩
扣
宽
1/2下捆完成长+回缩度

图 4－121

5. 耳仔

通常文胸固定肩带的位置在钢圈定位圆的圆心点至钢圈偏移量 1/2 处（肩带居中），肩带方向保持水平。将侧比纸样旋转至钢圈位，如图做出耳仔裁片，注意弧线连接圆顺（图 4－122）。

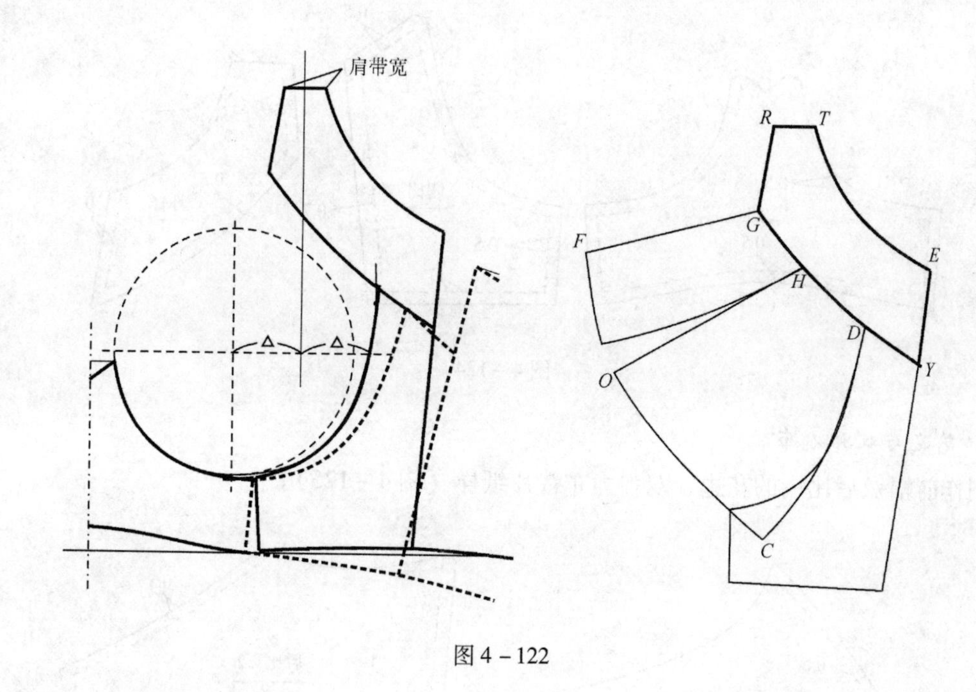

图 4－122

（三）全罩杯文胸纸样

1. 夹棉

制作夹棉的上托与下托裁片纸样（图 4－123）。

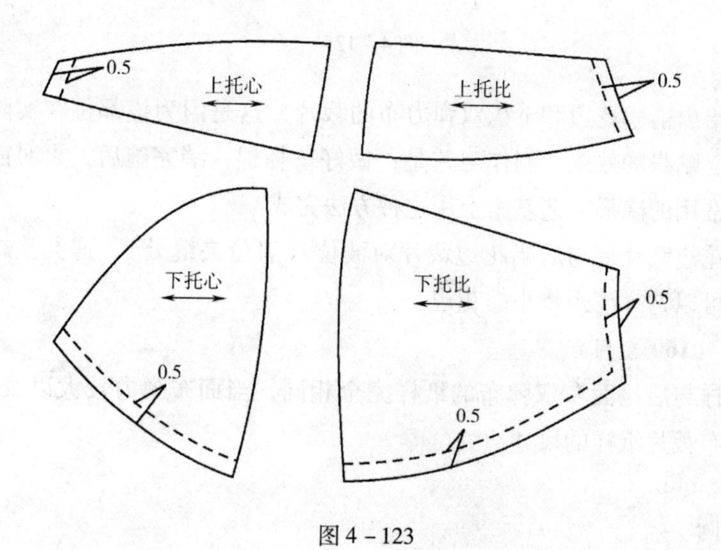

图 4－123

2. 定型纱与汗布

制作鸡心、侧比、耳仔用的定型纱、汗布裁片纸样如图4-124所示。注意耳仔纸样，由于采用包边工艺，所以要预留出0.5cm缝份。

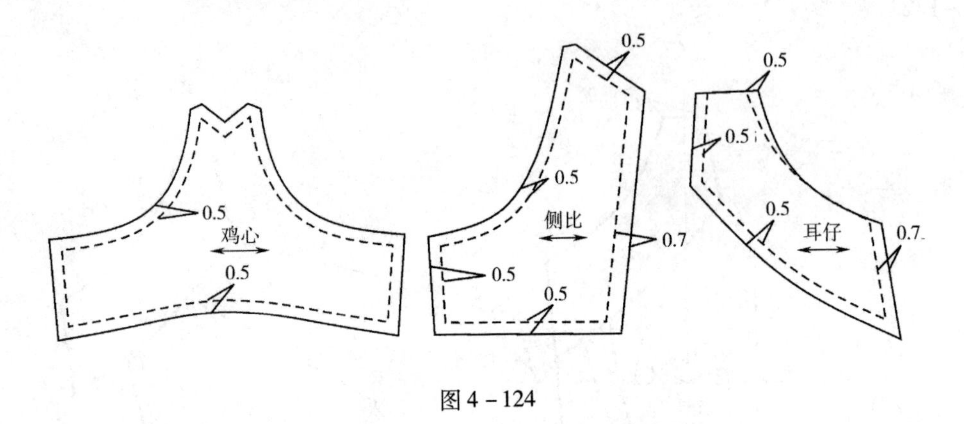

图4-124

3. 花边与双弹力布

制作前幅及后比用的花边、双弹力布裁片纸样（图4-125）。

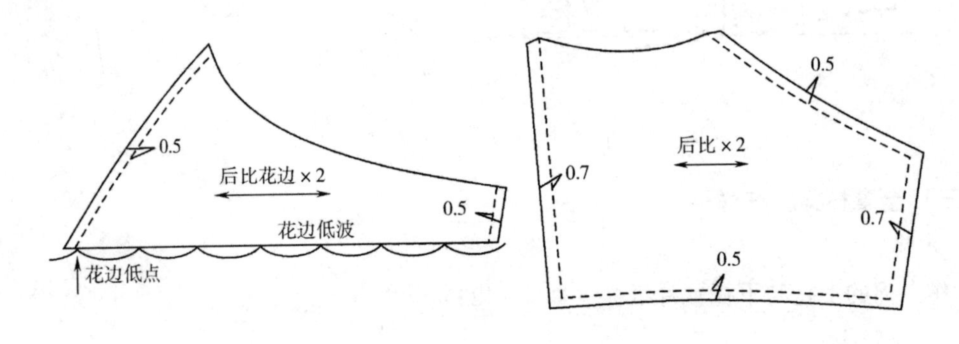

图4-125

在这里没有给出前幅花边和下扒双弹力布的裁片，这是因为该部位在实际操作中用立体裁剪以达到平服、贴身的效果。制作工艺是：做好罩杯棉，绱完碗后，再对前幅花边进行剪裁。工业生产中常用的隐形工艺基本上用这种方法完成。

要注意前幅花边裁片要与后幅花边裁片对波位（肩位夹缝处），这类款式为了避免花边对波浪费材料，可以选择波距较小的花边。

4. 后比里布（160克网）

后比里布纸样与后比面布双弹布的纸样完全相同，当面布弹力较大以及较软的情况下，可以相应减小面布裁片纸样的尺寸。

七、无钢圈文胸

（一）物料构成（图4-126、图4-127）

①双面无弹经编贴布，双面无弹经编贴汗布，用于罩杯、下扒和鸡心位。

②闪光拉架，用于后比。

③8 字扣，肩带的调节扣，宽度与肩带相同。

④0 字扣，肩带的连接扣，宽度与肩带相同。

⑤肩带，宽度 1.5cm，肩带剪长 50×2cm。

⑥钩扣，文胸的调节挂扣，宽 5.5cm。

⑦丈根，用于上捆、前幅边（杯边），宽 1.2cm。

⑧丈根，用于下捆，宽 1.5cm。

⑨汗布捆条，用于夹碗线骨位、下托骨位、鸡心中位、上碗位和下扒位，捆条宽 2.0cm，采用双针，针距 3.2mm。

⑩毛捆，捆侧比的捆条，捆条宽 2.0cm，采用双针，针距 4.8mm。

⑪唛头，尺码洗水唛，置于钩扣位。

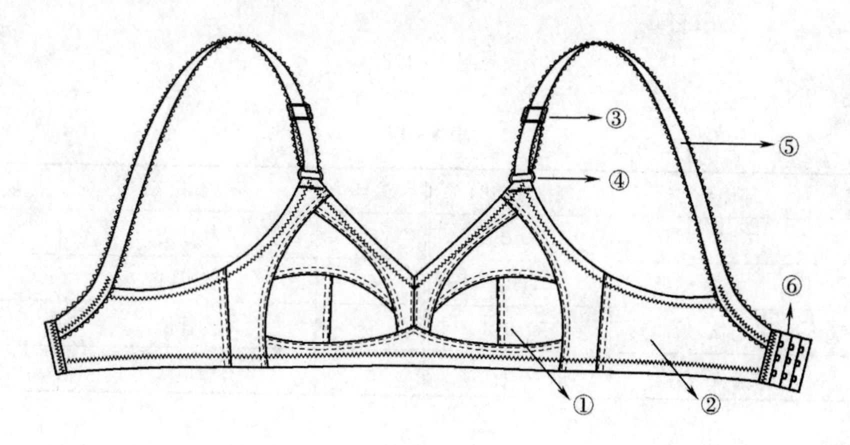

图 4-126

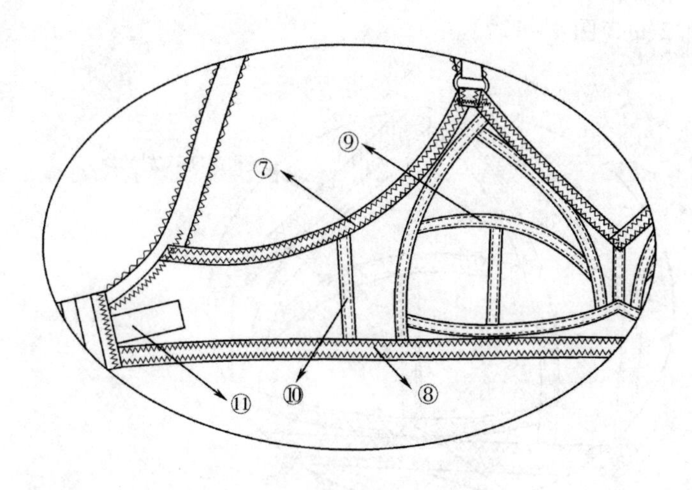

图 4-127

(二) 制图

1. 确定制图规格

文胸款式图中标注位置尺寸与规格表一一对应，如图4－128、表4－14所示。

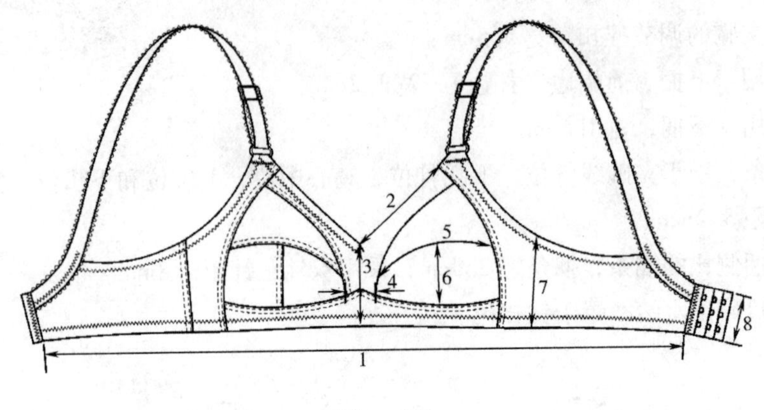

图4－128

表4－14

单位：cm

编号	部位	规格（75B）	编号	部位	规格（75B）
1	下捆	60.0	5	杯骨宽	17.0
2	杯边长	11.5	6	下杯骨高	8.0
3	鸡心高	7.0	7	侧骨长	9.5
4	鸡心宽	2.0	8	钩扣宽	5.5

下捆线和碗杯重心线交点向上2cm，这个位置是下扒的高度，它是以丈根的宽度再加上相应的捆条容位得来的。此款中下捆丈根未压住捆条，这个高度就是丈根宽度加双针针距再加0.2cm容位，即2cm（图4－129）。

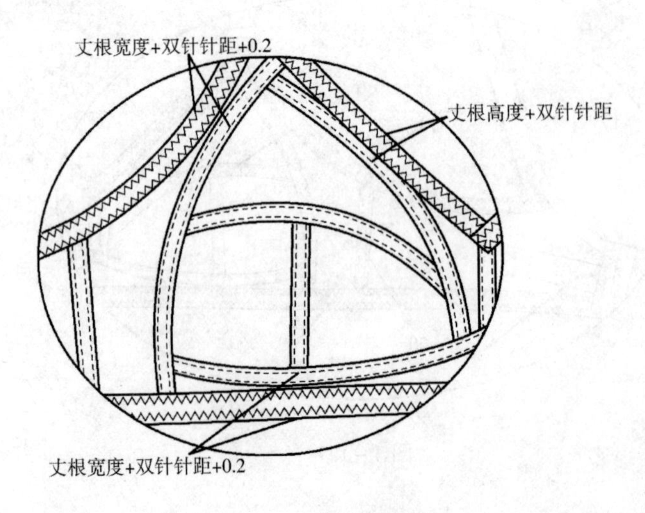

图4－129

2. 鸡心、下扒、后比制图（图 4-130）

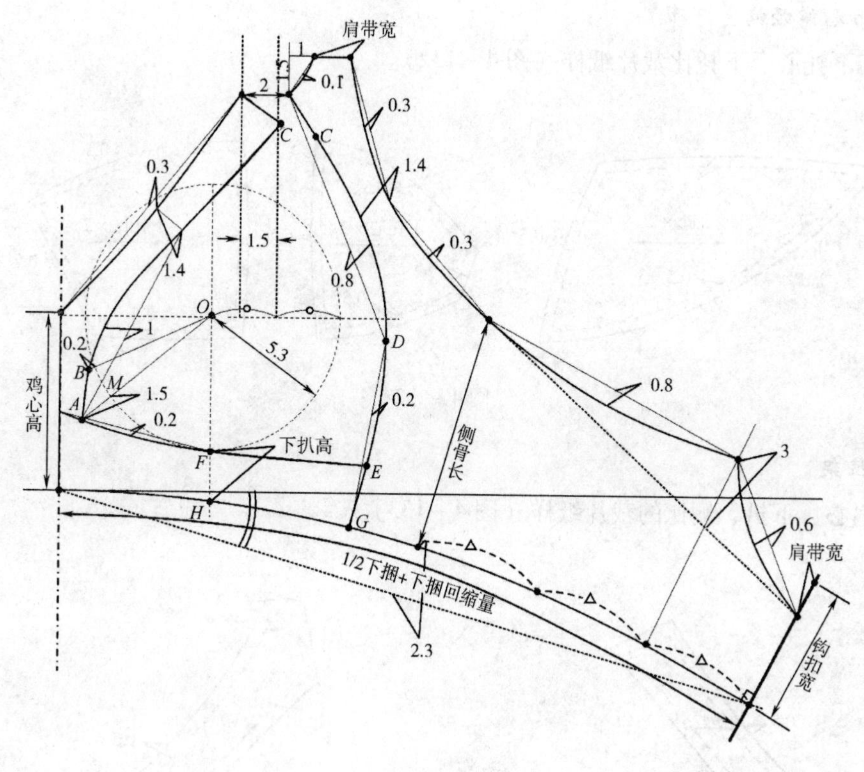

图 4-130

3. 罩杯制图（图 4-131）

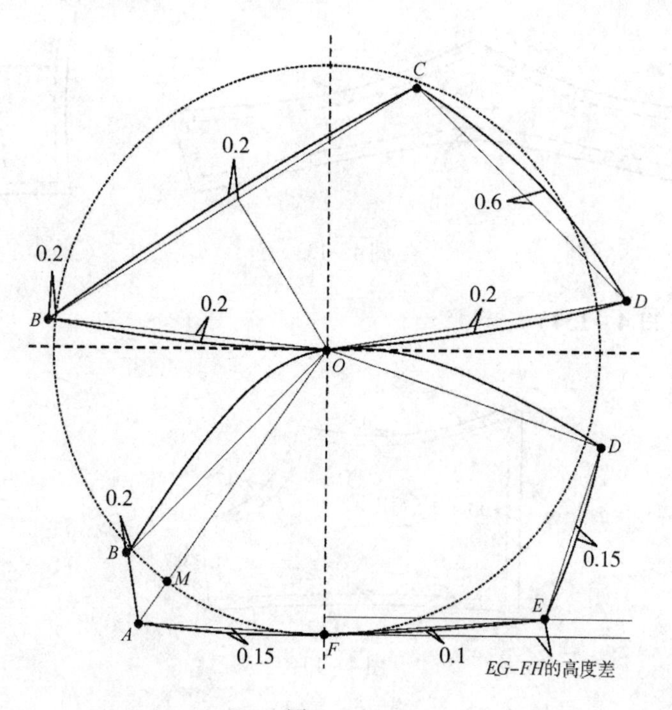

图 4-131

（三）全罩杯文胸纸样

1. 双面无弹经编复汗布

上托、下托心、下托比裁片纸样（图 4－132）。

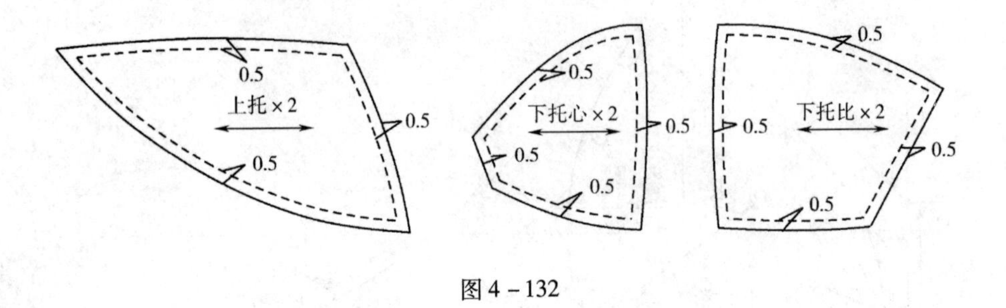

图 4－132

2. 棉拉架

制作鸡心、下扒、侧比的裁片纸样（图 4－133）。

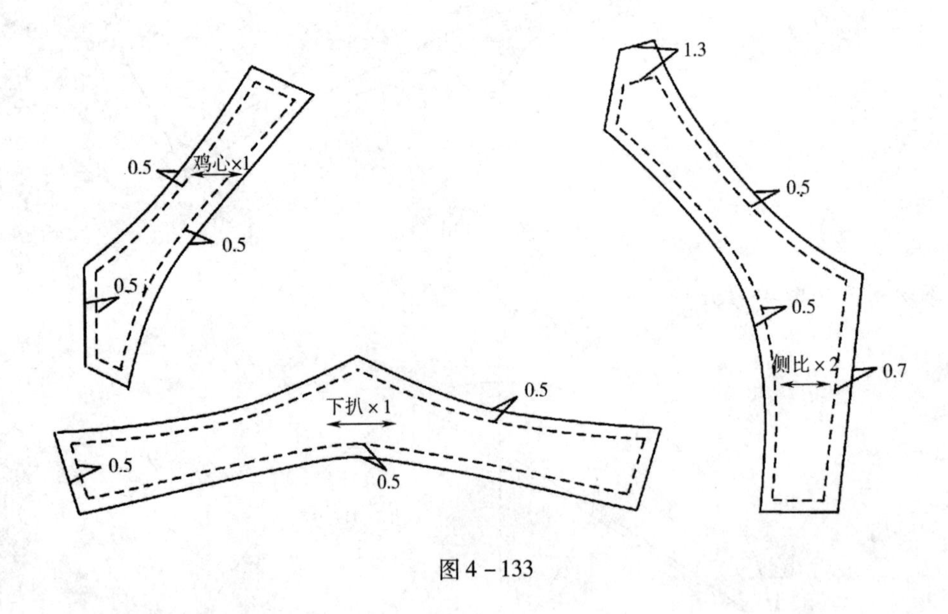

图 4－133

3. 闪光拉架（图 4－134）

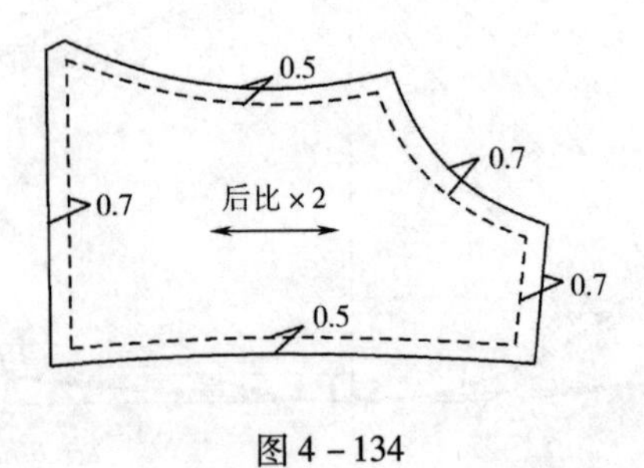

图 4－134

第三节　美体束身类

一、短束裤（A）

（一）材料与使用部位（图4－135）

①双弹布，作为面布用于前中片、前侧片、后幅片、裆。

②弹力网眼，用于前中里贴（车花盘位置）。

③弹力花边，用于前侧片脚口，宽15cm。

④汗布，作为裆底里布。

⑤花仔，用于前中装饰。

⑥丈根，用于裆底、前脚口和后中襟骨位，宽1cm。

⑦丈根，用于腰头，宽2cm。

⑧唛头，置于后幅中位。

（二）制图

1. 确定制图规格

短束裤款式图中标注位置尺寸与规格表一一对应，如图4－136，表4－15所示。

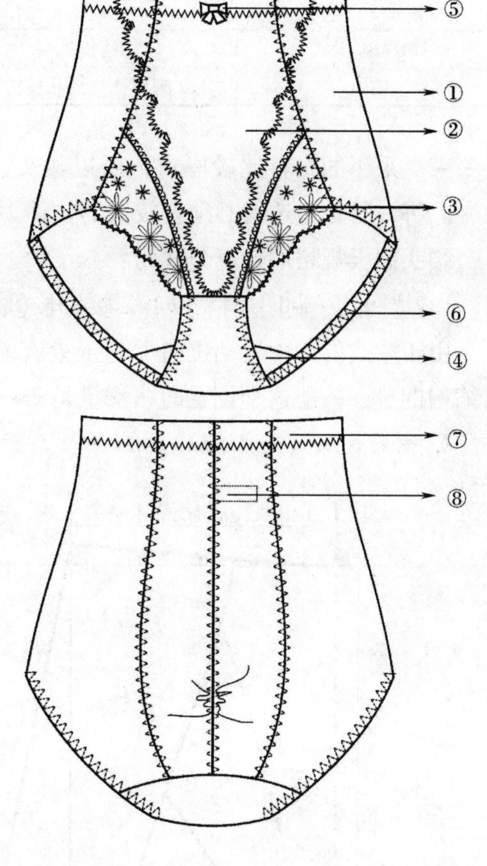

图4－135

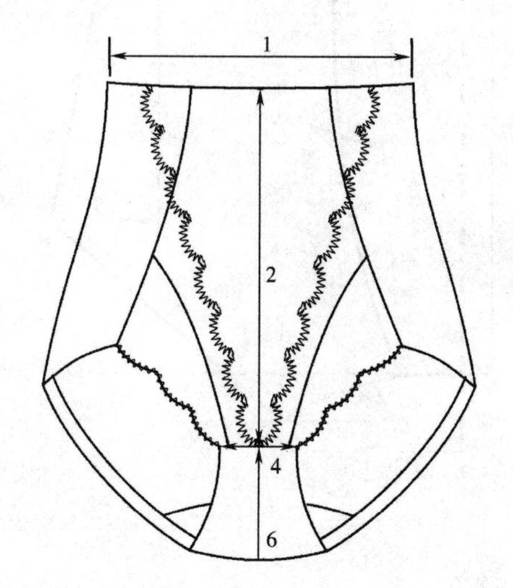

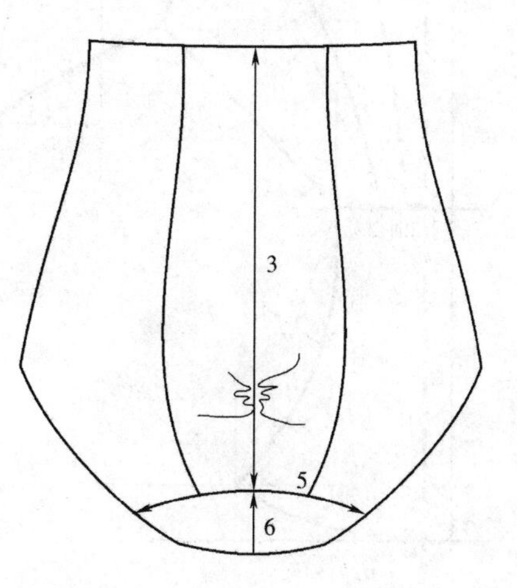

图4－136

表 4－15　　　　单位：cm

编号	部位	规格（M）	缩率
1	1/2 腰头长（成品规格）	25.0	98%
2	前中长	24.0	
3	后中长	25.0	
4	前裆宽	7.0	
5	后裆宽	15.0	
6	裆长	12.5	
7	1/2 脚口长（成品规格）	由制图完成后测量计算	98%

束裤采用的材料比较厚重，所以腰头、脚口缩率不会太大，正常情况下缩率为 95% ~ 98%。脚口的花边选料必须有较大的拉伸力，以确保腰头及脚口穿着的舒适性。

腰头制板规格的计算公式为：

1/2 腰头长(制图规格) =1/2 腰头长(成品规格) ÷缩率，即 25 ÷0.98 =25.5cm。

由于款式的后中近裆位向上 3cm 处有缩褶，所以后中的制图规格要在尺寸表的基础上加出缩褶的量。一般这个位置的缩褶量是 2 ~3cm。

2. 制图说明（图 4－137）

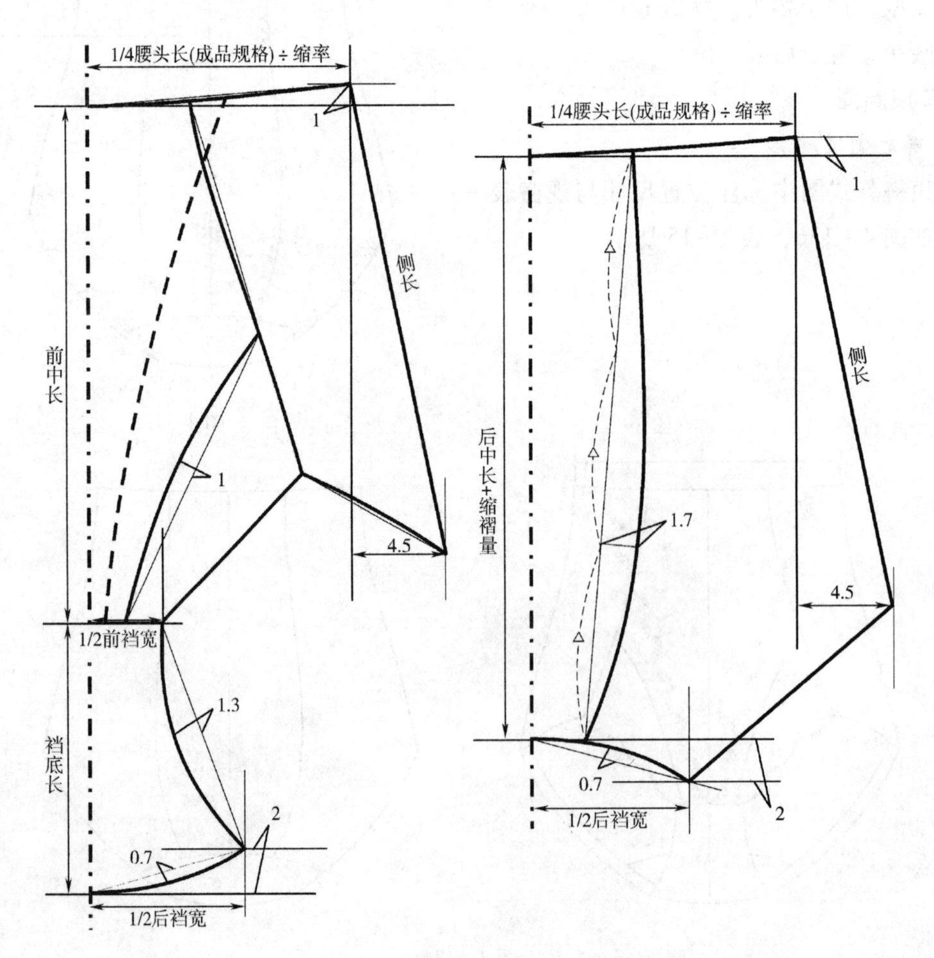

图 4－137

该款短束裤侧长在尺寸规格中没有要求的情况可参照款式图自行设计，款式图中可以看出侧长比前中长短，前中长在尺寸表中的规格要求是24cm，那么侧长短一些，可以设计为22cm。束裤前幅的分割线也要参照款式图中的比例进行制图，将弧线调圆顺即可。

3. 裁片修改

修改后幅臀位（图4－138）。

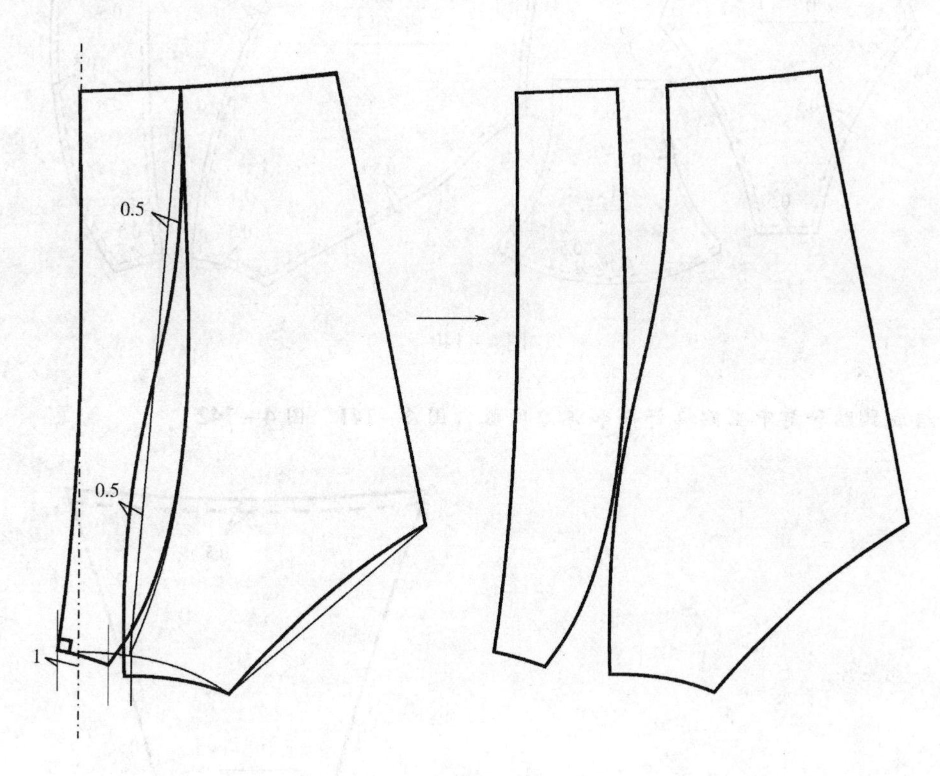

图4－138

4. 按成品规格修正曲线

调整裆底弧线尺寸，并检查裆底、侧位及腰头纸样拼合处弧线是否圆顺，尺寸是否相等。

5. 测量及计算脚口长度

脚口长度（制板规格）＝前幅脚口花边长度＋裆底脚口长度×缩率＋后幅脚口长度×缩率；即9.7＋11.6×0.98＋20.6×0.98＝41.2，将1/2脚口长（成品规格），即20.6cm填入规格表。

（三）纸样

1. 花边纸样

用于制作脚口花边裁片的纸样（图4－139）。

2. 双弹布纸样（图4－140）

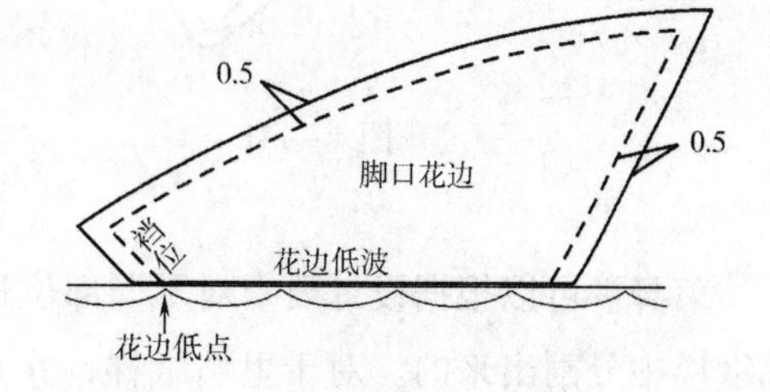

图4－139

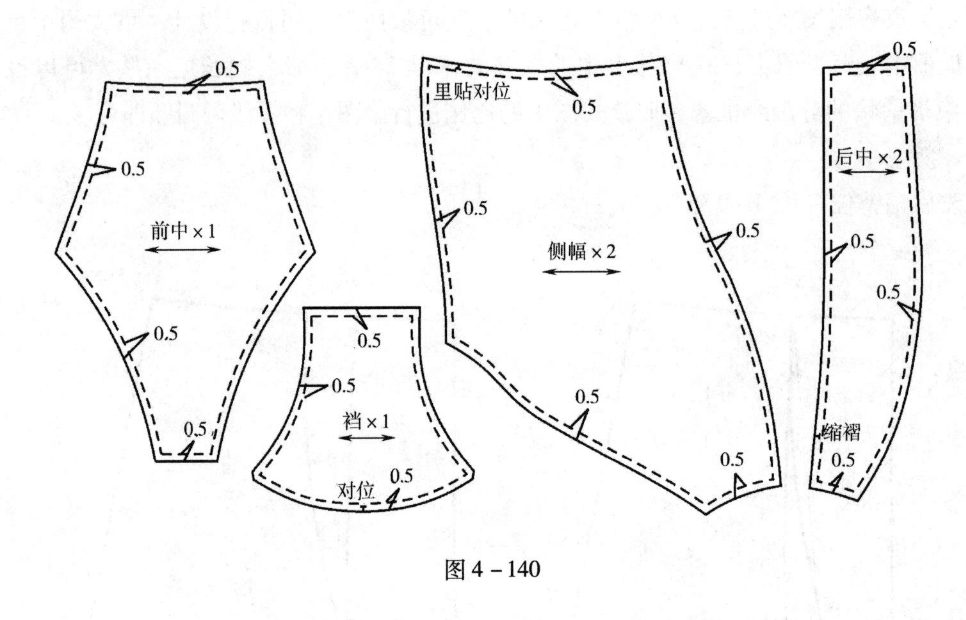

图 4－140

3. 裆底里贴和前中里贴（汗布和弹力网眼，图 4－141、图 4－142）

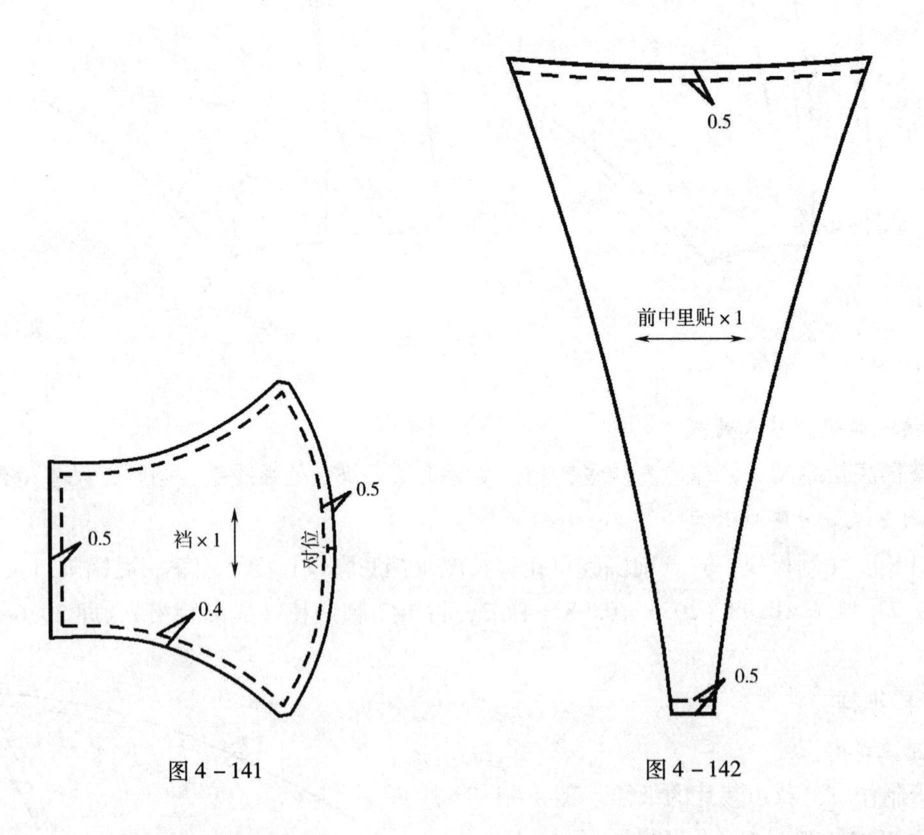

图 4－141 图 4－142

束身裤可以根据设计要求对不同部位进行分割。前中片的纸样、脚口花边纸样都是在前幅纸样中分割出来的。对于里贴纸样，止口有拨开，或者内折（裤的腰头，脚口位），相应的里贴会比面布小一些，以防翻折后止口外露于面布或丈根。

二、短束裤（B）

（一）材料与使用部位（图4-143）

①拉架，用于前幅、后幅和裆。

②花边，前中位装饰花边，规格15cm，也可选用单向的刺绣花边。

③双面无弹经编，用于前中里贴（车花盘位置）。

④汗布，用于裆底里布。

⑤弹力网眼，用于前幅里贴、后幅臀贴和后中腰贴。

⑥丈根，用于脚口，宽1.2cm。

⑦丈根，用于腰头，宽2cm。

⑧丈根，用于后中位，平芽，宽1cm。

⑨唛头，置于后幅中位。

⑩花仔，用于前中装饰。

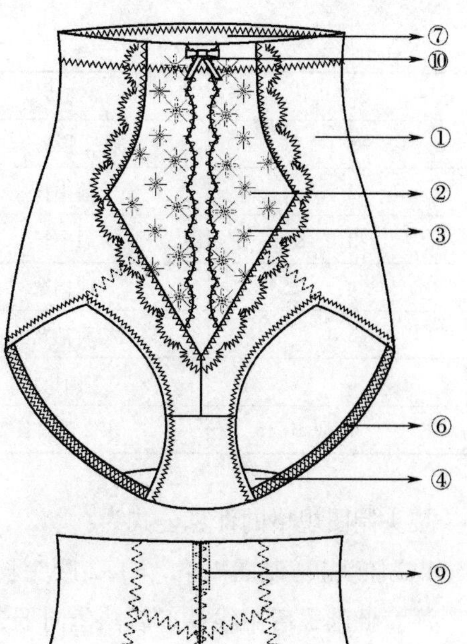

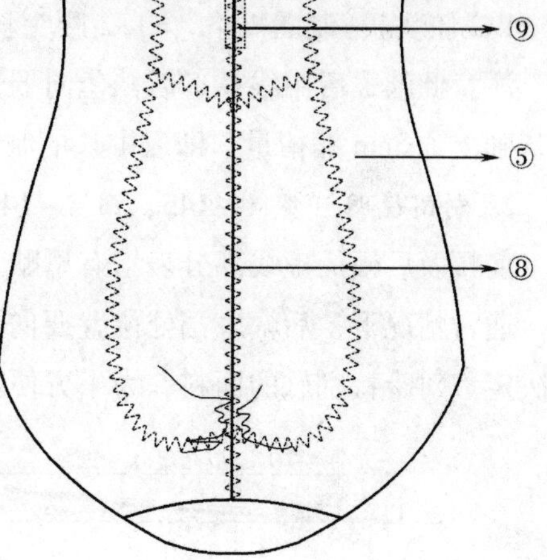

图4-143

（二）制图

1. 确定制图规格

短束裤款式图中标注位置尺寸与规格表一一对应，如图4-144、表4-16所示。

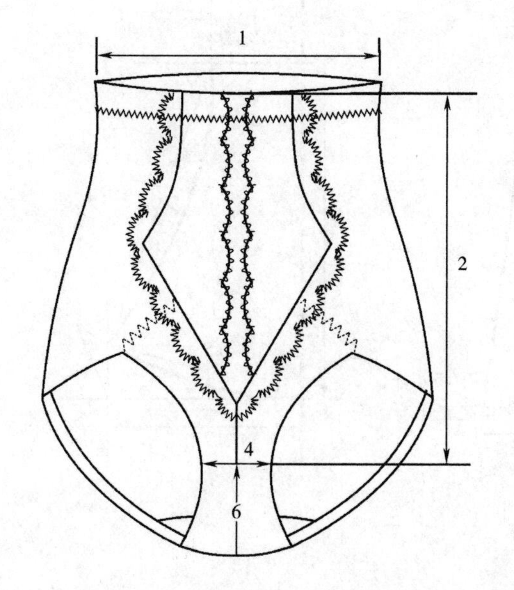

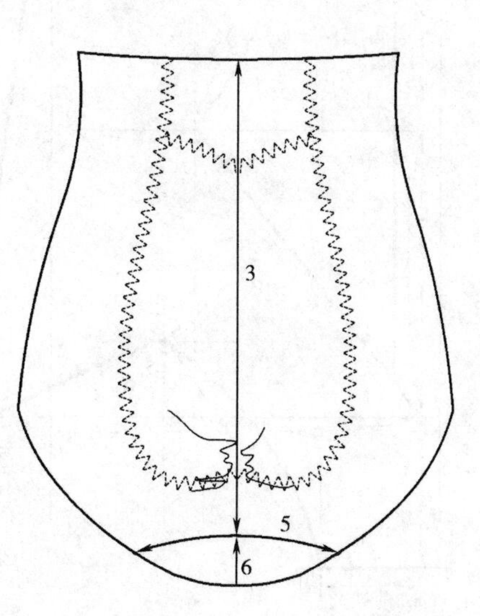

图4-144

表 4－16　　　单位：cm

编号	部位	规格（M）	缩率
1	1/2 腰头长	25.0	98%
2	前中长	24.0	
3	后中长	25.0	
4	前裆宽	7.0	
5	后裆宽	15.0	
6	裆长	12.5	
7	1/2 脚口长	由制板完成后测量计算	98%

腰头制图规格的计算公式为：

1/2 腰头长（制图规格）＝1/2 腰头长（成品规格）÷缩率，即 25÷0.98＝25.5cm。

注意此款式后中线靠近后裆位向上 3cm 处有缩褶，所以后中线长的制图规格要在尺寸表的基础上加 3cm 缩褶量，即后中长的制图规格是 28cm。

2. 制图说明（图 4－145、图 4－146）

前幅及后幅的虚线部分表示有里贴。

通常情况下，后幅底裆处位置要向左平移 1cm。这个位置的偏移量由面料的弹度和强度来决定。对于特别软的面料，为了方便裁剪，这个位置可作直线处理。

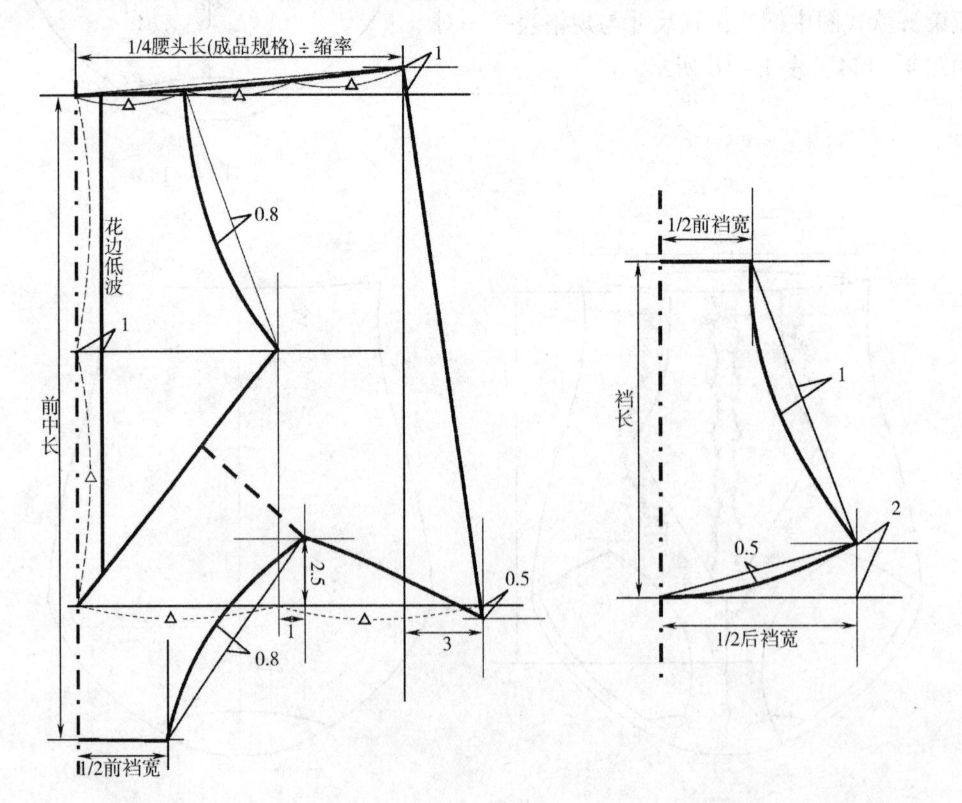

图 4－145

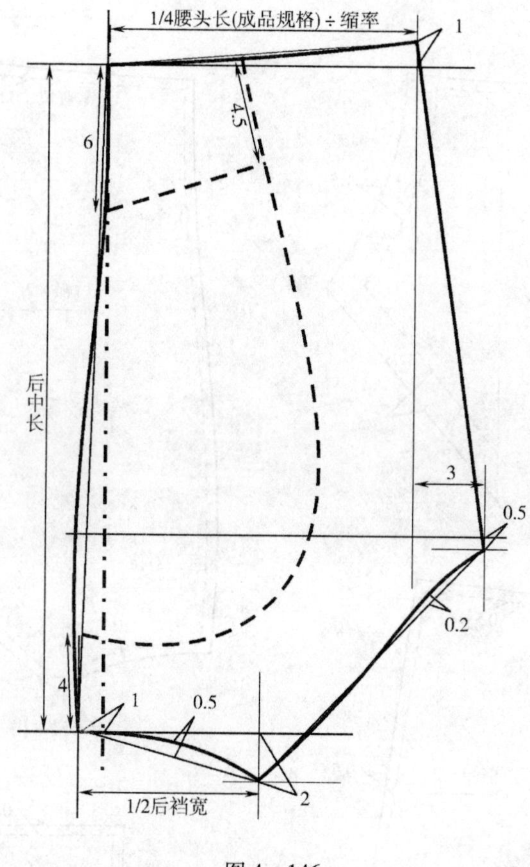

图4－146

在面料特别轻薄的情况下，后中裆底处可以没有偏移量，后幅不加里贴属于束身产品中的轻型束裤类别。

3. 按成品要求修正曲线

按成品要求修正裆底弧线尺寸，并检查裆底、侧骨位及腰头纸样拼合处弧线是否圆顺，尺寸是否相等。

4. 测量及计算脚口长度

此款脚口弧线测量值是41.9cm。1/2 脚口完成长＝41.9×0.98÷2，即20.5cm，将脚口长度填入规格表。

（三）短束裤（B）纸样

1. 花边纸样（图4－147）

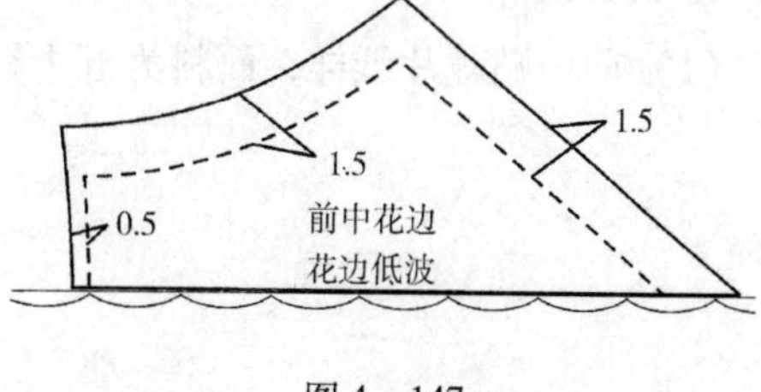

图4－147

2. 前中、后幅、前侧片、裆（图 4－148）

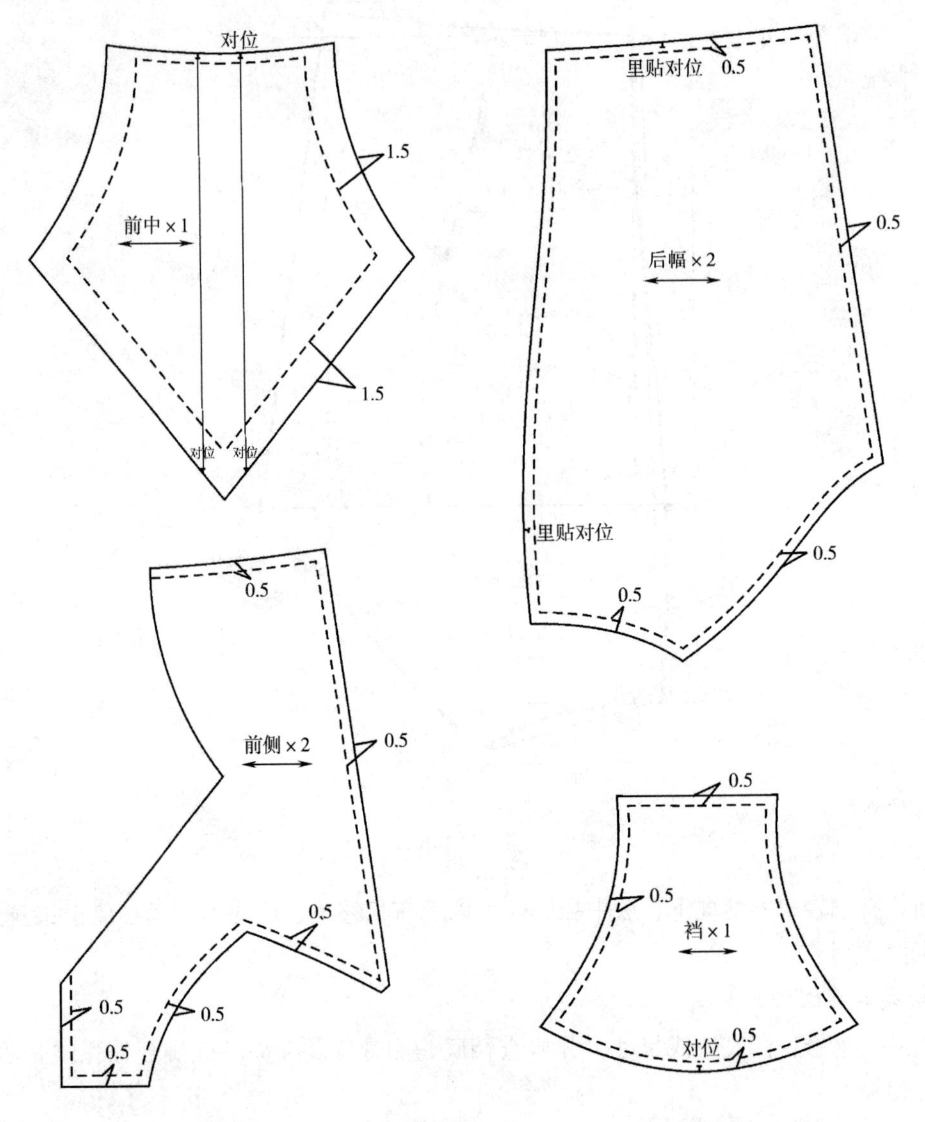

图 4－148

3. 汗布纸样

裆底里贴汗布裁片纸样（图 4－149）。

4. 里贴纸样

（1）前中贴裁片纸样，面料为五十针，如图 4－150 所示。

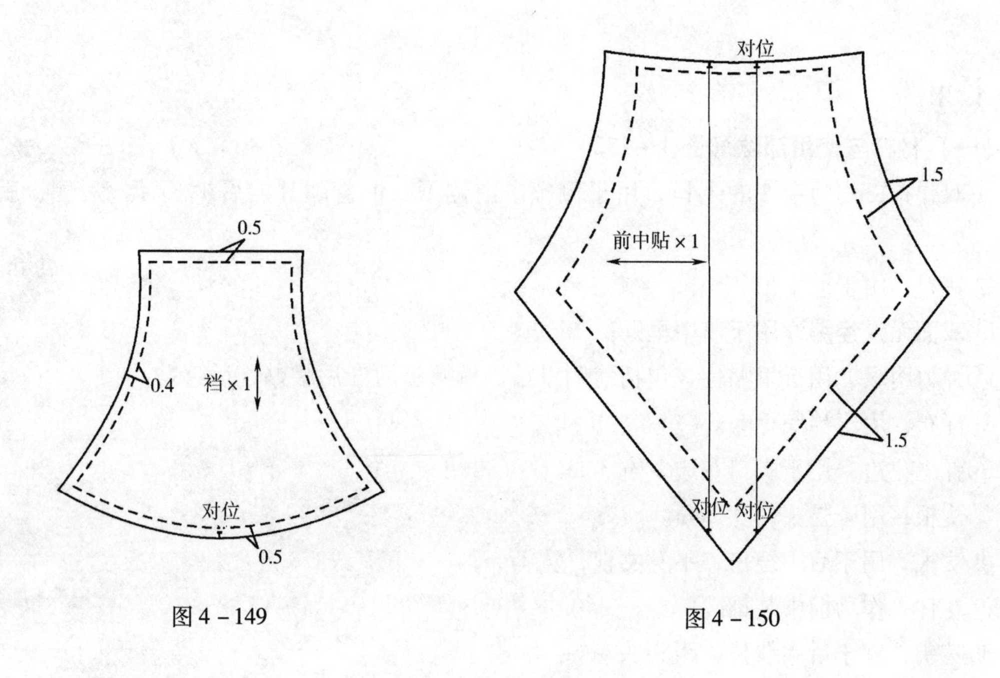

图 4－149　　　　图 4－150

（2）前侧贴、腰贴、后侧贴纸样，面料为弹力网眼布，如图 4－151 所示。

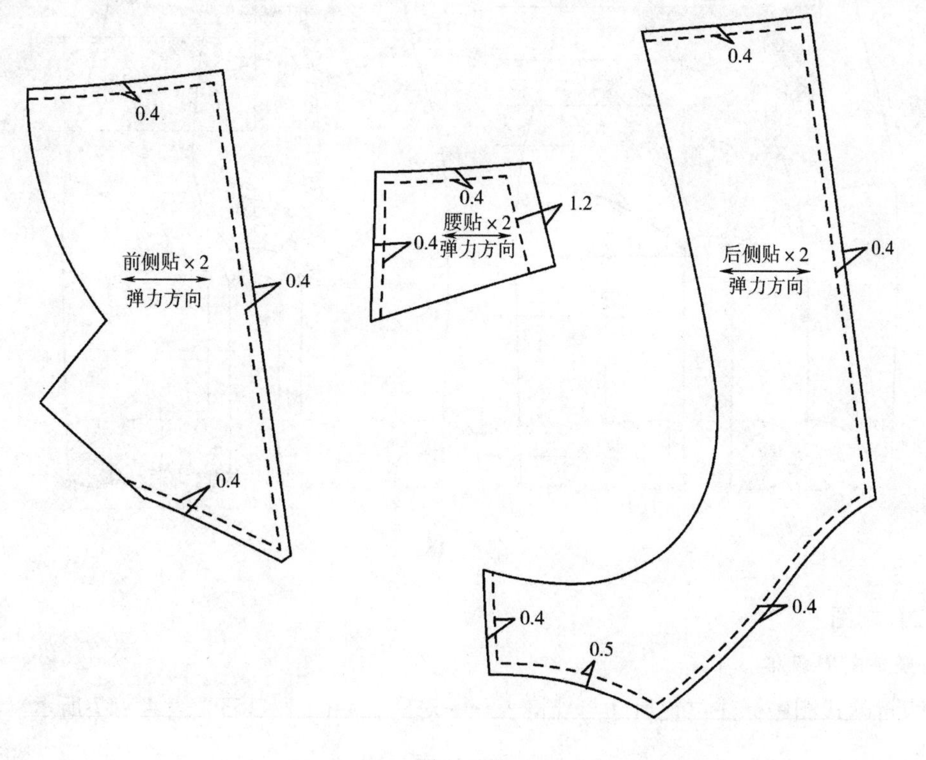

图 4－151

里贴布纸样的缝份比面布纸样的缝份小 1mm，通常是在要开骨或者需折边的位置，以免里贴布外露。里贴位的对位剪口是在纸样上按延长线定位，和前中花边的对位剪口类似。

三、长束裤

（一）材料与使用部位（图4－152）

①双弹布，作为束裤的主料，用于侧幅、前侧下、前裤腿片、后裤腿片、后侧、后中、裆底。

②花料，用于前中位。

③双面无弹经编，用于前中里贴。

④弹力网眼，用于里贴位，包括前侧里贴、后幅里贴（后腰贴、后臀贴）。

⑤汗布，用于裆底里布。

⑥弹力花边，用于脚口花边，宽3cm。

⑦丈根，用于腰头，宽2cm。

⑧丈根，用于后中缝份，平芽丈根，宽1cm。

⑨花仔，作为前中装饰。

⑩唛头，置于后中线位，距腰头4cm。

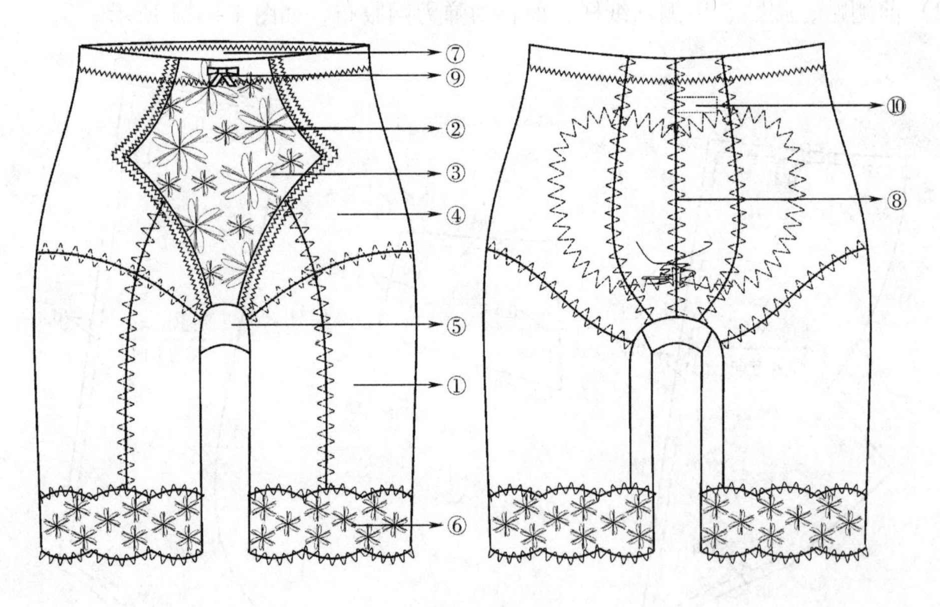

图4－152

（二）制图

1. 确定制图规格

长束裤款式图中标注位置尺寸与规格表一一对应，如图4－153、表4－17所示。

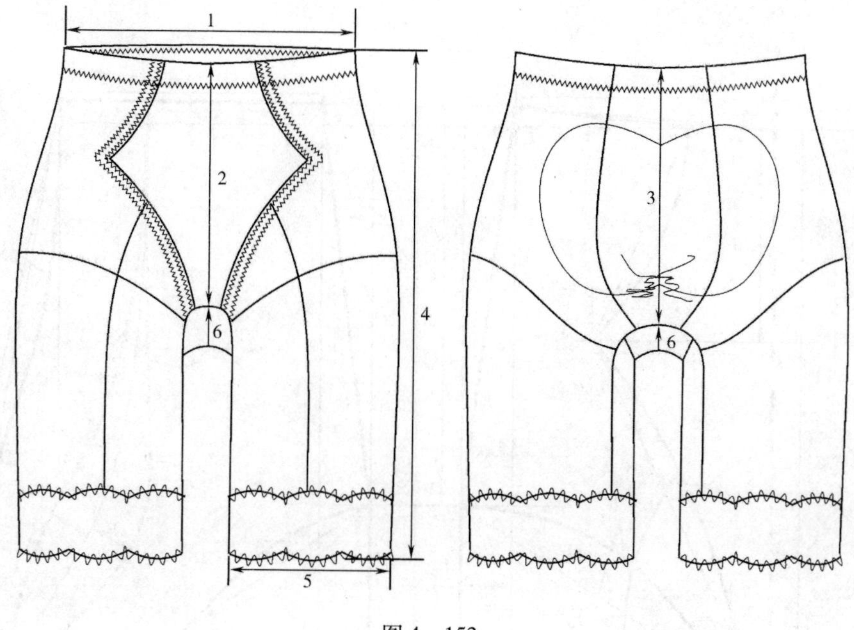

图 4－153

表 4－17

单位：cm

编号	部位	规格（M）	缩率
1	1/2 腰头长	25.0	98%
2	前中长	25.0	
3	后中长	25.0	
4	侧长	41.0	
5	1/2 脚口长	19.0	
6	裆长	12.0	

腰头制图规格的计算公式为：

1/2 腰头长（制图规格）＝1/2 腰头长（成品规格）÷缩率，即 25÷0.98＝25.5cm。

注意此款后中线靠近后裆位向上 3cm 处有缩褶，所以后中线长的制图规格要在尺寸表的基础上加 2cm 缩褶量，即后中长的制图规格是 27cm。

2. 制图说明（图 4－154、图 4－155）

前幅裆长要与图 4－154 中裆长的弧线长度吻合。

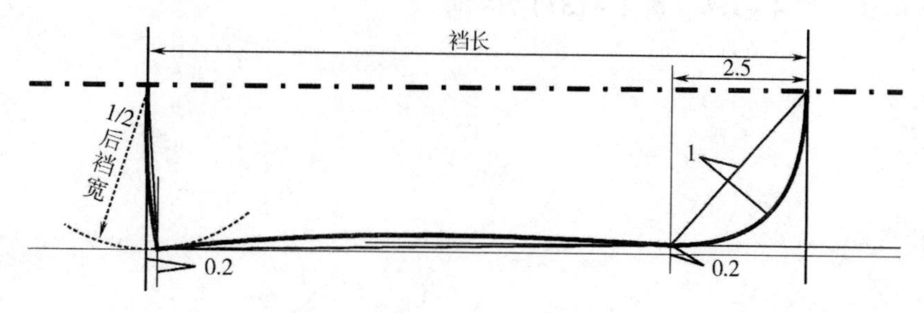

图 4－154

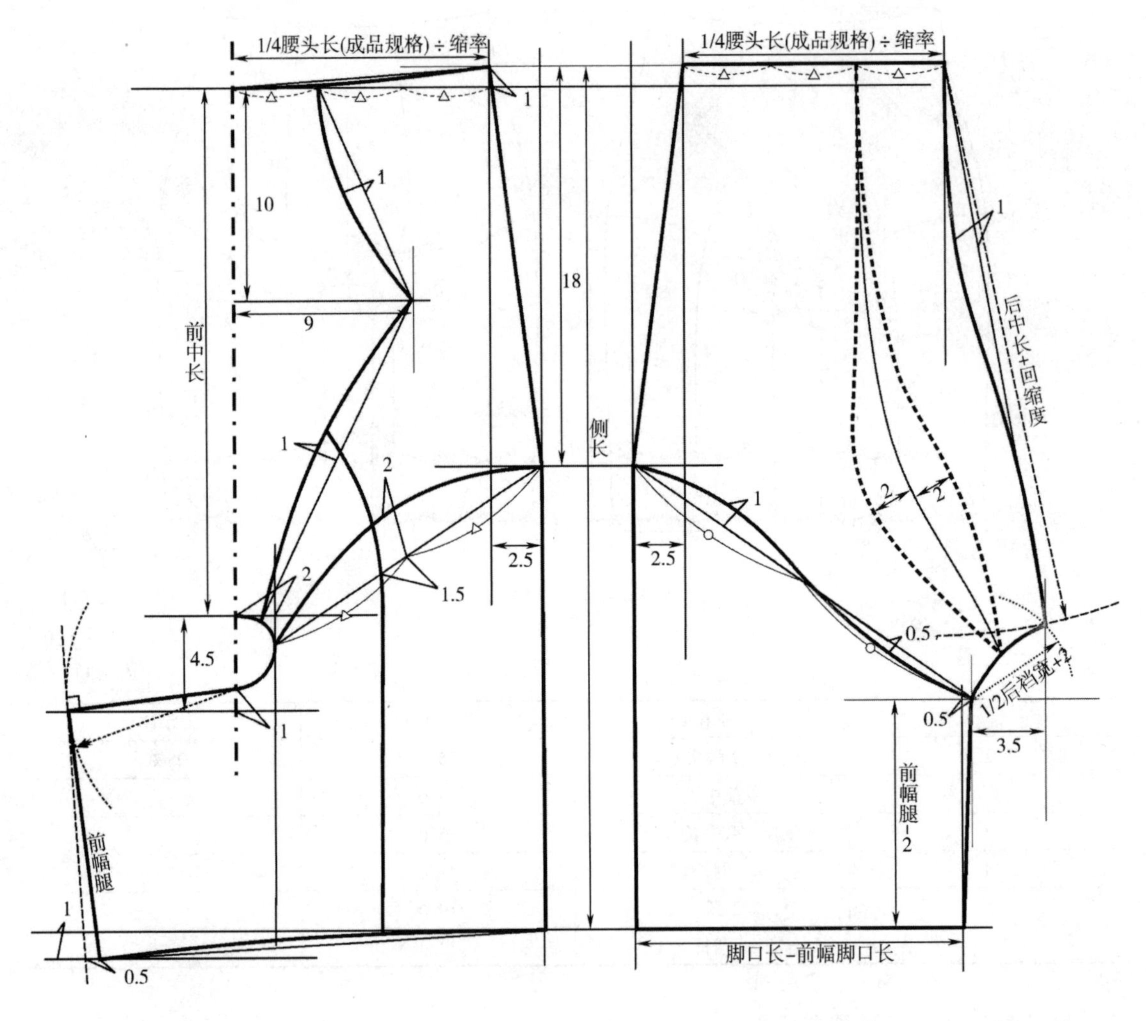

图4-155

3. 调整弧线

修正弧度尺寸，将纸样进行分割，并检查拼合位尺寸是否相等及拼合位弧线是否圆顺（图4-156）。

（三）纸样

1. 面料纸样（图4-156、图4-157）

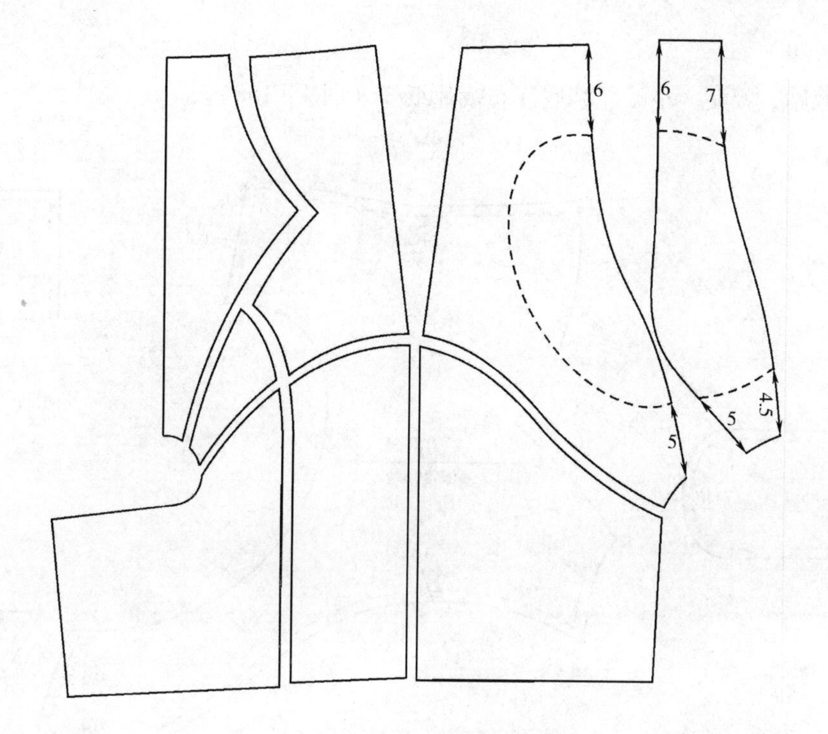
6
6
7
4.5
5
5

图 4－156

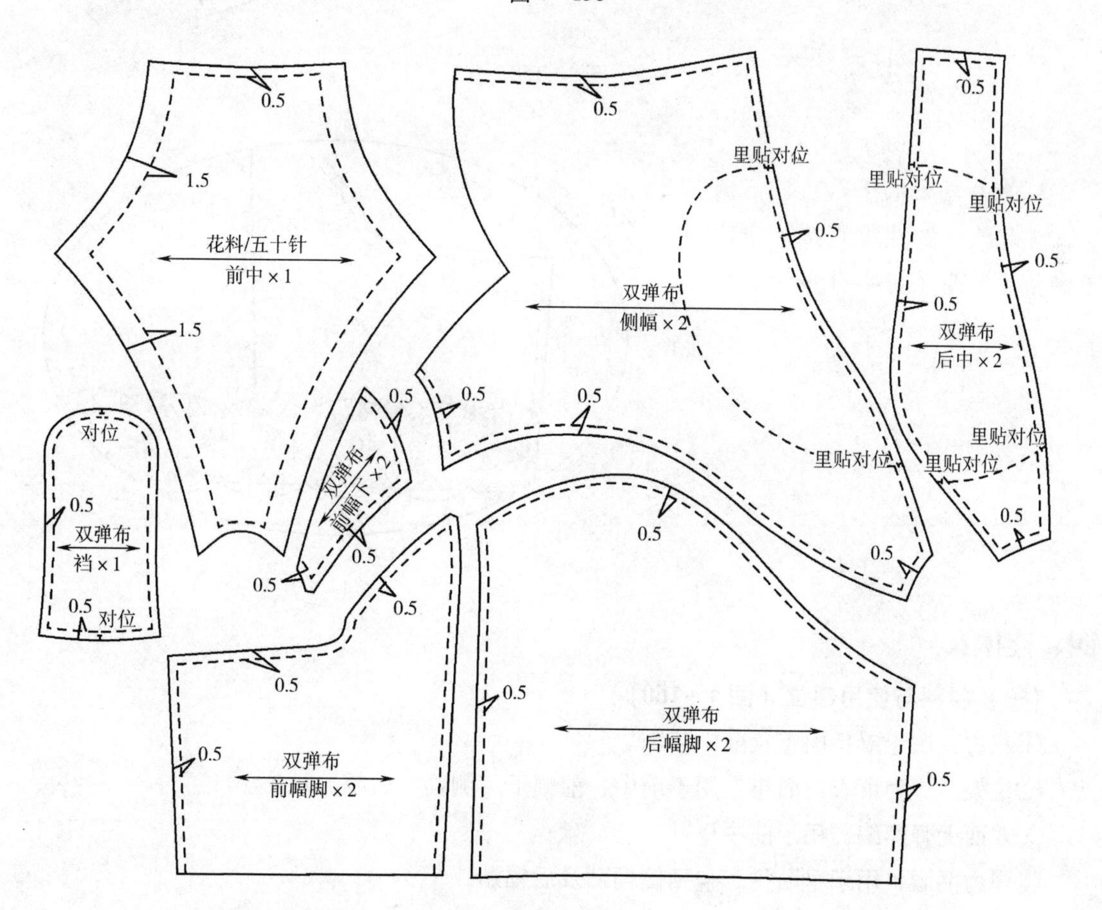
0.5
1.5
花料/五十针
前中×1
1.5
0.5
里贴对位
0.5
双弹布
侧幅×2
0.5
0.5
里贴对位
0.5
里贴对位
里贴对位
0.5
0.5
双弹布
后中×2
里贴对位
里贴对位
0.5
对位
0.5
双弹布
裆×1
0.5
对位
0.5
双弹布
前幅下×2
0.5
0.5
0.5
0.5
0.5
0.5
0.5
0.5
双弹布
前幅脚×2
0.5
双弹布
后幅脚×2
0.5

图 4－157

2. 里贴纸样

制作侧幅贴、腰贴、小贴、裆底汗布裁片纸样（图4－158）。

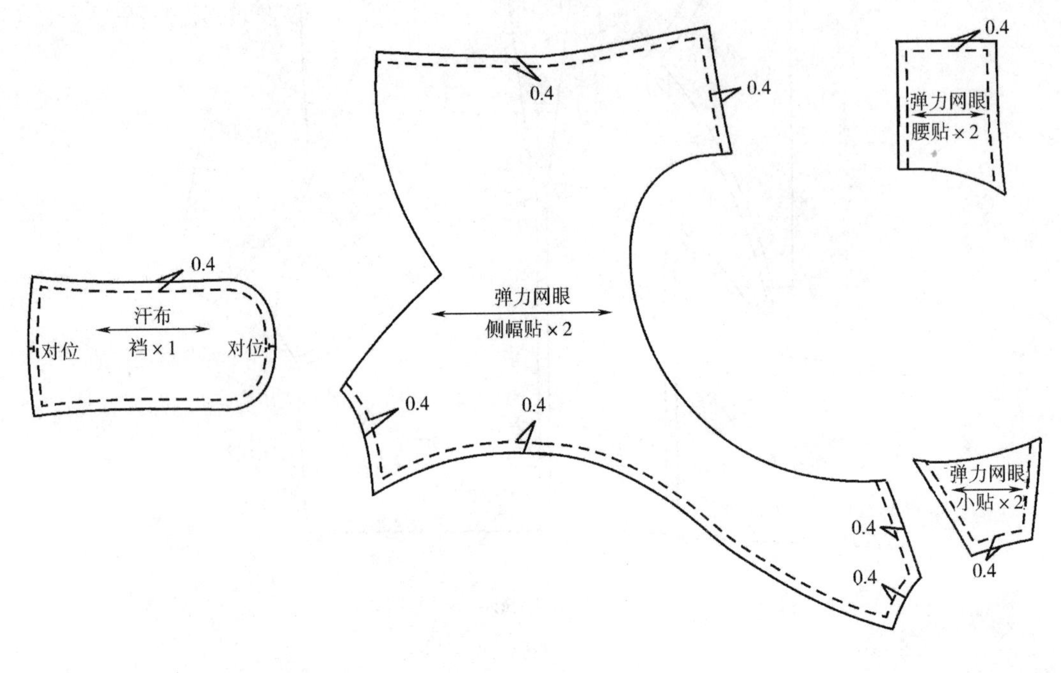

图4－158

3. 脚口花边纸样

在此款中的花边直接落于脚口，不做裁片处理（图4－159）。

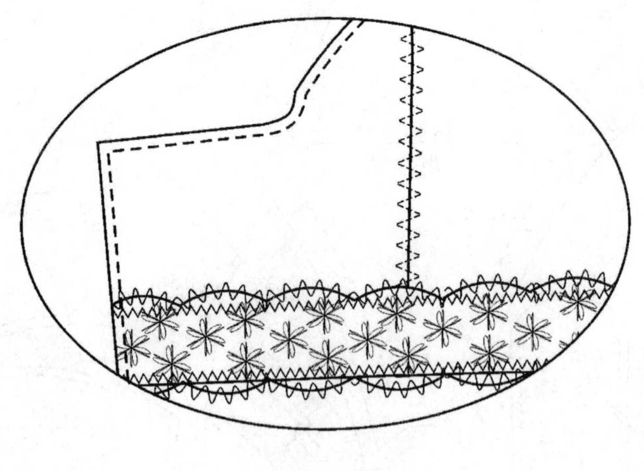

图4－159

四、连体衣

（一）材料与使用部位（图4－160）

①花边，用于罩杯面布及前中装饰。

②拉架，作为束衣的面布，用于前中、前幅下、侧幅、后幅、裆位。

③双面无弹经编，用于前中里贴。

④弹力网眼，用于里贴位，包括侧幅贴及后幅贴。

⑤汗布，用于裆底里布及罩杯里布。

⑥复棉，用于罩杯部位的上托、下托，由汗布和涤丝棉贴合制成。

⑦杯垫，罩杯内，用于抬高胸部的衬垫。

⑧肩带，宽 1.5cm，肩带剪长 100cm。

⑨ 8 字扣，肩带的调节扣，宽度与肩带相同。

⑩ 0 字扣，肩带的连接扣，宽度与肩带相同。

⑪丈根，用于脚口及上捆位置，宽 1.5cm。

⑫丈根，用于后中位置，宽 1.2cm。

⑬毛捆，面料为毛布，包裹罩杯钢圈的捆条，捆条宽 3.7cm，采用双针，针距 4.8mm。

⑭钢圈，位于捆碗捆条内，规格见制图部分。

⑮唛头，尺码洗水唛。

⑯花仔，作为前中鸡心处装饰。

⑰挂扣，可打开的扣子，用于底裆处便于穿着，宽 6cm。

⑱软纱捆条，用于夹棉及捆鸡心顶的捆条，夹棉的捆条在碗杯内部，宽 2cm。捆鸡心顶位的捆条采用双针缝，针距 3.2mm。如果花边比较薄，为了防止杯部夹棉外露棉，在制作夹棉时外部要加缝 0.8cm 的软纱捆条。

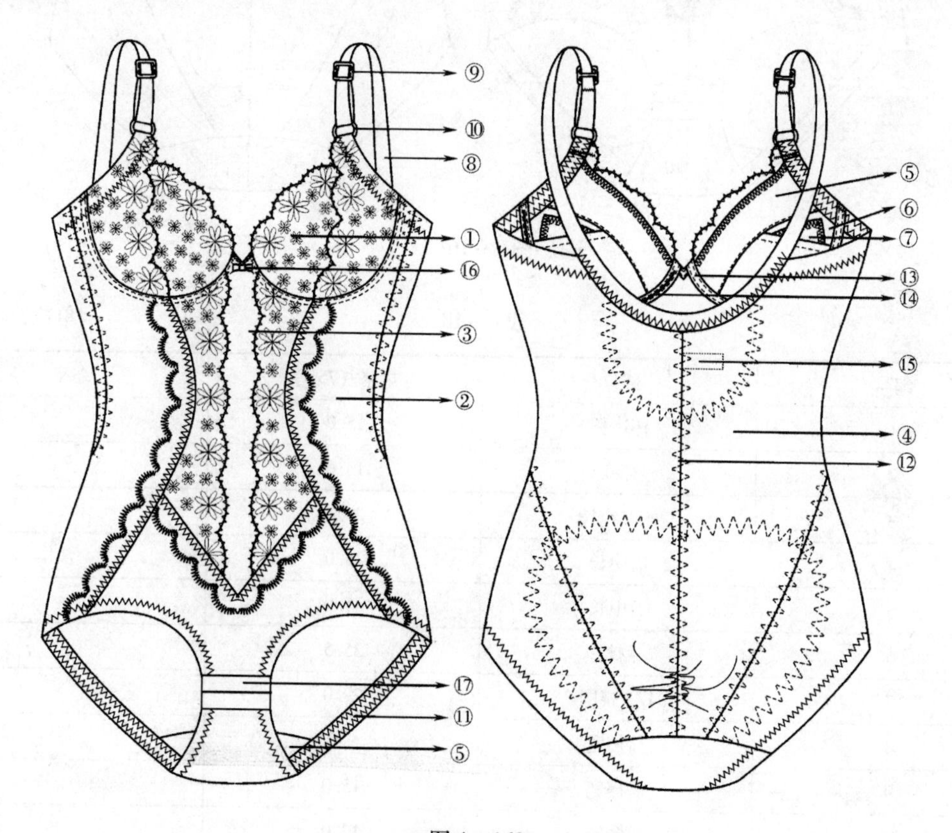

图 4-160

（二）制图

1. 确定制图规格

连体衣款式图中标注位置尺寸与规格表一一对应，如图 4－161、表 4－18 所示。

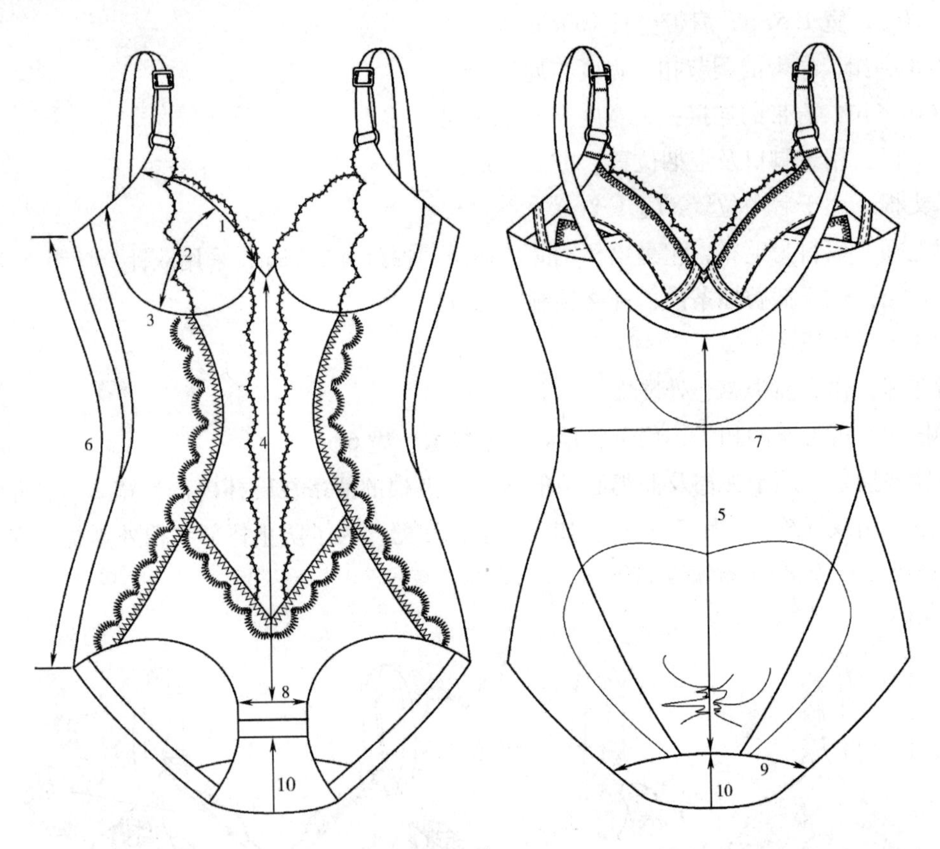

图 4－161

表 4－18

单位：cm

编号	部位	规格（75B）	缩率
1	杯边长	15.0	
2	杯高	13.0	
3	捆碗线长	20.4	
4	前中长	35.0	
5	后中长	35.0	
6	侧长	35.5	
7	1/2 腰围	29.0	
8	前裆宽	9.0	
9	后裆宽	15.0	
10	裆长	12.0	
11	1/2 脚口长		98%

2. 画钢圈图（图4-162）

计算钢圈长度：按尺寸表捆碗线长度减去钢圈虚位，即20.4-1.4=19cm。

相应的尺寸做以记录，量取杯高的规格大约在捆碗线的1/2处。

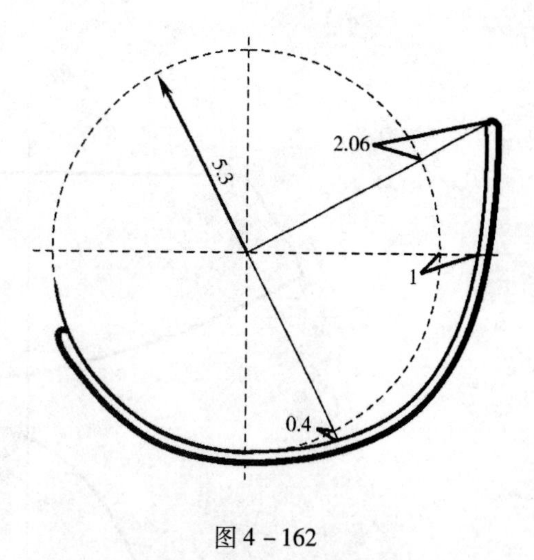

图4-162

3. 杯位制图

（1）将杯高进行分割，上部分是5cm，下部分是8cm。

（2）计算定位圆的半径7.4cm（比例计算）。

（3）做十字定位线，以十字定位线的交点为圆心，7.4cm为半径画辅助圆，按前面文胸制图原理定位杯边线及钢圈低点长度（图4-163）。

R_1 下托杯高点至比位距离，通过计算。

R_2 钢圈底点至比距离，直接测量。

R_3 上托杯高点至比位距离，测量计算。

R_1=10.5cm（比例计算），R_2 等于钢圈底点至钢圈比位距离再加比位钢圈虚位，即13.5cm，R_3 等于下托的杯骨长减去上托（杯高点至鸡心弧线长度）（图4-164）。

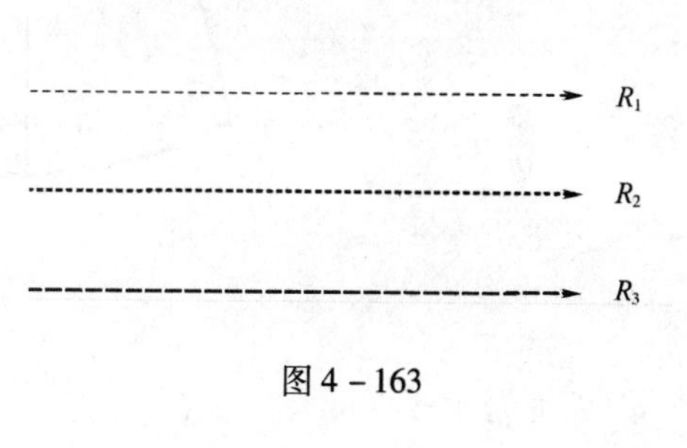

图4-163

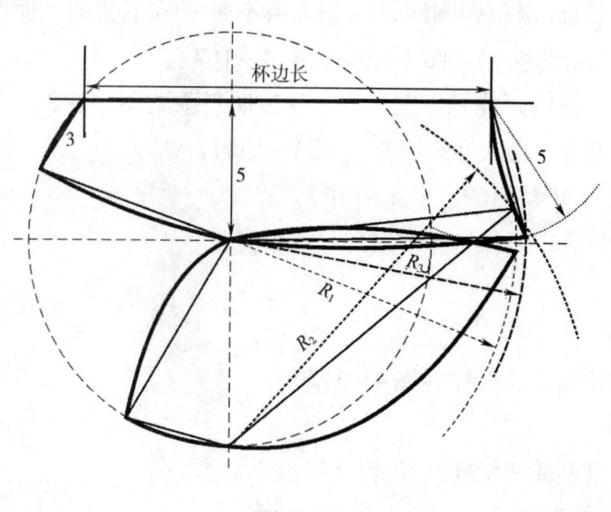

图4-164

（4）以 R_1、R_2 定位的弧线的交点为下托比位的定位点。注意是以直线定点，对于钢圈低点至比位的距离是弧线的，弧线较直线会相应大一些，将这个定位点沿 R_1 为半径的弧线下移，并调至弧线等于 R_2 即13.5cm。将碗杯按照款式图中比例进行分割，以便于纸样中花边、棉及里布的重新组合。下托纸样中的闭合虚线为杯垫（图4-165）。

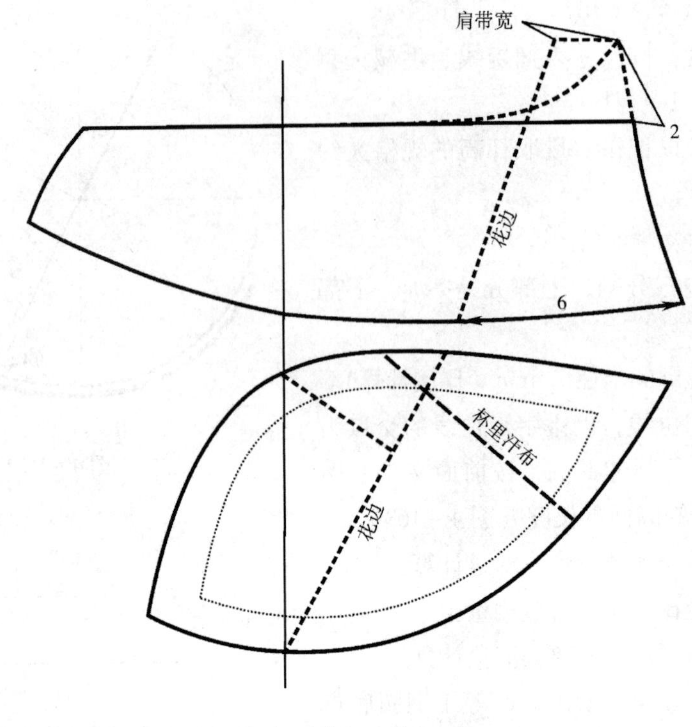

图 4 – 165

4. 衣身位制板

以钢圈为基础，处于钢圈底点的水平直线为下捆线，是胸下部的水平线，再向下 10cm 定位腰节线，再向下 15cm 定位臀围线，这个规格不是一成不变的，而是随着面料的纵向弹性拉伸度变化而进行相应的变化（图 4 – 166、图 4 – 167）。

修改后幅肩带位 U 形的纸样见下图。将衣身按照料款式图中比例进行分割，以便于纸样重新组合，要注意调整拼合位尺寸相吻合（图 4 – 168）。

5. 分割线的转移（图 4 – 169、图 4 – 170）

注意身幅在转移前后，要保持腰节线的尺寸不变。

（三）纸样

1. 棉心裁片纸样

棉心上托棉和下托棉裁片纸样（图 4 – 171）。

2. 汗布裁片纸样

上托里贴、下托里贴裁片纸样（图 4 – 172）。

3. 侧幅和后幅（双弹布）

虚线部位表示有里贴（图 4 – 173）。

4. 花边裁片纸样

碗杯侧、碗杯心、前中装饰片裁剪纸样（图 4 – 174）。

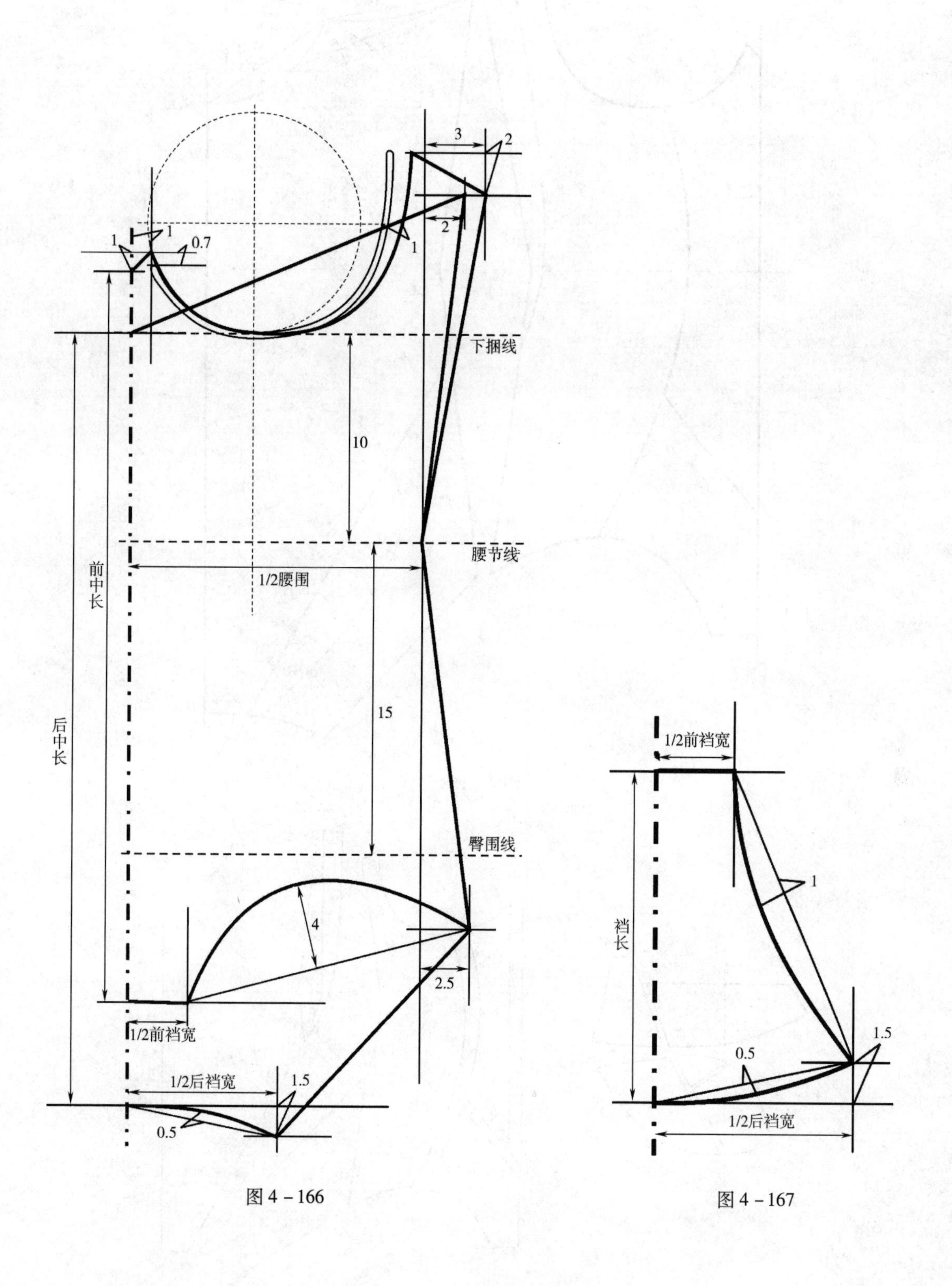
3
2
2
1
1
1
0.7
1
下捆线
10
腰节线
1/2腰围
前中长
后中长
15
臀围线
4
2.5
1/2前裆宽
1/2后裆宽
1.5
0.5
1/2前裆宽
裆长
1
1.5
0.5
1/2后裆宽

图 4－166

图 4－167

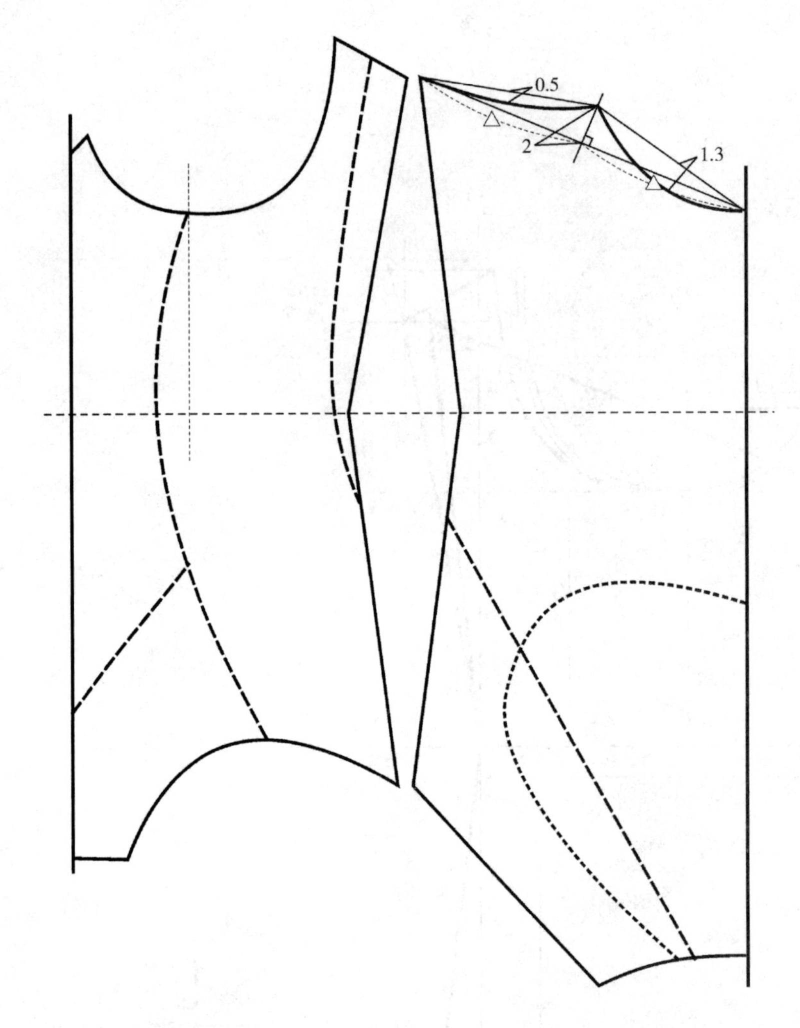

图 4－168

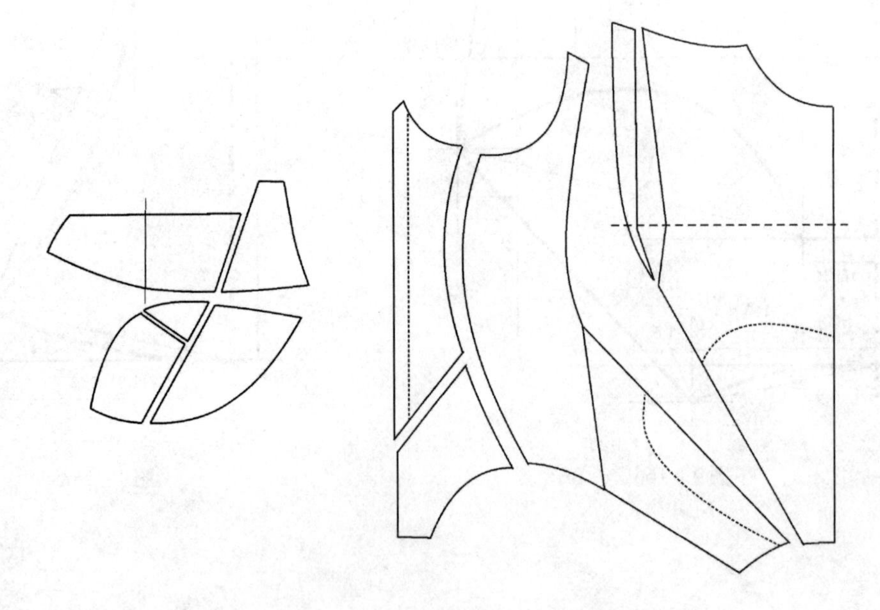

图 4－169

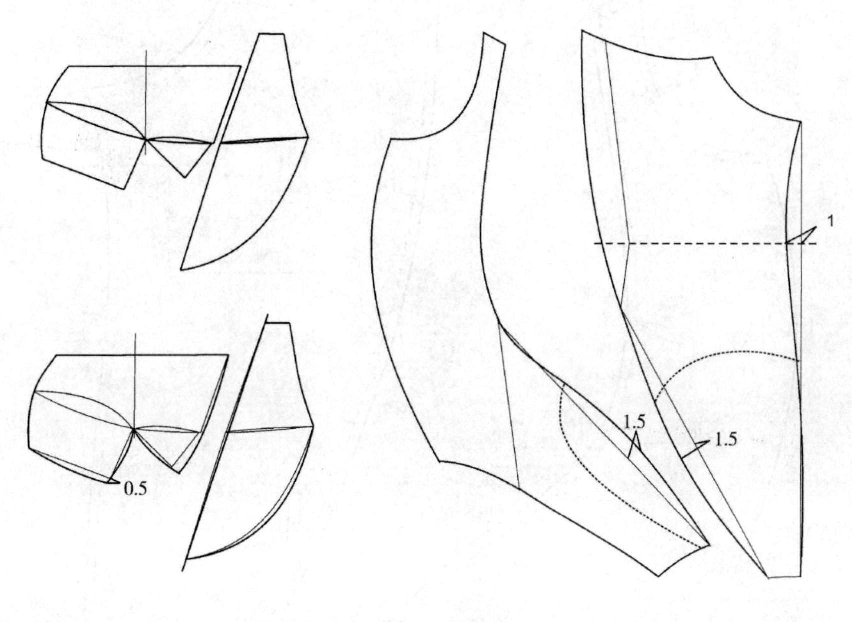

图 4－170

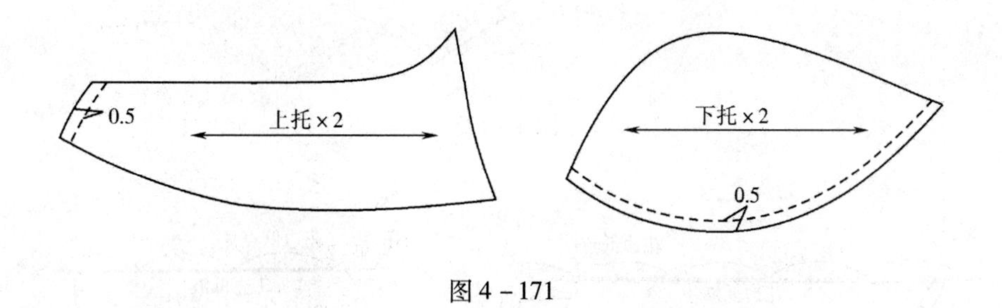

图 4－171

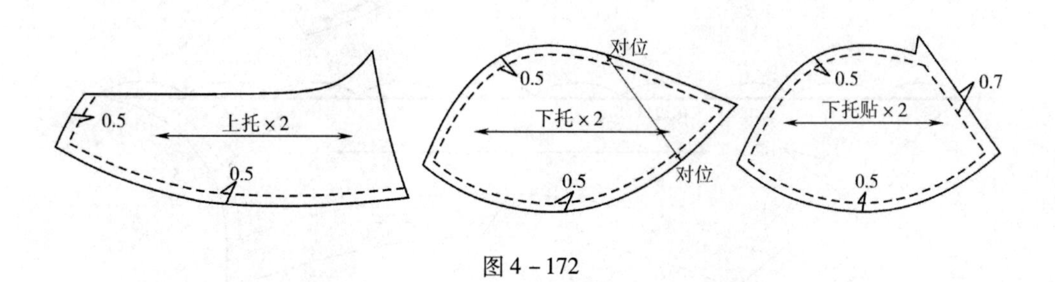

图 4－172

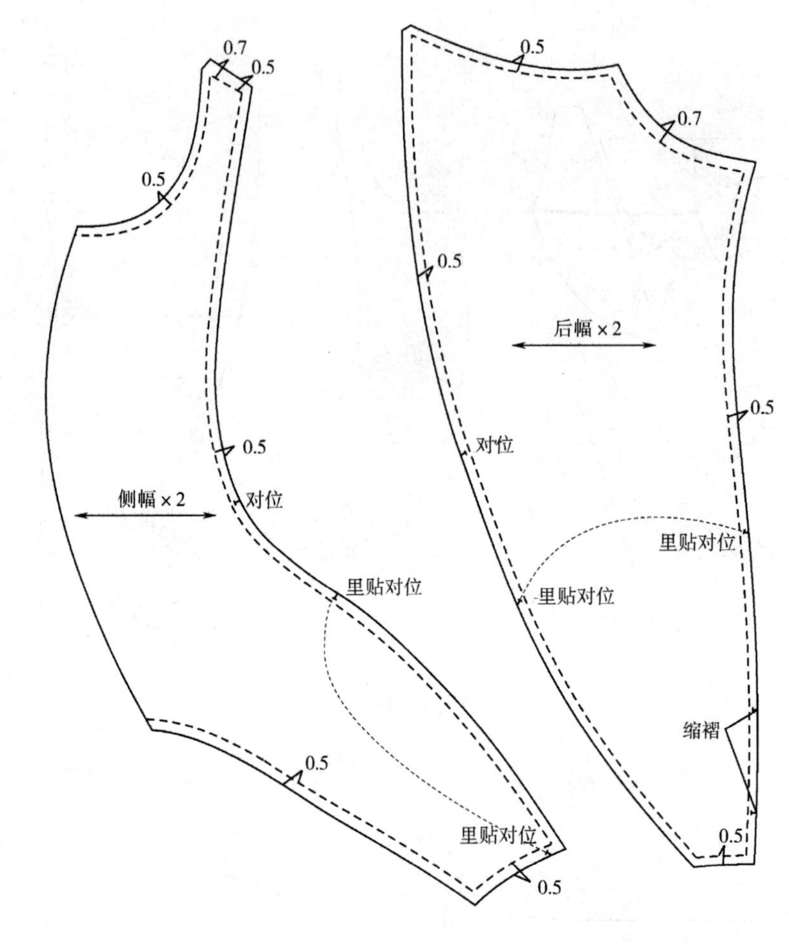
0.7
0.5
0.5
侧幅×2
0.5
对位
里贴对位
0.5
里贴对位
0.5
0.5
0.7
后幅×2
0.5
0.5
对位
里贴对位
里贴对位
缩褶
0.5

图4－173

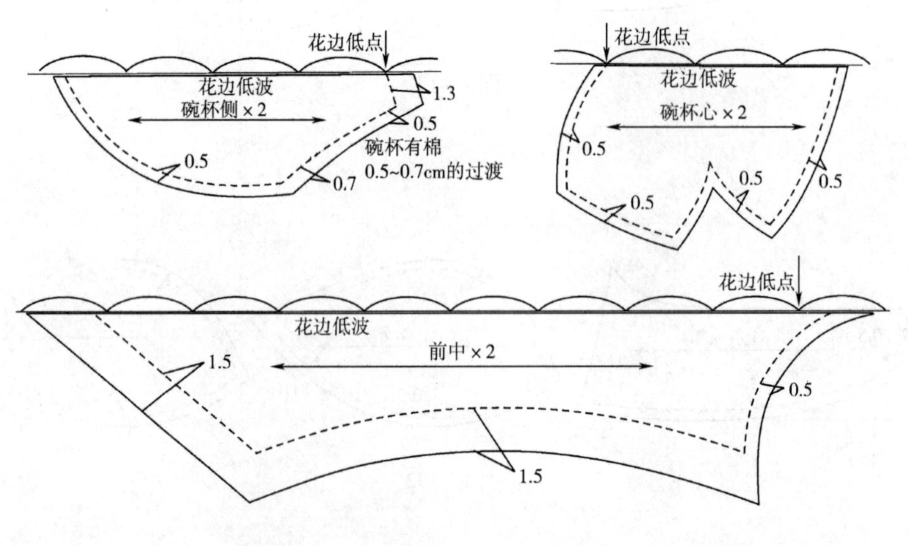
花边低点
花边低波
1.3
碗杯侧×2
0.5
碗杯有棉
0.5~0.7cm的过渡
0.5
0.7
花边低点
花边低波
碗杯心×2
0.5
0.5
0.5
0.5
花边低点
花边低波
前中×2
1.5
0.5
1.5

图4－174

5. 里贴裁片纸样（图 4－175）

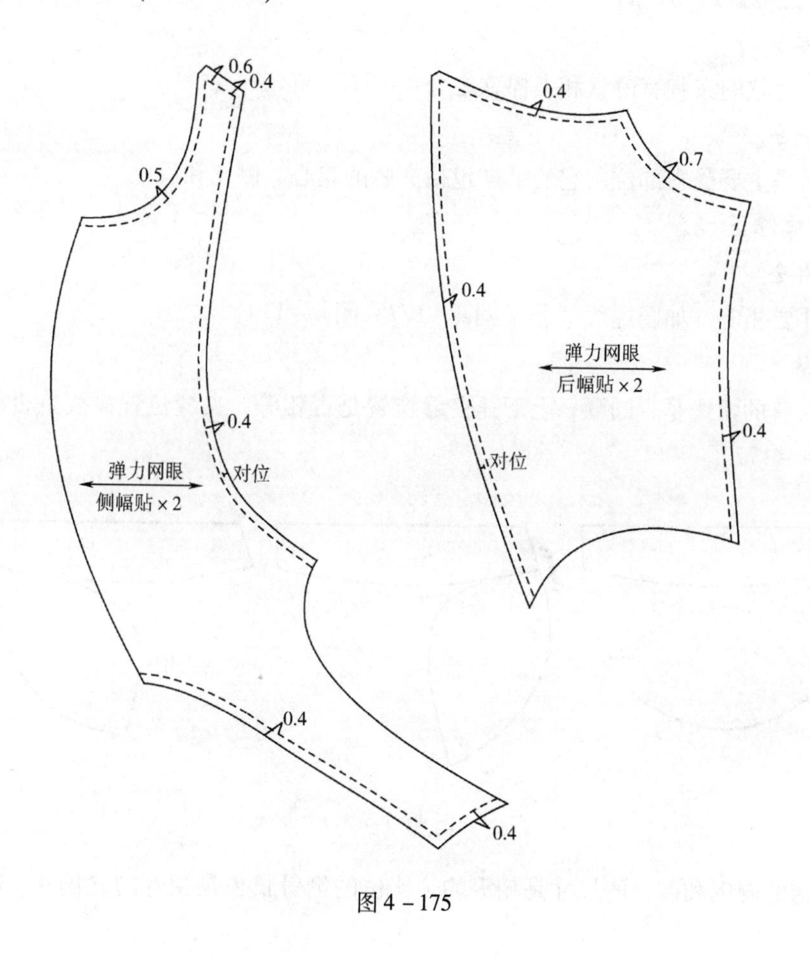

图 4－175

第四节　内衣纸样的修改与调整

模杯款相对夹碗款较容易些，文胸的制板首先根据杯型画钢圈图，再画下扒位及后比纸样，上碗线直接在模杯上去掉止口量即可。这类碗杯无分割线的款式都要配一压模过的碗杯面布，经修剪过后车缝即可。对于碗杯有分割线的款式，直接在模杯上量取即可，也可以在模杯上进行立体裁剪。

一、文胸纸样的基本构成及纸样修正

（一）文胸纸样的基本构成

文胸纸样基本上可由三部分构成：钢圈、碗杯和下扒。

1. 钢圈

钢圈是文胸重要的组成部分。根据钢圈制图的形状

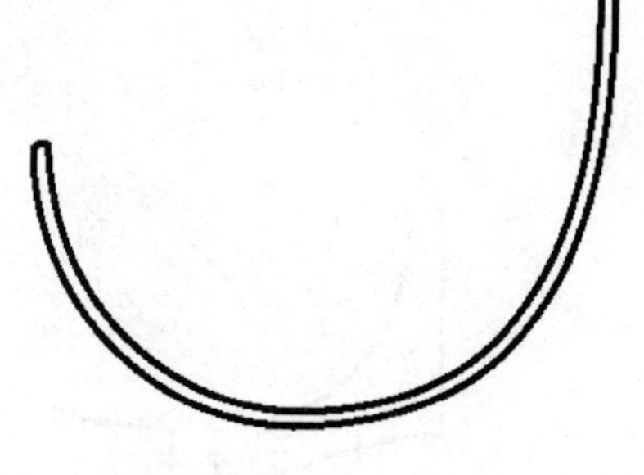

图 4－176

（图 4 – 176）选取合适的钢圈。

2. 碗杯部分

对于非模杯款的文胸有薄款和夹棉款之分。

3. 下扒部分

文胸下扒是主要受力部位；它的纸样包括文胸的鸡心、侧比和后比。

（二）纸样修正

1. 夹缝部分

夹缝尺寸要相等，如图虚线部分（图 4 – 177 ~ 图 4 – 179）。

2. 碗杯位

夹缝出入口的弧线是否圆顺，上下托夹缝位置是否相等，夹缝位置弧线是否圆顺都要进行调整（图 4 – 177）。

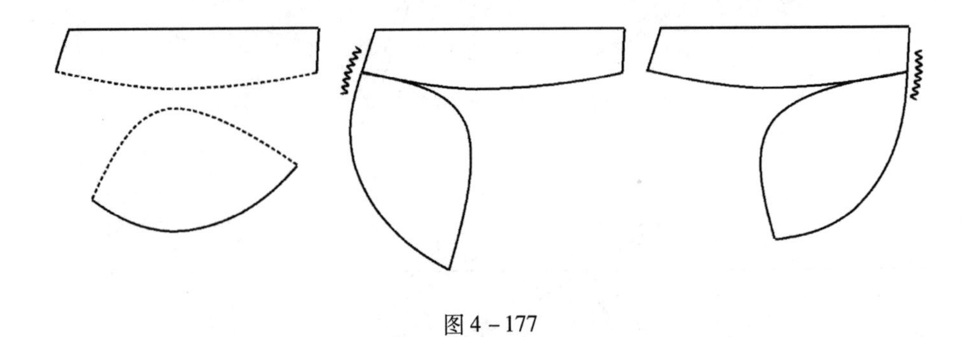

图 4 – 177

正常文胸的碗围和碗台的尺寸是相等的，比位的侧骨长也是相等的（图 4 – 178、图 4 – 179）。

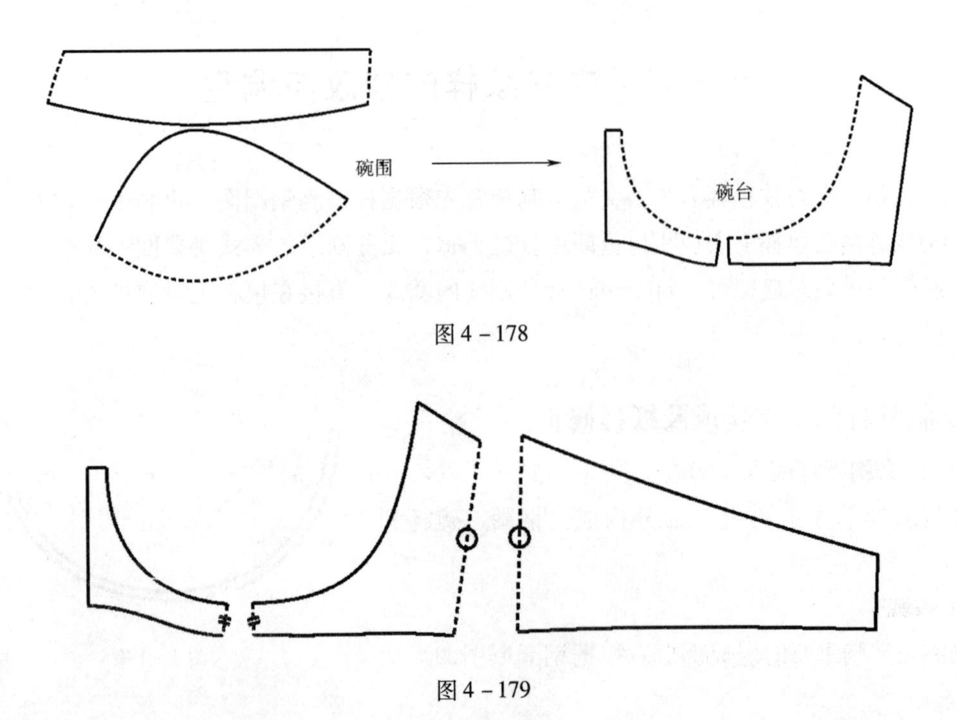

图 4 – 178

图 4 – 179

心位下扒位的高度要和侧比位下扒的高度相等；侧比位侧骨的长度要和后比位侧骨的高度相等（图4－180）；弧线要圆顺。

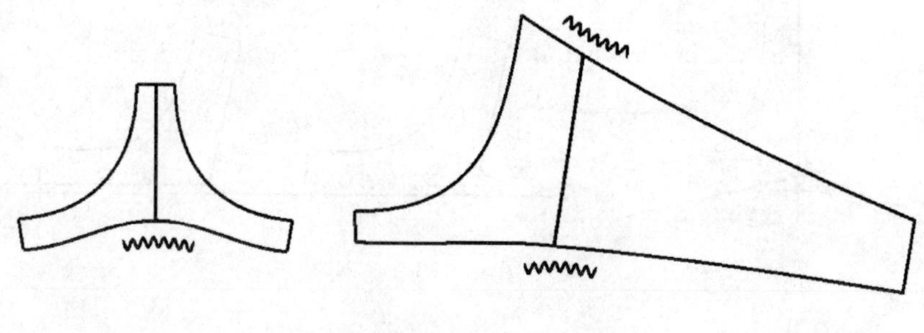

图4－180

二、同一杯型不同款式的纸样变化

（一）花边文胸（图4－181）

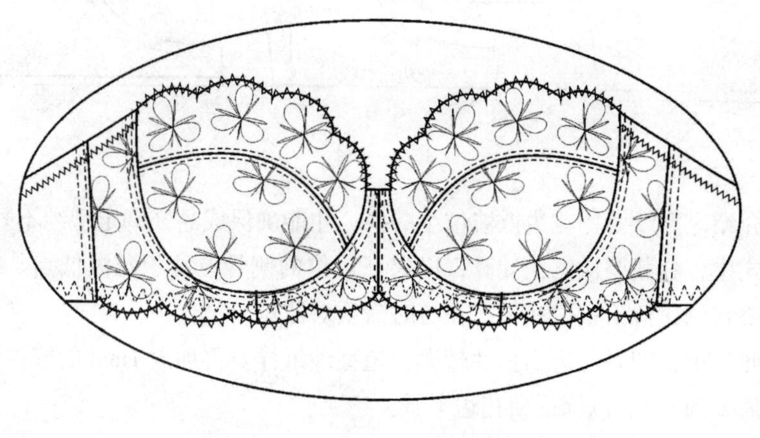

图4－181

里贴棉纸样不变，后比纸样不变。

1. 碗杯花边纸样

上托花边及下托花边（图4－182）。

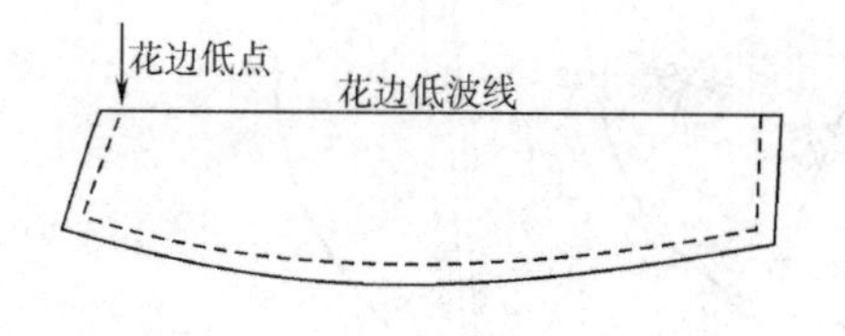

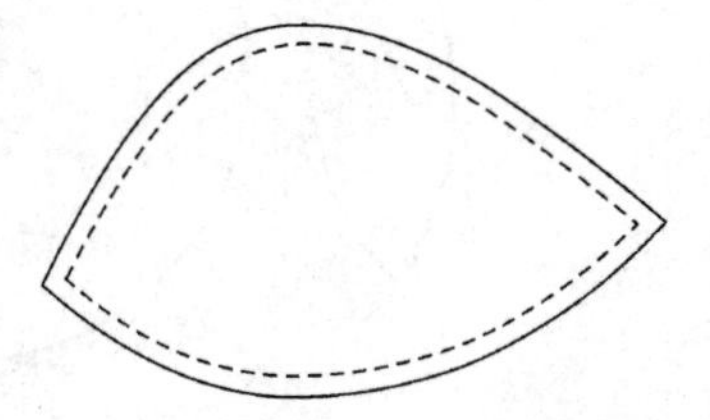

图4－182

2. 鸡心侧比纸样

由普通款到花边款的修改。鸡心裁片修改后分别为鸡心花边与鸡心定型纱（图 4－183）。

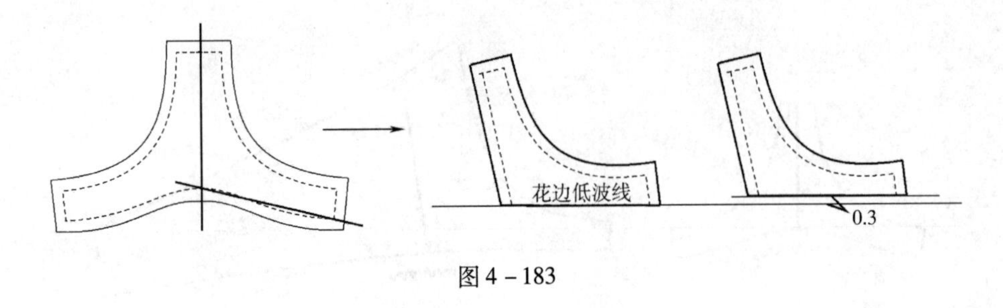

图 4－183

侧比裁片修改后分别为侧比花边与侧比定型纱（图 4－184）。

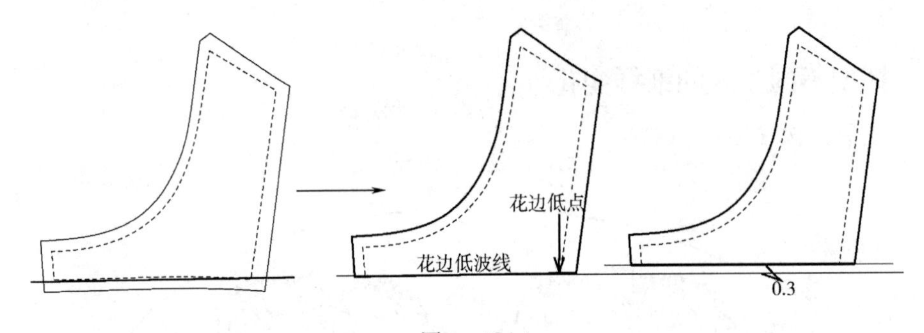

图 4－184

前一章节介绍定型纱要比花边低波位小一些，才能确保成品文胸定型纱不外露于丈根。

在这种款式中，剪裁要从侧比计算，以保证比位的侧骨位处于花波低点。纸样中的鸡心下扒位的花波要与侧比位下扒位相符，在剪时需要对波位。

注意：在此款中，如果花边的弹性较大，定型纱纸样要再加放 1mm 的容位（下脚位靠近花边低波位不需要加放），以保证面花边平服。

（二）单褶杯文胸（图 4－185）

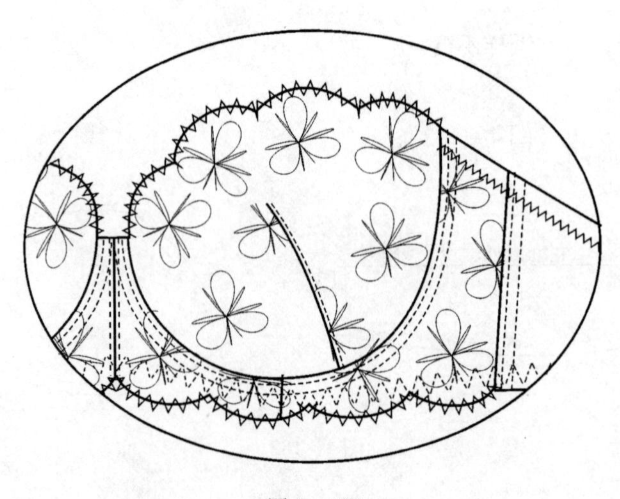

图 4－185

单褶杯型纸样可以通过上一款花边文胸的杯面进行转换而得（图4－186、图4－187）。

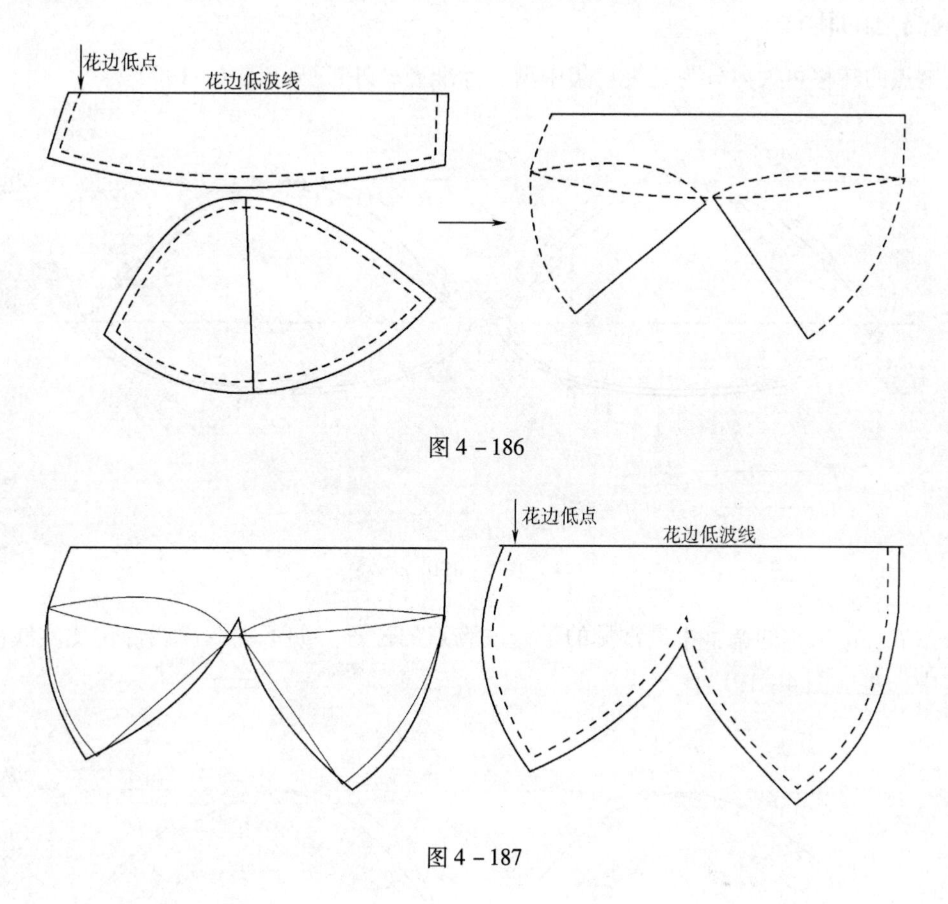

图4－186

图4－187

三、文胸杯位的分割和转换

文胸的杯位骨位可以进行分割转换，如图4－188、图4－189所示。

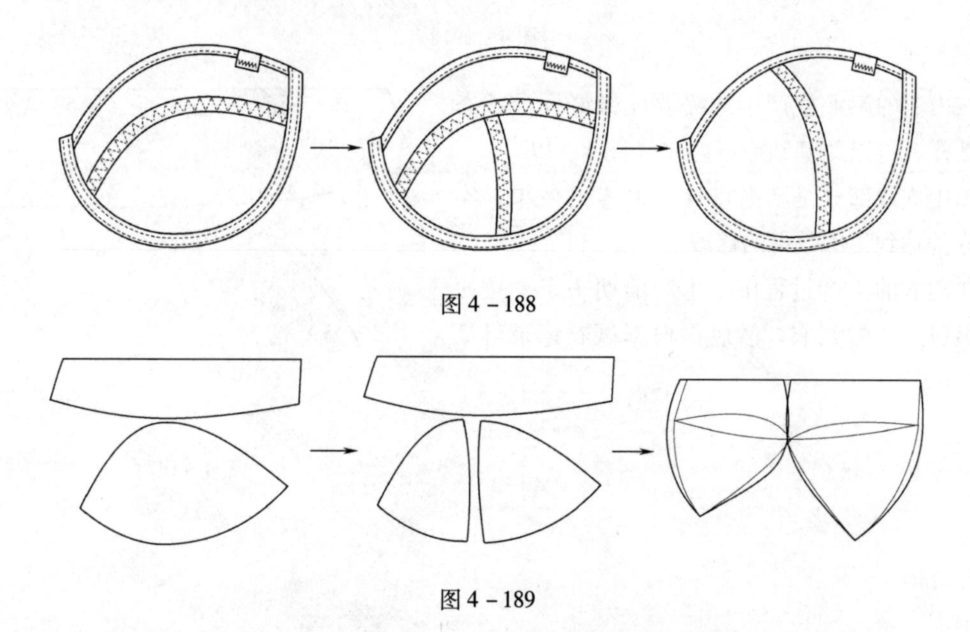

图4－188

图4－189

四、胸高点的转移

按胸点的转移可大体分为三类：集中型、标准型、外扩型（图 4－190）。

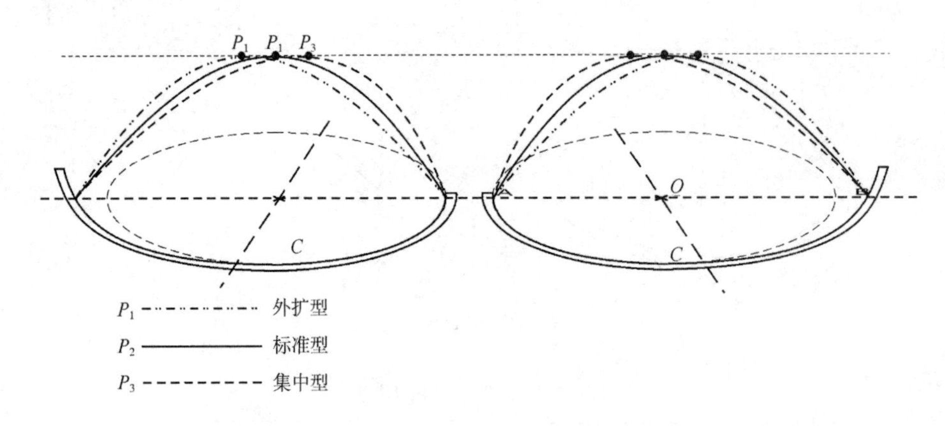

图 4－190

在内衣杯部纸样的调整中最常见的是修改胸点的位置。如下图，虚线部位比实线部位胸部要集中一些（图 4－191）。

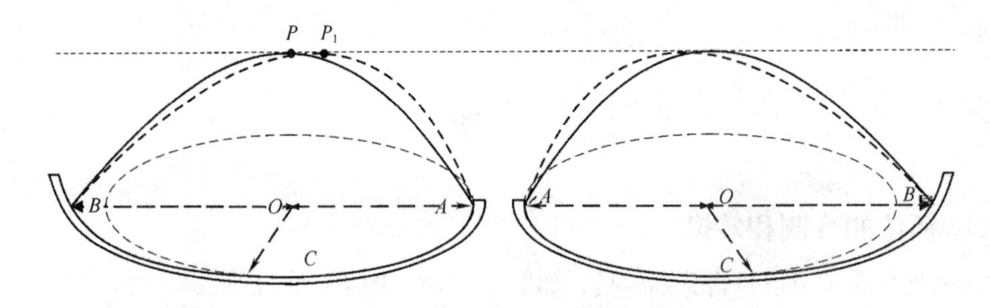

图 4－191

在内衣的工业生产中通需要先做好标准状态下的纸样，再以此基础加以修改（图 4－192）。

图中虚线部分是胸高点处于 P 点的效果，实线部分为达到集中效果的修改。

在内衣的生产过程中，生产前期一定要按照号型经过严格的试衣，然后再根据试衣记录对纸样进行修改。

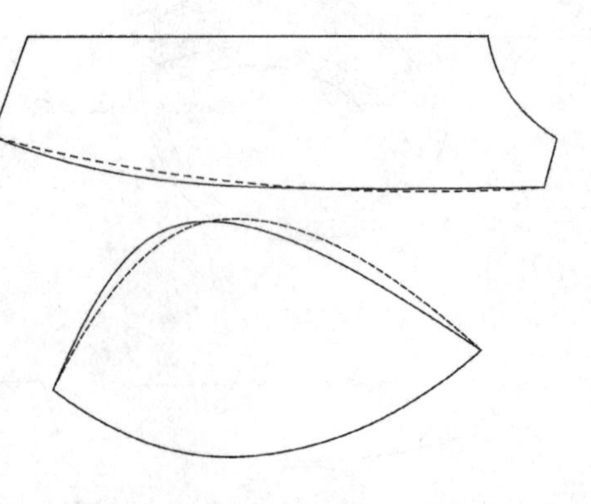

图 4－192

小结

在这一章节中学习了各类内裤、文胸及束身类内衣的制板，必须掌握各类内衣的制板操作。在制板的实例操作中，一件普通的文胸组料是相当多与复杂的。在制板时不仅要考虑到到款式与工艺，还要了解物料的特点。

内衣类产品通常以弹力方向大的面料应用在人体纬向上，功能性的除外，例如束裤的前中及文胸的鸡心和侧比部分多为无弹面料，前者起到收腹作用，后者起到定型作用。

一件内衣的规格并不是一成不变的。以内裤为例，面料弹性较大，在纸样操作中要适当减小纸样腰头的规格；反之，面料弹性比较小，在实际制板中要加大腰头的规格。

思考题

1. 完成如图 4－19 所示 M 码三角裤制板。

规格：①1/2 腰头长（成品规格）26cm，②前中长 15cm，③后中长 17cm，④侧骨长 8cm，⑤前裆宽 7cm，⑥后裆宽 14cm，⑦裆长 11cm。

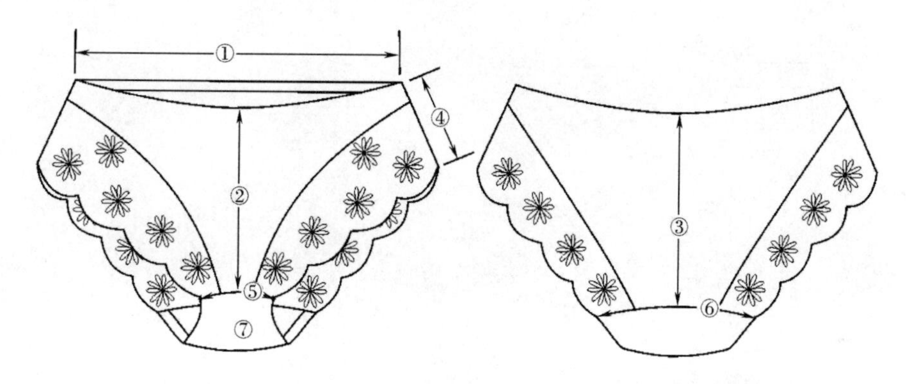

图 4－193

2. 完成如图 4－194 所示 75B 码文胸制板。

规格：①下捆完成长 59cm，②杯边长 16cm，③杯骨宽 18cm，④杯高 13cm，⑤捆碗线长 21.3cm，⑥侧骨长 8.5cm，⑦夹圈长 9.5cm，⑧鸡心高 4cm，⑨鸡心宽 1.6cm，⑩钩扣宽 3.2cm，⑪肩带剪长 42cm。

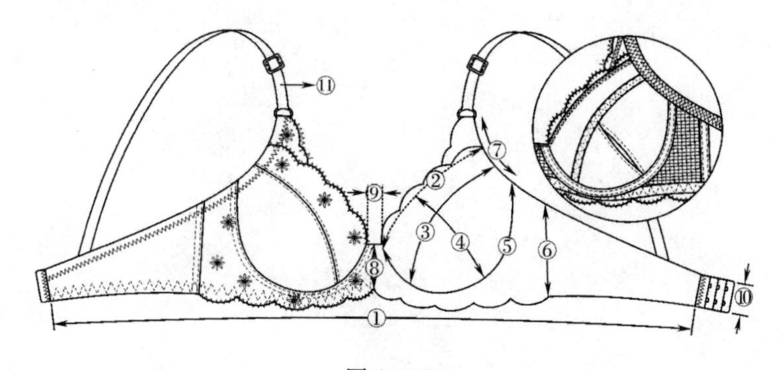

图 4－194